Innovationsstrategien

Lizenz zum Wissen.

Sichern Sie sich umfassendes Wirtschaftswissen mit Sofortzugriff auf tausende Fachbücher und Fachzeitschriften aus den Bereichen: Management, Finance & Controlling, Business IT, Marketing, Public Relations, Vertrieb und Banking.

Exklusiv für Leser von Springer-Fachbüchern: Testen Sie Springer für Professionals 30 Tage unverbindlich. Nutzen Sie dazu im Bestellverlauf Ihren persönlichen Aktionscode C0005407 auf *www.springerprofessional.de/buchkunden/*

Jetzt 30 Tage testen!

Springer für Professionals.
Digitale Fachbibliothek. Themen-Scout. Knowledge-Manager.

- Zugriff auf tausende von Fachbüchern und Fachzeitschriften
- Selektion, Komprimierung und Verknüpfung relevanter Themen durch Fachredaktionen
- Tools zur persönlichen Wissensorganisation und Vernetzung

www.entschieden-intelligenter.de

Springer für Professionals

Peter Granig · Erich Hartlieb · Hans Lercher
(Hrsg.)

Innovationsstrategien

Von Produkten und Dienstleistungen zu
Geschäftsmodellinnovationen

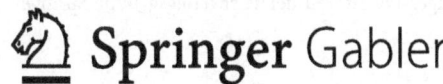

Herausgeber
FH-Prof. Ing. Dr. Peter Granig
Fachhochschule Kärnten
Feldkirchen, Österreich

Dipl.-Ing. Dr. Hans Lercher
IMG Innovation Management Group GmbH
Graz, Österreich

FH-Prof. Ing. Dr. Erich Hartlieb
Fachhochschule Kärnten
Villach, Österreich

ISBN 978-3-658-01031-7   ISBN 978-3-658-01032-4 (eBook)
DOI 10.1007/978-3-658-01032-4

Die Deutsche Nationalbibliothek verzeichnet diese Publikation in der Deutschen Nationalbibliografie; detaillierte bibliografische Daten sind im Internet über http://dnb.d-nb.de abrufbar.

Springer Gabler
© Springer Fachmedien Wiesbaden 2014
Das Werk einschließlich aller seiner Teile ist urheberrechtlich geschützt. Jede Verwertung, die nicht ausdrücklich vom Urheberrechtsgesetz zugelassen ist, bedarf der vorherigen Zustimmung des Verlags. Das gilt insbesondere für Vervielfältigungen, Bearbeitungen, Übersetzungen, Mikroverfilmungen und die Einspeicherung und Verarbeitung in elektronischen Systemen.

Die Wiedergabe von Gebrauchsnamen, Handelsnamen, Warenbezeichnungen usw. in diesem Werk berechtigt auch ohne besondere Kennzeichnung nicht zu der Annahme, dass solche Namen im Sinne der Warenzeichen und Markenschutz-Gesetzgebung als frei zu betrachten wären und daher von jedermann benutzt werden dürften.

Gedruckt auf säurefreiem und chlorfrei gebleichtem Papier

Springer Gabler ist eine Marke von Springer DE. Springer DE ist Teil der Fachverlagsgruppe Springer Science+Business Media
www.springer-gabler.de

Vorwort der Herausgeber

Jede Innovation beginnt mit einer Idee. Die menschliche Kreativität und Schaffenskraft ist dafür unumstritten das wertvollste Gut und Potenzial eines Unternehmens. Es hängt aber vielfach vom Reifegrad der Organisationsstruktur und vor allem von der Unternehmenskultur ab, inwieweit die vorhandenen Kreativitätspotenziale wirksam werden.

Innovation erfordert je nach Unternehmenssituation und Entwicklungstendenzen im Unternehmensumfeld eine Vision, messbare Ziele und eine klar formulierte Innovationsstrategie. Eine Innovationsstrategie umfasst beispielsweise Teilbereiche wie Markt, Produkt, Dienstleistung, Technologie, Forschung und Entwicklung oder Geschäftsmodell. Die einzelnen Teilbereiche erfordern für sich wieder strategische Leitlinien, welche dann in Form einer Technologie-Roadmap oder einem spezifischen Geschäftsmodell schriftlich festgehalten werden. Die Innovationsstrategie als Überbegriff erhebt den Anspruch, dass die einzelnen Teilbereiche ein abgestimmtes Gesamtbild ergeben.

Das vorliegende Buch beleuchtet ausgewählte strategische Aspekte im Innovationsmanagement. Im ersten Kapitel werden ausgehend vom Strategieprozess die Besonderheiten einer Innovationsstrategie sowie die wesentlichen Elemente der Strategischen Positionierung diskutiert.

Weiterführend wird im Abschnitt „Business Development und Service Engineering" die Analyse von Innovationspotenzialen und konkrete Umsetzungsaspekte des Innovationsprozesses näher beschrieben. Weiters werden auch die spezifischen Aspekte von Dienstleistungsinnovationen näher beleuchtet.

Im nachfolgenden Kapitel „Geschäftsmodellinnovationen & Innovationssysteme" werden die strategischen und organisatorischen Gestaltungsansätze und Erfolgsfaktoren für die Entwicklung und Umsetzung einer neuen Geschäftslogik dargestellt.

Abgerundet wird das vorliegende Buch durch die vernetzte Betrachtung des Dreigestirns „Strategie, Innovation und Technologie". Zum Einstieg werden Grundlagen und aktuellen Entwicklungen des Technologiemanagements beschrieben und in Form einer Fallstudie zu Technologie-Roadmapping die praktische Anwendung im industriellen Kontext näher beleuchtet. Den würdigen Abschluss liefert ein Beitrag über die zukünftigen technologischen Möglichkeiten von Produktionsprozessen im Zeitalter des Cloud Computing.

Unseren Lesern wünschen wir eine interessante Lektüre, viel Erfolg beim Innovieren und freuen uns auf einen Erfahrungsaustausch beim Innovationskongress.

Peter Granig, Erich Hartlieb, Hans Lercher   Villach, September 2013

Vorwort des Präsidenten der Wirtschaftskammer Österreich

Innovation ist wichtigster Standortfaktor!

Innovationen sind Investitionen in die Zukunft und sichern dauerhaft die Marktchancen von Unternehmen sowie das Wachstum und die Beschäftigung, die Österreich braucht. Innovation ist eine der Grundvoraussetzungen für die mittel- und langfristige Wettbewerbsfähigkeit der Wirtschaft und zur Sicherung des Wohlstandes. Innovationen, egal ob technologischer Natur oder nicht, verschaffen Wettbewerbsvorteile gegenüber in- und ausländischen Konkurrenten. Durch Innovationen können Unternehmen ihre Produktivität steigern und sich so von anderen absetzen. Innovationsfähigkeit und Markterfolg werden von Innovationswillen, Kreativität, Knowhow und dem richtigen Management von Innovationsprozessen quer durch das Unternehmen und im Markt bestimmt. Wer hier stark ist kann neue Potentiale erschließen, Kompetenz- und Technologieführer sein, ‚first-mover-advantages' lukrieren, die ‚time-to-market' verkürzen, die Produktivität und Kostenrelationen verbessern und die besten Mitarbeiter anziehen. Das Innovationsmanagement führt die internen Ressourcen des Unternehmens und die Kompetenz der Mitarbeiter mit dem Beitrag von Forschern, Entwicklungspartnern und anspruchsvollen Kunden effizient zusammen und orientiert sie am Innovationsziel. Das ist der Faktor der uns hilft aus Chancen und Potentialen wirtschaftliche Erfolge zu machen.

Der Innovationskongress in Villach hat sich in seinem 5 –jährigen Bestehen zu einer der bedeutendsten Innovationsveranstaltungen Europas für Praktiker und Intermediäre entwickelt und leistet einen wesentlichen Beitrag zur Steigerung der Innovationsleistung und zur Stärkung der Wettbewerbskraft in Zentraleuropa. Davon profitieren die Teilnehmer und Österreichs Wirtschaft.

Wien, September 2013

Dr. Christoph Leitl
Präsident der Wirtschaftskammer Österreich

Inhaltsverzeichnis

Vorwort der Herausgeber 5

Vorwort des Präsidenten der Wirtschaftskammer Österreich 7

Teil 1:
Strategie und Positionierung 13

1 Prozess der Strategieentwicklung 15
Univ.-Prof. Mag. Dr. Werner Mussnig, Prof. (FH) Ing. Mag. Dr. Peter Granig

1.1	Grundlagen des Strategieentwicklungsprozesses	16
1.2	Praktische Aspekte des Strategieentwicklungsprozesses	18
1.3	Unternehmensgerechte Adaption des Strategieentwicklungsprozesses	23
1.4	Spezifischer Strategieentwicklungsprozess	24
1.5	Stringenter Strategieentwicklungsprozess	27
1.6	Konsistenter Strategieentwicklungsprozess	31
1.7	Kommunizierter Strategieentwicklungsprozess	33

2 Strategisches Innovationsmanagement für kleine und mittlere Unternehmen 35
Prof. Dr.-Ing. Gerhard Hube, Fabian Engelhardt M.A.

2.1	Strategische Vorausschau	36
2.2	Besonderheiten von kleinen und mittleren Unternehmen	36
2.3	Modell für ein strategisches Innovationsmanagement „Outsight in" für mittelständische Unternehmen	38
2.4	Vorgehensweise zur Umsetzung	39
2.5	Exemplarische Umsetzung in einem mittelständischen Unternehmen des Sanitätsfacheinzelhandels in Deutschland	40

3 Positionierung von Innovationen 43
Jack Trout, Mag. Lorenz Wied, MBA

3.1	Einleitung	44
3.2	Innovation ist Taktik, nicht Strategie	45
3.3	Innovationen brauchen Konzepte für die erfolgreiche Vermarktung	45
3.4	Innovationen erfolgreich vermarkten	47
3.5	Welches Problem wollen wir eigentlich lösen?	49
3.6	Erwartungshaltung bei Innovationen	49

Teil 2:
Business Development und Service Engineering 53

4 Erfolgsfaktoren des strategischen Innovationsmanagements 55
Dr. Dietfried Globocnik, Univ.-Prof. Dr. Søren Salomo

4.1	Einführung	56
4.2	Innovationsleistung	59
4.3	Strategische Orientierung	62
4.4	Innovationsstrategie	64
4.5	Conclusio	68

5 Radikale Innovationspotenziale mit dem Flughöhenmodell entdecken 71
DI Dr. Hans Lercher; DI Dr. Manfred Peritsch; DI (FH) Andreas Rehklau, MBA

5.1	Bedeutung der strategischen Orientierung für die Innovationssuche	74
5.2	Denken in Bedürfnisebenen	79
5.3	Flughöhen-Modell	81

6 Business Development bei Greiner 93
Mag.a (FH) Ursula Schüssling

6.1	Long History of Success	94
6.2	Greiner Technology & Innovation	98
6.3	Conclusio	102

7 Strategiebasiertes und Agiles Service Engineering 103
Mag. (FH) Mag. Dr. mont. Ernst Kreuzer, MSc;
FH-Prof. DI (FH) DI Helmut Aschbacher, MBA CMC

7.1	Zunehmende Bedeutung von Dienstleistungsinnovationen	104
7.2	Service Engineering – eine Methode zur strukturierten Dienstleistungsentwicklung	105
7.3	Weiterführende Entwicklungsaspekte und Schlussfolgerungen	110

Teil 3:
Geschäftsmodelle und Innovationssysteme 117

8 Auf dem Weg zur systematischen Geschäftsmodellinnovation 119
Dr. Eva Bucherer, Dr. Uli Eisert, Prof. Dr. Oliver Gassmann

8.1	Geschäftsmodelle überdenken	120
8.2	Lernen von Produktinnovationen	120
8.3	Fallstudien zu Geschäftsmodellinnovationen	123
8.4	Was lernen wir daraus?	131

8.5	Ausblick	133

9 Erlösmodell als Gestaltungselement bei der Entwicklung von Geschäftsmodellen 137
Dr. Peter Affenzeller

9.1	Einleitung	138
9.2	Gestaltungselement Erlösmodell	138
9.3	Preismodell	141
9.4	Beispiel	144
9.5	Praxistipp	145
9.6	Zusammenfassung und Ausblick	145

10 Woran Geschäftsmodellinnovationen scheitern 147
Dr. Stephan Friedrich von den Eichen, Univ-Prof. Dr. Kurt Matzler, Prof. Dr. Jörg Freiling, Prof. Dr. Johann Füller

10.1	Einstimmung	148
10.2	Bewusstseinsbarriere	148
10.3	Suchbarriere	149
10.4	Systembarriere	152
10.5	Logikbarriere	154
10.6	Kulturbarriere	157
10.7	Fazit	158

11 Innovation System Design Modell 161
DI Dr. Manfred Peritsch, DI Dr. Hans Lercher

11.1	Einleitung	162
11.2	Kurzer Überblick zur Innovation Excellence Forschung	163
11.3	Grundlagen der Modellbildung	166
11.4	Innovation System Design Modell	174
11.5	Anwendung des Innovation System Design Modell	194

Teil 4:
Strategie- und Technologieinnovation 199

12 Technologiemanagement 201
Univ.-Prof. Dipl.-Ing. Dr. Stefan Vorbach

12.1	Einleitung	202
12.2	Grundlagen des Technologiemanagements	203
12.3	Technologiemanagement-Prozess	207
12.4	Bewertung und Auswahl der Technologie	209
12.5	Organisation des Technologiemanagements	212

12.6	Zusammenfassung	213

13	**Technologie-Roadmapping für ein mittelständisches Produktionsunternehmen**	**217**

DI Dr. Erich Hartlieb, STB Ing. Mag. Thomas Jost, DI Stefan Posch, Ing. Mario Rodler

13.1	Einleitung	218
13.2	Technologie-Roadmapping	220
13.3	Vorgehenslogik im Projekt	221
13.4	Umsetzung und organisatorische Verankerung im Unternehmen	224

14	**Produktion in der Wolke: Vom 3D-Drucker zum „4th party production provider"**	**229**

Dr. Walter Mayrhofer, DI Arko Steinwender

14.1	Schöne neue Welt der Generativen Fertigung	230
14.2	Implementierung generativer Fertigungstechnologien in Unternehmen	232
14.3	Produktion in der „Wolke" – 4th party production provider	234
14.4	Fallbeispiel Fourth Party Production Provider: PHOCAM-platform	235
14.5	Résumé	238

Curriculum Vitae – Werdegang der Autoren 241

Die Herausgeber 243

Die Autorinnen und Autoren 245

Teil 1: Strategie und Positionierung

1 Prozess der Strategieentwicklung

Univ.-Prof. Mag. Dr. Werner Mussnig, Prof. (FH) Ing. Mag. Dr. Peter Granig

> **Abstract**
>
> Eine grundlegende Voraussetzung für eine zielgerichtete und effektive Führung von Unternehmen ist eine auf der Vision und den Zielen des Unternehmens aufbauende Unternehmensstrategie. Damit diese Strategie von Führungskräften und Mitarbeitern mitgetragen und umgesetzt werden kann, kommt ihrer Partizipation im Strategieentwicklungsprozess eine entscheidende Rolle zu. Dies gilt besonders bei Innovationen. Denn die Innovationsstrategie hat als Teil der Gesamtunternehmensstrategie zur Erreichung der Gesamtunternehmensziele beizutragen. Im folgenden Beitrag soll ein anwendungsnaher Strategieentwicklungsprozess dargestellt werden.

Keywords:
Strategieprozess, Strategiemethoden

1.1 Grundlagen des Strategieentwicklungsprozesses

Der Ausgangspunkt für die Entwicklung einer eigenen Unternehmensstrategie liegt wohl häufig im zunehmenden Bewusstsein der Führungskräfte eines Unternehmens begründet, sich den strategischen Herausforderungen zur Existenzsicherung des Unternehmens zu stellen. Diese Herausforderung wird mit der Zeit immer stärker als eine notwendige, aber zugleich auch erfolgversprechende Aufgabe wahrgenommen. Selbstverständlich gibt es auch strategische Aktivitäten, die aus spontanen Überlegungen und anlassbezogenen Ideen heraus geboren werden, deren Wirksamkeit jedoch meist eine eingeschränkte bleibt. Diese Aussage gilt insbesondere für kleine und mittelständische Unternehmen. Die notwendige Wirksamkeit bleibt auch den meisten strategischen Konzepten vorenthalten, deren Ursprung auf die Initiative von Außenstehenden (zum Beispiel Banken) zurückzuführen ist, zum Beispiel als Teil eines Businessplans. Solcherlei initiierten Prozessen fehlt meist die notwendige Umsetzungsenergie, die ihre Kraft wiederum aus einem sich entwickelnden Bewusstwerdungsprozess bezieht. Fehlt dieses Bewusstsein, so zeigt sich dies an verschiedenen typischen Mustern des Prozessverlaufs. Einzelne Workshops, deren Frequenz im Laufe der Zeit abnimmt, einmalige, spontan einberufene Strategiesitzungen, die jeder Vorbereitung entbehren und einmal im Jahr stattfindende Strategieklausuren, denen jede Verbindlichkeit hinsichtlich der Umsetzung fehlt, sind Ausdruck fehlenden Bewusstseins und damit letztendlich fehlender Ernsthaftigkeit. Hier zeigt sich auch, ob die Unternehmensführung respektvoll mit den knappen Zeitressourcen ihrer Führungskräfte umgeht, oder den Leistungsträgern eine zusätzliche Belastung zumutet, ohne je wirkliche Aussicht auf Wirkung zu haben.

Für das Entstehen des Bewusstseins sollten die ersten Kapitel des Buches den entsprechenden Beitrag leisten. Nun gilt es vorerst zu klären, was unter einer Strategieentwicklung grundsätzlich und im Allgemeinen zu verstehen ist. Unter der Strategieentwicklung versteht man die Festlegung der künftigen Entwicklungsrichtung des Unternehmens, meist aufbauend auf einer fundierten Umwelt- und Unternehmensanalyse. Das übergeordnete Ziel jeder unternehmerischen Strategieentwicklung besteht in der Gewinnung von Klarheit über die zukünftige Richtung und Entwicklung des Unternehmens. Der Strategieentwicklungsprozess beschreibt die Phasen meist von der Analyse der Ist-Situation über die Strategieentwicklung bis hin zur Strategieimplementierung und laufenden Evaluierung.

Die Prozessmodelle in den meisten Strategiebüchern folgen derselben Logik, wenn es auch im Detail immer wieder Abweichungen im Verlauf gibt. Das folgende Modell steht stellvertretend für viele Prozessverläufe, die in der Literatur beschrieben werden. Solche Modelle geben eine erste, notwendige Orientierung, sollen aber nicht als unumstößliche Doktrin des Verlaufs angesehen werden.

Abbildung 1.1 Strategischer Planungsprozess

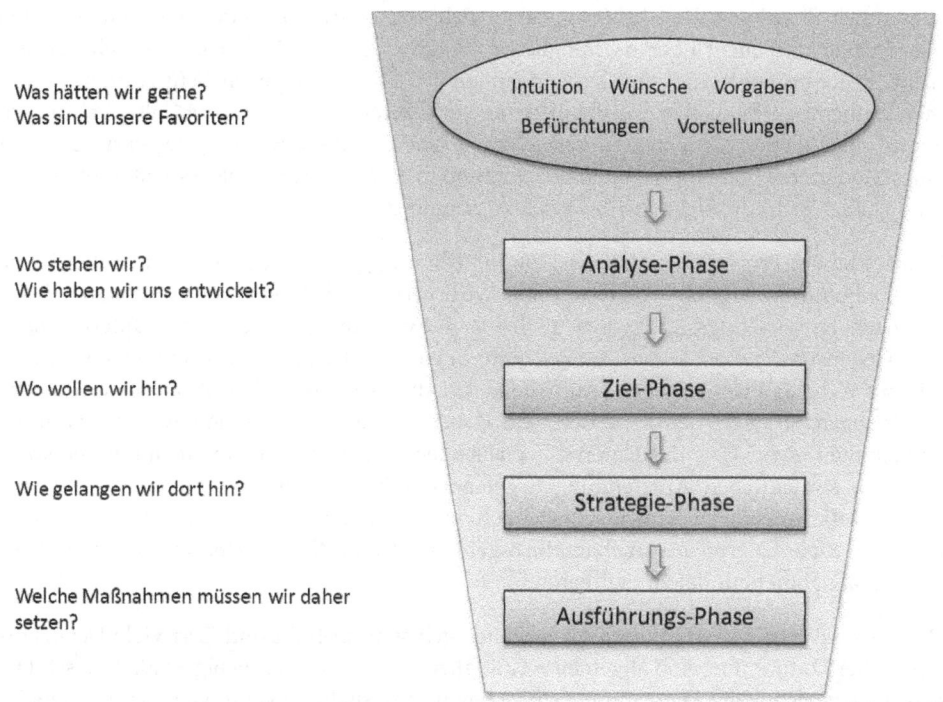

Das dargestellte Modell hat gegenüber vielen in der Literatur abgebildeten Prozessen den Vorteil, dass es nicht mit der Analyse der Ausgangssituation beginnt, sondern Bezug nimmt auf die Gefühlslage der in den Prozess involvierten Personen. Jede Führungskraft, die eine Einladung für einen ersten Strategie-Workshop erhält, verbindet damit Empfindungen und Erwartungen. Man bringt in solche Sitzungen Ideen, Wünsche und Vorstellungen mit. Gleichzeitig entstehen aber häufig auch Befürchtungen, Ängste und sorgenvolle Gedanken. Welche der beiden Gefühlswelten überwiegt, hängt wohl von der Persönlichkeit der Führungskraft ab, aber auch von der Situation, in der sich das Unternehmen als Ganzes oder die Geschäftsbereiche des Unternehmens gerade befinden.

Erfahrungsgemäß ist es für den Prozess sehr hilfreich, diesen Erwartungshaltungen Raum zu geben, damit sie ausgesprochen werden können. Mit einer rein sachbezogenen Analyse zu beginnen, würde der Bedeutung des Prozesses nicht gerecht werden. Der Grund dafür, warum aber häufig mit einer „sterilen" Analyse begonnen wird, ist wohl darin zu finden, dass man eben mit solchen „Gefühlen" nicht umzugehen gelernt hat. Man möchte beispielsweise sich abzeichnende Konflikte bewusst oder weniger bewusst nicht ansprechen und tut so, als könnte man diesen „entkommen". Ein „Entkommen" ist aber stets eine Illusion, denn nur ein „Hinauszögern" ist für eine bestimmte Zeitspanne möglich. Eine erkaufte Zeitspanne, da man letztendlich von solchen Konfliktpotenzialen auf die eine oder andere Art immer wieder eingeholt wird.

Wesentlich für diesen Teil der Strategieentwicklung ist es, von seinen eigenen Gefühlen auszugehen und nicht über die möglichen Gefühle anderer Personen, die vielleicht gar nicht im Raum anwesend sind, zu „spekulieren". Über die eigenen Befürchtungen kann man authentisch berichten und kann dafür auch gerade stehen. Es geht also bei diesem Schritt nicht darum, Gerüchte zu verbreiten. Ansätze in diese Richtung müssen vonseiten eines Moderators von Anfang an klar unterbunden werden. Aber welches Unternehmen ist schon bereit, sich für solche Prozesse Zeit zu nehmen?

Wurde diesem Prozess ausreichend Zeit zur Klärung gegeben, so folgt in der Regel eine systematische, strategische Analyse. Dabei wird versucht, Fragen zu beantworten, die den aktuellen Entwicklungsstatus, aber auch die Entwicklungsgeschichte des Unternehmens zum Gegenstand haben. Dieser Analyse wird in weiterer Folge in Form eines eigenen Kapitels ausreichend Platz gegeben. Aufbauend auf dieser strategischen Analyse werden die langfristigen, strategischen Ziele definiert. Dabei geht es um die Frage, wohin man letztendlich die Entwicklung des Unternehmens lenken möchte bzw. wohin man mit den koordinierten strategischen Anstrengungen gelangen möchte. Aus den strategischen Zielen resultiert die eigentliche Strategie. Dabei geht es um die Frage, wie man gedenkt, die strategischen Ziele zu erreichen. Letztendlich geht es darum, die dafür notwendigen strategischen Maßnahmenbündel zu definieren.

Der Prozessverlauf in Abbildung 1.1 gestaltet sich sehr abstrakt und lässt viele Details offen. Daher kommt ihm eine allgemeine Gültigkeit zu, die vorerst wenig Kritik zulässt. Die eher übersichtsmäßige Darstellung wurde bewusst deshalb gewählt, weil jeder Strategieentwicklungsprozess zwar grundsätzlich einer allgemein gültigen Abfolge von Arbeitsschritten folgt, zugleich aber jeder Kontext, jede Teamzusammensetzung und jeder Zugang zu dem Thema eine spezifische, individuelle Vorgehensweise erfordert. Kein Strategieentwicklungsprozess gleicht dem anderen. Die dargestellten Prozessmodelle stellen daher lediglich grobe Orientierungshilfen für die Entwicklung von Unternehmensstrategien dar. Im Rahmen der Vorgangsweise sollte man sich daher in der Praxis am strategischen Verständnis des Managements, an der Situation des Unternehmens, an bereits vorliegenden Unterlagen (zum Beispiel Analysen) etc. orientieren.

1.2 Praktische Aspekte des Strategieentwicklungsprozesses

Der Fokus des Buches liegt insbesondere auf den prozessualen Aspekten der Strategieentwicklung und -umsetzung. Über die verschiedenen Instrumente und Werkzeuge gibt es bereits eine Fülle an Literatur. Die Probleme in der Praxis treten aber zunächst bereits im Prozess selbst auf, sodass die Instrumente zum Teil gar nicht mehr wirksam werden können. Selbstverständlich gibt es auch bei der Anwendung der Instrumente methodische

Unsicherheiten und Fehler in der Auswertung. Erfahrungsgemäß wirken sich diese „Fehler" aber gar nicht mehr so gravierend aus, da durch sehr mangelhafte Prozessabläufe diese gar nicht mehr zum Tragen kommen. Wenn beispielsweise ein Strategieentwicklungsprozess versandet, ist es letztlich unerheblich, ob die Portfolioanalyse korrekt durchgeführt wurde. Deren Ergebnisse geraten ohnedies wieder in Vergessenheit.

Abbildung 1.2   Idealtypischer Strategieentwicklungsprozess in der Theorie

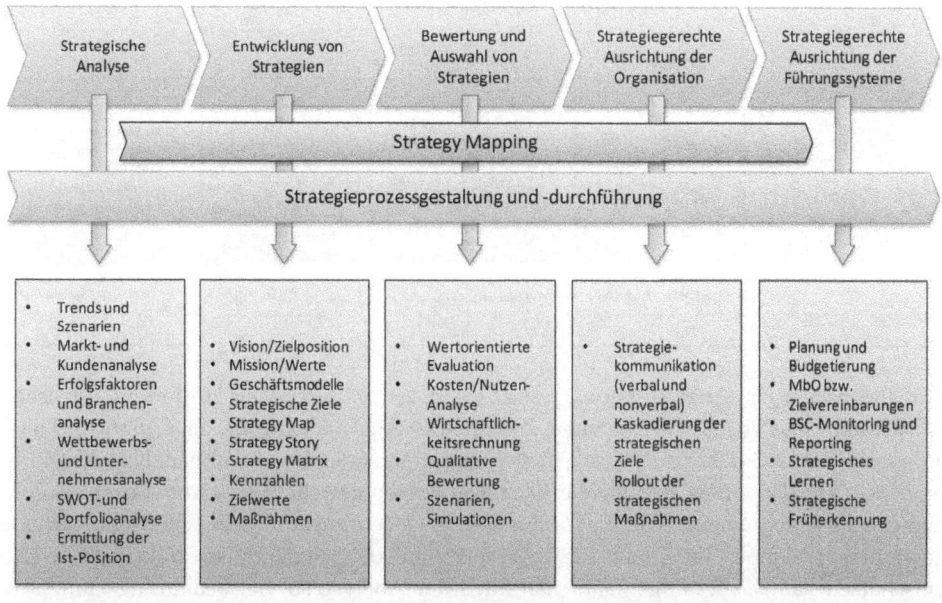

Es gilt also schon vorgelagert, im Prozess liegende „Fallstricke" anzusprechen, um die Grundvoraussetzungen zu schaffen, dass die Instrumente überhaupt wirksam werden können. Diese Fallstricke sollen an einem beispielhaften Prozessverlauf dargestellt werden. Abbildung 1.3 zeigt dazu eine Vorgehensweise, die sich zwar in den Grundzügen ähnlich gestaltet wie der zuvor dargestellte Verlauf, im Detail jedoch andere Elemente aufweist bzw. bestimmten Elementen eine andere Priorität zugesteht.

In der Unternehmenspraxis sieht man sich im Laufe eines solchen Strategieentwicklungsprozesses mit einer Reihe von potenziellen Problemfeldern konfrontiert. Meist tappt man aufgrund des fehlenden Prozessverständnisses nicht in eine Falle, sondern es treten dabei kumulative Effekte auf, die sich im Laufe des Prozesses gegenseitig verstärken. Abbildung 1.3 gibt in Bezug auf den zuvor dargestellten Entwicklungsprozess einen Überblick über mögliche prozessbezogene Fehler.

Abbildung 1.3 Fallstricke der Strategieentwicklung in der Praxis

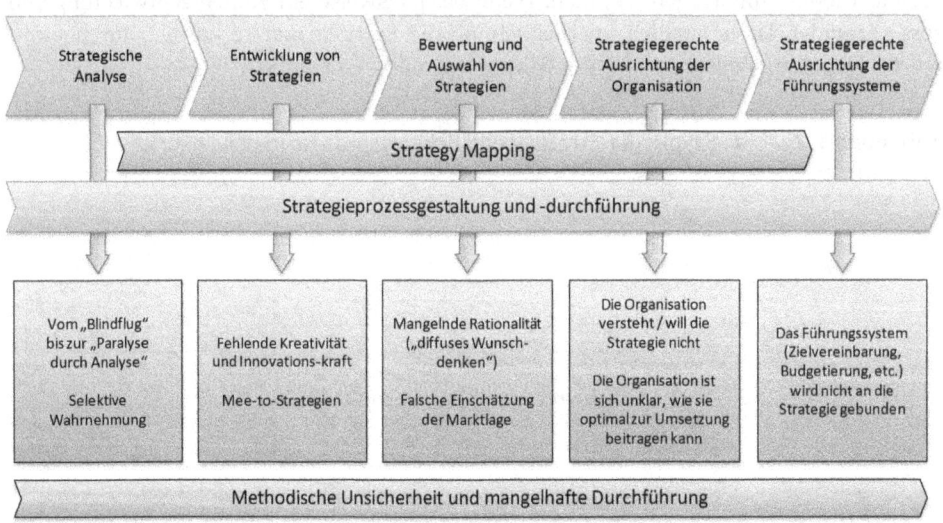

Für die strategische Analyse gilt es zunächst ein vernünftiges Maß zu finden. Typischen Fallstricken unterliegen Unternehmen, die in einer Analyse lediglich eine unnötige Fleißaufgabe sehen und daher auf diese gänzlich verzichten oder eine Pseudoanalyse durchführen. Dazu werden einige wenige oberflächliche Fragen gestellt, deren Antworten man ohnedies glaubt zu kennen. Man glaubt aus der Analyse ohnehin keine neuen Erkenntnisse gewinnen zu können, weil man die Lage aufgrund der langjährigen Erfahrung sowieso einschätzen kann. Allerdings kann man auch der Analyse so viel Bedeutung zumessen, dass man glaubt, immer neue Informationen mit in die Analyse aufnehmen zu müssen. Man erweckt dann den Eindruck, mit der Analyse einfach gar nicht mehr zu Ende zu kommen und mit der Gestaltung der eigenen Zukunft nie mehr zu beginnen. Man paralysiert mit dieser Vorgehensweise somit die gesamte Entwicklungsgruppe.

Weiters können im Laufe der Analyse zweifelsohne auch alle Effekte der selektiven Wahrnehmung, wie sie bereits im zweiten Kapitel beschrieben wurden, zum Tragen kommen. Was nicht sein darf, kann einfach nicht sein. Man spricht dann einfach nicht über die Lessons learned oder, um es prägnanter auszudrücken, über die „Leichen im Keller". Es kann aber durchaus auch sein, dass man sich im Rahmen der Analyse der Selektion der Informationen gar nicht bewusst ist.

Während der Entwicklung von Strategien erlebt man viele Führungsteams, die in ihrem Denken sehr stark am aktuellen Status Quo verhaftet sind. Dieses „Klebenbleiben" am derzeitigen Status lässt sich zum Teil darauf zurückführen, dass viele Führungskräfte, jahrelang geprägt durch die operative Tagesarbeit, einfach nicht gewohnt sind, strategisch zu denken. Häufig lässt sich dieser Effekt auch auf die Angst zurückführen, dass man nicht den Eindruck entstehen lassen möchte, dass man zu sehr „kreativ spinnt". In vielen Fällen glauben auch viele Führungskräfte, dass dies vonseiten der Geschäftsführung gar nicht gewollt ist. So kommt man gar nicht zu eventuell spannenden Diskussionen über neue Geschäftsmodelle, sondern orientiert sich an vermeintlichen Innovationen der Mitbewerber und entwickelt sogenannte Me-too-Strategien. Wenn man mehrere mögliche Lösungswege vorliegen hat, muss man wohl im Sinne der Konzentration der Kräfte eine Bewertung und Auswahl der Strategien vornehmen. In der Unternehmenspraxis gibt es nun kaum Strategien, die nicht auf Wachstumsüberlegungen beruhen und in hohen Zuwachsraten resultieren. Solchen Strategien liegt häufig ein Wunschdenken zugrunde. Dies lässt sich daran erkennen, dass beispielsweise alle Mitbewerber einer Branche mit stagnierendem Marktpotenzial ein erhebliches Wachstum anstreben. Grund dafür ist die häufig unrealistische Einschätzung des Kundenbedarfs, der Konkurrenzreaktionen und der eigenen Potenziale.

Nachdem die Strategie vorliegt, gilt es, die Organisation strategiegerecht auszurichten. Es müssen die strukturellen Entscheidungen getroffen werden, um die Strategie wirksam werden zu lassen. Ein sehr häufiges Problembild manifestiert sich darin, dass die Organisationsmitglieder, die am Strategieentwicklungsprozess gar nicht beteiligt waren, nicht wissen, wie sie die Strategie in ihr Tagesgeschäft übertragen können. Oft versäumt es das Management, diese Übersetzungsarbeit zu leisten, indem die Strategie zwar wohl kommuniziert, aber nicht mit Beispielen auf das Tagesgeschäft „heruntergebrochen" wird. Solch eine Art der Strategiekommunikation erfordert eine Bereitschaft vonseiten des Managements, sich den dafür notwendigen Diskussionen immer wieder zu stellen. Ebenso wie für die Organisation ist es notwendig, das Führungssystem strategiegerecht auszurichten. Die meisten Strategien bleiben aber deshalb wirkungslos, weil sie von den konkreten Zielen für das laufende Wirtschaftsjahr oder vom laufenden Budgetierungsprozess entkoppelt werden. Damit nimmt man aber von vornherein der Strategie die Möglichkeit, wirksam zu werden, weil sich die Mitarbeiter in der Regel an den unmittelbar vorgegebenen operativen Zielen orientieren werden. Ein Indiz dafür liegt darin, dass sich Mitarbeiter meist sehr kurzfristig auf zyklisch abgehaltene Strategiesitzungen vorbereiten. Während über Monate keine strategischen Aktivitäten gesetzt werden, bricht in der Woche vor der Klausur eine entsprechende Hektik aus, um sich rechtfertigen zu können, dass man die To-do-Liste erfüllt hat.

Den gesamten Prozess begleitet auch die methodische Unsicherheit und mangelhafte Ausführung hinsichtlich einzelner konkreter Prozessschritte. Wie führt man tatsächlich eine SWOT-Analyse durch? Wie das Studium vieler in der Praxis durchgeführter SWOT-Analysen zeigt, sind deren Ergebnisse wohl in den meisten Fällen sehr kritisch zu beurteilen. Diese Aussage gilt für viele eingesetzte Instrumente und durchgeführte Prozessschritte gleichermaßen. Welche Konsequenzen haben nun solche Fallen, in die man ohne entsprechendes Verständnis leicht hineintappt? Die am Prozess Beteiligten erleben diesen zunehmend konfliktgeladen, belastend und anstrengend. Noch gravierender wirkt sich auf den Prozess aus, dass dieser substanzlos, realitätsfern und bar jeder Perspektive erlebt wird. Wird der Nutzen eines solchen Prozesses formell oder informell immer mehr in Frage gestellt, so wendet man sich wieder mehr den Anstrengungen zur Bewältigung des Tagesgeschäftes zu und es kehrt wieder ein veränderungsresistenter Ruhezustand ein. Selbst wenn die Führungskräfte den Strategieentwicklungsprozess zwar grundsätzlich als wichtige

Aufgabe erkennen, dieser aber im eigenen Unternehmen falsch aufgesetzt wird, führt dies häufig dazu, dass solche Sitzungen seltener, kürzer und schlussendlich gar nicht mehr angesetzt werden.

Aufgrund der zunehmenden Volatilität der Umweltbedingungen gewinnt in der unternehmerischen Praxis immer öfter die Flexibilisierung von Strategien zunehmend an Bedeutung. Da sich die Rahmenbedingungen zunehmend schnell ändern, soll bereits im Rahmen der Strategieentwicklung auf mögliche Kontextänderungen Bezug genommen werden. Für diesen Fall entwickelt man unterschiedliche Entwicklungsszenarien, die in den nächsten Jahren realistischerweise eintreten können. Abhängig vom jeweiligen Szenario ist man so in der Lage, bei einer nachhaltigen Veränderung der Entwicklung auf einen Plan „B" zurückgreifen zu können.

In Abbildung 1.4 werden für einen Markt, ausgehend von den aktuellen Marktentwicklungen, unterschiedliche Marktszenarien entwickelt und die damit verbundenen Erfolgsvoraussetzungen (Definition des Erfolgsunternehmens) definiert. Daraus wird sodann eine Zielposition abgeleitet, die sich entweder am wahrscheinlichsten Szenario orientiert, oder versucht den verschiedenen Szenarien zu entsprechen. Dem Anforderungsprofil der Zielpositionierung wird sodann das aktuelle Leistungsprofil auf Basis der aktuellen Ist-Positionierung gegenübergestellt, um in weiterer Folge den strategischen Handlungsbedarf zu erarbeiten.

Abbildung 1.4 Charakteristika des Strategieentwicklungsprozesses

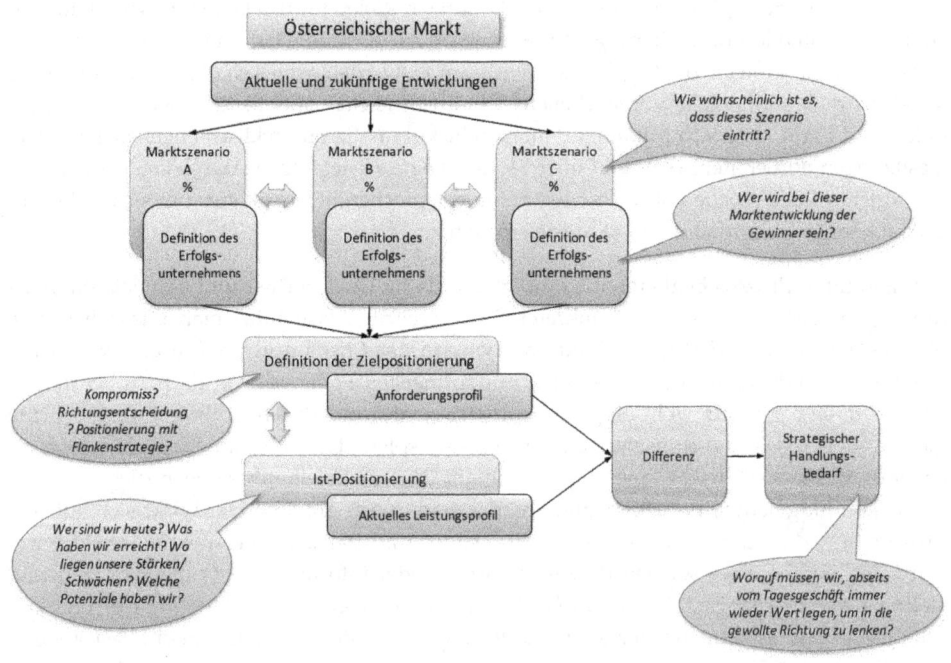

Wie aus Abbildung 1.4 ersichtlich wird, ähnelt dieser Entwicklungsprozess nur sehr eingeschränkt den bisher dargestellten Prozessen. Im folgenden Kapitel wird auf die Notwendigkeit der unternehmensspezifischen Strategieentwicklung noch näher eingegangen. Im vorliegenden Fall hatte das Unternehmen bereits negative Erfahrungen mit überzogenen Zielsetzungen in bisherigen Strategieentwicklungsprozessen gemacht. Daher wurde in diesem Fall der Schwerpunkt nicht auf visionäre Ziele gelegt, sondern eher versucht, Rahmenbedingungen (Strukturen, Prozesse, Wissen, Fähigkeiten etc.) zu erarbeiten, um bei extrem volatilen Marktbedingungen erfolgreich sein zu können.

1.3 Unternehmensgerechte Adaption des Strategieentwicklungsprozesses

Wie aus den bisherigen Ausführungen ableitbar ist, stellen sich an einen Strategieentwicklungsprozess gewisse Anforderungen, die im Folgenden im Detail erläutert werden sollen. Diese Anforderungen lassen sich durch die folgenden vier Merkmale charakterisieren.

Abbildung 1.5   Charakteristika des Strategieentwicklungsprozesses

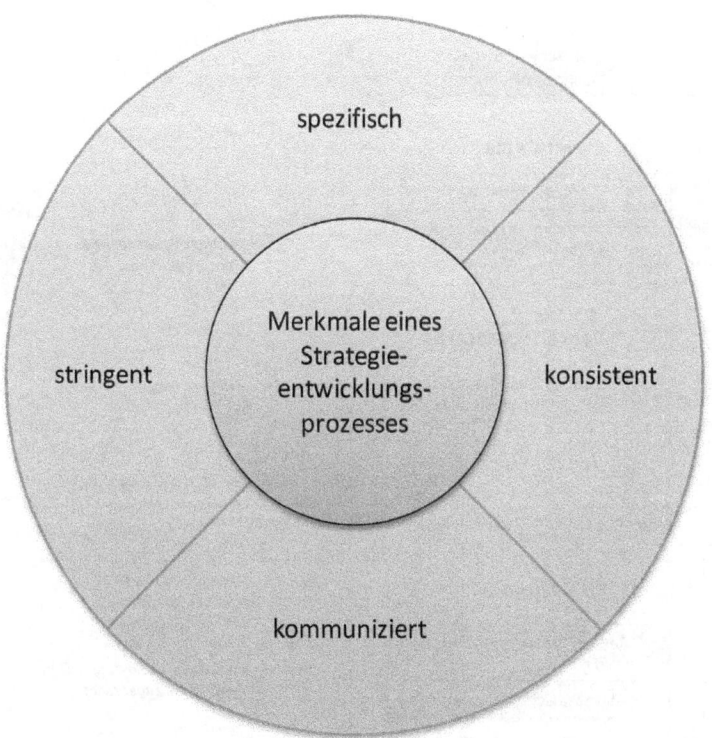

1.4 Spezifischer Strategieentwicklungsprozess

Einleitend wurde bereits darauf hingewiesen, dass abhängig von den jeweiligen Rahmenbedingungen eine situationsadäquate Vorgehensweise für die Strategieentwicklung gewählt werden sollte. Beispielsweise ist der Ausgangspunkt für den Entwicklungsprozess sehr entscheidend für dessen Erfolg. Dieser kann aber den Kontextfaktoren entsprechend unterschiedlich gewählt werden. Dieser Aspekt der situativen Vorgehensweise soll anhand eines Vorgehensmodells erläutert werden.

Abbildung 1.6 zeigt eine mögliche Vorgehensweise zur Entwicklung einer Unternehmensstrategie. Ausgehend von einer Vision wird eine strategische Analyse durchgeführt. Anschließend folgt im Rahmen der Strategieentwicklung die Erarbeitung einer Zielpositionierung und die Formulierung der strategischen Stoßrichtungen. Für die Umsetzung der Strategie wird das Konzept einer Balanced Scorecard vorgeschlagen.

Abbildung 1.6 Strategieumsetzung mittels Balanced Scorecard

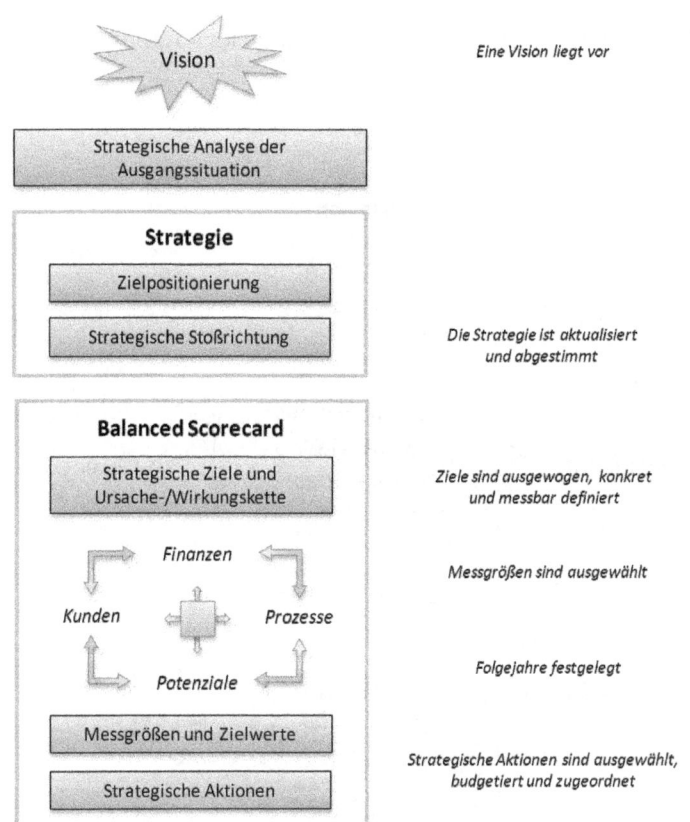

Das vorgeschlagene Vorgehensmodell hat ebenso wie die bisher dargestellten Prozessmodelle seine Gültigkeit. Seine Wirksamkeit wird jedoch von den jeweiligen Rahmenbedingungen, innerhalb deren es zum Einsatz kommt, abhängen. Zunächst fällt auf, dass im Rahmen dieser vorgeschlagenen Vorgehensweise nicht von der Analyse, sondern von der Unternehmensvision ausgegangen wird. Dies hat den konkreten Vorteil, dass man nicht von der Analyse zu sehr in die Probleme des Tagesgeschäftes „hinuntergezogen" wird. Dies könnte dazu führen, dass jede kreative Idee sofort hinterfragt, kritisiert und verworfen wird.

Dieser durchaus interessante Prozessablauf stößt allerdings dann an seine Grenzen, wenn man es im Strategieentwicklungsprozess mit einer kulturell sehr stark traditionell geprägten Führungsmannschaft zu tun hat, die sich primär auf das operative Tagesgeschäft konzentriert. Dies kann darauf zurückzuführen sein, dass in den Prozess vor allem ältere Führungskräfte integriert sind. Erfahrungsgemäß sind solche Prägungen auch manchmal branchenbedingt. So kann es beispielsweise zwischen einer Führungsmannschaft einer Werbeagentur in einer Großstadt und dem Management eines Unternehmens der Grundstoffindustrie am Lande durchaus kulturell geprägte Unterschiede geben. Dementsprechend ergibt auch ein unterschiedlicher Zugang zu dem strategischen Prozess durchaus Sinn.

Ist eine Mannschaft eher unerfahren in der Durchführung strategischer Prozesse und konfrontiert man diese dennoch unmittelbar mit der Entwicklung einer Vision, so könnten diese durchaus ein Widerstandsmuster zeigen. In diesem Fall hat es durchaus Sinn, analytische Aufgaben vorzuziehen, um erst in einer späteren Phase zur Visionsentwicklung zurückzukehren. Solche vertrauensbildenden Maßnahmen nehmen Bezug auf den Reifegrad des Managements hinsichtlich dieser spezifischen Herausforderung. Man holt die Mannschaft dort ab, wo sie sich wohl fühlt und stellt mit zunehmender Vertrauensbasis zunehmend herausfordernde Aufgaben.

Im Folgenden ist ein spezifischer Strategieentwicklungsprozess dargestellt, der darauf Bezug nimmt, dass ein Tochterunternehmen eines internationalen Konzerns bestrebt ist, eine eigene Strategie unter der Berücksichtigung der Konzernvorgaben zu entwickeln. Im Rahmen dieses Entwicklungsprozesses war es beispielsweise notwendig, die Entwicklungsszenarien des Tochterunternehmens mit den Strategievorgaben des Mutterkonzerns abzustimmen, um daraus eine Positionierungsentscheidung ableiten zu können. Zudem musste das bisherige Geschäftsmodell mit dem zukünftigen abgeglichen werden, um daraus die strategischen Stoßrichtungen bestimmen zu können. Wie aus Abbildung 1.7 zudem ersichtlich wird, wurden nach einem Kick-off-Workshop Einzelinterviews mit den Führungskräften der 1. und 2. Ebene durchgeführt. Auf diesen Punkt wird im Rahmen der strategischen Analyse noch im Detail eingegangen.

Abbildung 1.7 Strategieumsetzung mittels Balanced Scorecard

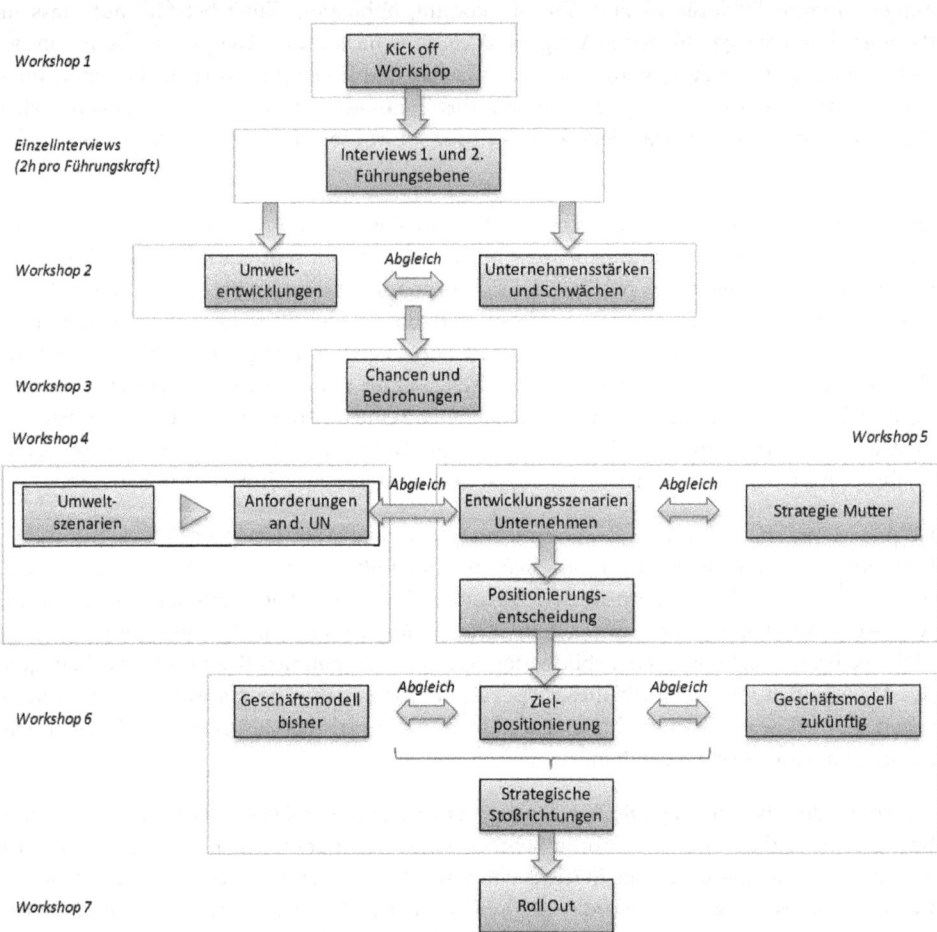

Der Abgleich der unterschiedlichen Szenarien, die in interne und externe klassifiziert wurden, soll in Abbildung 1.8 nochmals veranschaulicht werden.

Abbildung 1.8 Strategieumsetzung mittels Balanced Scorecard

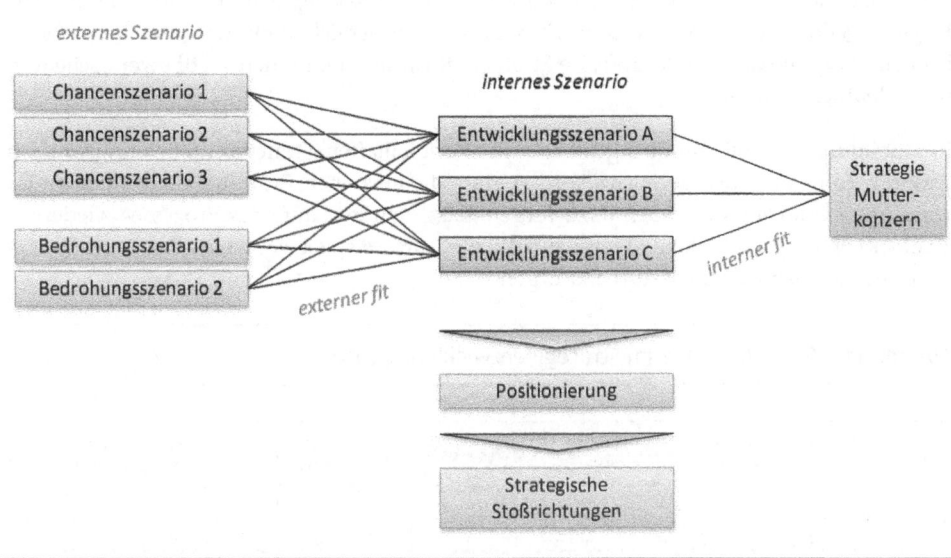

1.5 Stringenter Strategieentwicklungsprozess

Eine empirische Studie von Arthur D. Little hat ergeben, dass quasi alle Strategieberater im Rahmen der strategischen Analyse eine Stärken-Schwächen-Analyse für ihre Kunden durchführen. Wie die Studie weiters zeigt, verwenden die Berater zu 90 Prozent diese Analyse aber nicht mehr explizit im weiteren Strategieentwicklungsprozess. Es werden also Stärken und Schwächen erarbeitet, dokumentiert und die Flipcharts an die Wand geheftet. Dort verbleiben sie dann während des gesamten weiteren Prozesses. Sofern darauf Bezug genommen wird, dann punktuell, unsystematisch (wenn es gerade in die Argumentation passt) oder implizit. Die Stärken und Schwächen fließen aber beispielsweise in weiterer Folge nicht mehr systematisch in die folgenden instrumentengestützten Prozessschritte ein.

Setzt man die Analyse im weiteren Strategieentwicklungsprozess nicht mehr oder nur ansatzweise ein, so könnte man logischerweise auch darauf verzichten. Wenn die zuvor erarbeiteten Inhalte in den weiteren Prozess nicht mehr oder de facto nicht mehr einfließen, stellt sich die Frage nach deren Informationswert. Selbst wenn man argumentiert, dass man sich immerhin mit den Inhalten beschäftigt hat, muss man eingestehen, dass man bei systematischer Einbindung der Inhalte eine weitaus höhere Wirkung dieser Informationen hätte erzielen können.

Ein solches Vorgehen verstößt gegen den sogenannten Grundsatz der Stringenz des Strategieentwicklungsprozesses. Unter einer stringenten Vorgehensweise versteht man eine

Durchgängigkeit im Sinne eines roten Fadens während des Prozesses. Gibt es in der Vorgehensweise zur Entwicklung der Strategie derartige Brüche, resultieren daraus meist inhaltliche, logische Widersprüche. In sich widersprüchliche Konzepte sind daraus die logische Folge. Ist jedoch bereits das Konzept für sich widersprüchlich, dann wird die Wahrscheinlichkeit, dass eine daran anknüpfende Strategie-Realisation im rauen Wettbewerb scheitern wird, deutlich höher sein.

In Abbildung 1.9 soll die Stringenz in dem beispielhaften Strategieentwicklungsprozess dadurch zum Ausdruck gebracht werden, dass die einzelnen Prozessphasen miteinander verknüpft sind. Dies kann auch dazu führen, dass man im Laufe des Prozesses wiederum zu einer bereits durchlaufenen Phase zurückkehrt, um beispielsweise eine Präzisierung von zuvor getroffenen Aussagen durchzuführen.

Abbildung 1.9   Stringenz im Strategieentwicklungsprozess

Analyse der Voraussetzungen	Diagnose der Ausgangssituation	Entwurf der strat. Architektur	Entwicklung eines Steuerungskonzeptes	Ressourcencontrolling	Roll out der strat. Planung	strategische Lernfähigkeit
Vor-Analyse	strat. Analyse	strat. Grundstrategie	BSC	strat. Controlling	Umsetzung	Reflexion
• Liquidität • Rentabilität • bisherige strat. Aktivitäten	• strat. Intention (Vision) • Branchenausblick • Plausibilitätscheck (mit SWOT und Kernkompetenzen)	• Zielposition • Definition SGE • strat. Stoßrichtung • strat. Schlüsselkonzepte	• Strat. Ziele • Wirkungsketten • Kennzahlen • Zielfestlegung • Strat. Projekte	• Finanzplanung • Ressourcenoptimierung • Empowerment der Mitarbeiter	• Umbau von Strukturen und Prozessen • Information an die Mitarbeiter	• Strat. Feedback • Refokussierung
	Exit	Exit	Exit	Exit		
Prüfen	Analysieren	Entscheiden	Orientieren	Sichern	Umbauen	Verändern

Unter Stringenz des Strategieentwicklungsprozesses versteht man demnach, dass jeder Arbeitsschritt logisch in den darauffolgenden nächsten (Schritt) mündet. Gibt es im Entwicklungsprozess keine logisch verbindenden Elemente, die aufeinander Bezug nehmen, kann man davon ausgehen, dass das erarbeitete Konzept meist logische Brüche aufweist. Wenn aber bereits das Konzept in sich nicht stimmig oder gar widersprüchlich ist, wird es verständlich, dass ein solches Konzept nur schwer erfolgreich umsetzbar ist. Dies muss nicht notwendigerweise bedeuten, dass das Unternehmen mit dem Prozess scheitern wird – allerdings wird es einer Reihe von vermeidbaren und immer auch kostenintensiven Umwegen bedürfen, um die Inkonsistenzen des Konzeptes im Nachhinein zu korrigieren.

Prozess der Strategieentwicklung

Solche Umwege verlängern zwangsläufig den Strategieentwicklungs- und -umsetzungsprozess. Die Umsetzung einer Strategie erfordert ohnedies meist eine relativ lange Zeitspanne. Die Strategieumsetzung macht daher das Bereitstellen entsprechender personeller, aber auch zeitlicher Ressourcen über einen längeren Zeitraum notwendig. Beide Ressourcen sind insbesondere in kleinen und mittelständischen Unternehmen knapp und werden in diesem Kontext für die Strategieentwicklung oft nicht (ausreichend) bereitgestellt. In sich widersprüchliche Konzepte stellen in diesem Zusammenhang vermeidbare Umwege dar und verlängern die Durststrecke bis zum strategischen Erfolg. Solche Umwege binden nicht notwendigerweise wertvolle Ressourcen und nehmen der jeweiligen Organisation daher viel an Umsetzungsenergie.

In Abbildung 1.10 soll die Stringenz im Prozessablauf nochmals präzisiert werden. Im weiteren Verlauf des Buches werden dann die einzelnen konkreten Schritte in den jeweiligen Kapiteln im Detail erläutert werden.

Abbildung 1.10 Beispiel einer methodisch verknüpften Vorgehensweise

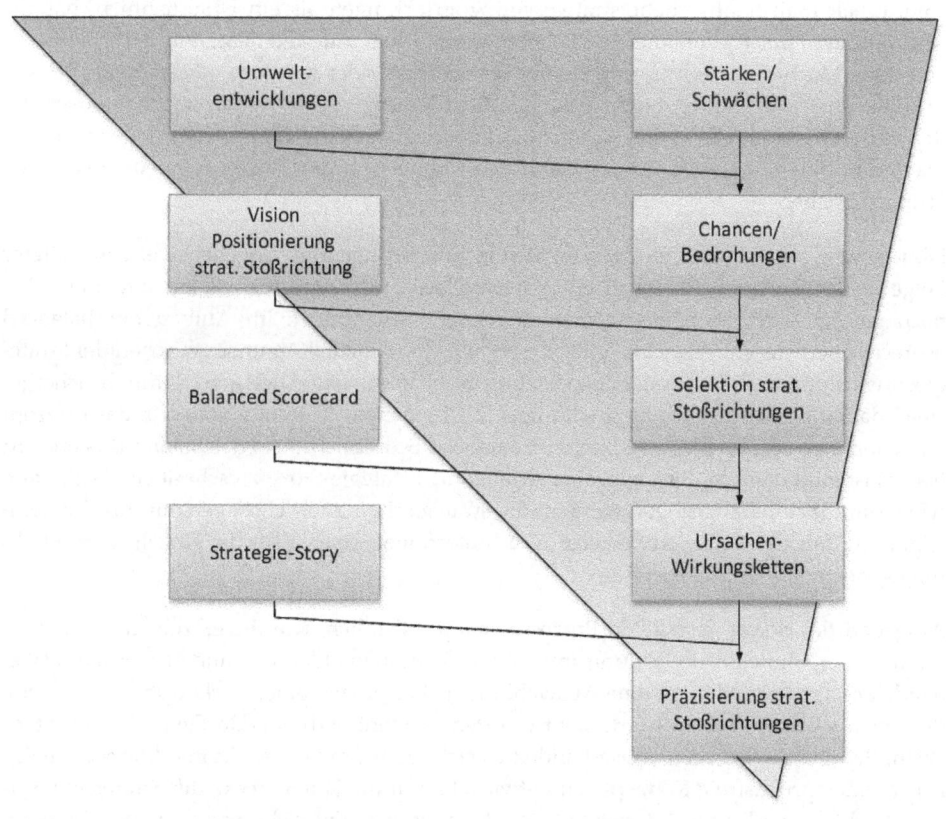

Die stringente Vorgehensweise spiegelt sich zunächst bereits in der strategischen Analyse wider. Dabei werden beispielsweise nicht irgendwelche Stärken und Schwächen ohne irgendeinen logischen Zusammenhang den Chancen und Gefahren gegenübergestellt, wie dies in den meisten Büchern wiederzufinden ist. Es wird hingegen vorgeschlagen, zunächst neutrale Entwicklungen der Umwelt zu identifizieren und diese den Stärken und Schwächen des Unternehmens gegenüberzustellen. Das Stärken-Schwächen-Profil entscheidet in weiterer Folge darüber, welche Entwicklung sich zu einer Chance oder einer Bedrohung entwickelt. Die Chancen und Bedrohungen werden also nicht willkürlich formuliert, sondern nach einer klaren und stringenten Methode abgeleitet. Erfahrungsgemäß liegt der praktische Nutzen darin, neutrale Entwicklungen nicht von vornherein als Bedrohungen zu klassifizieren, da dabei eventuell das Chancenpotenzial übersehen wird. Zudem zeigt sich, dass diese Vorgehensweise zu viel klareren und eindeutig abgrenzbaren Klassifikationen von Stärken und Schwächen einerseits und Chancen und Bedrohungen andererseits führt. In der Praxis werden diese nämlich häufig verwechselt, was zu wenig aussagekräftigen Analyseergebnissen führt. In weiterer Folge nutzt man wiederum die klar herausgearbeiteten Chancen und Bedrohungen dafür, die vorgeschlagenen strategischen Stoßrichtungen zu bewerten und zu selektieren. Da die meisten Mitarbeiter lösungsorientiert ausgerichtet sind, erhält man häufig mehr strategische Stoßrichtungen als ein Unternehmen, das die Konzentration der Kräfte auf seine Fahnen geheftet hat, umsetzen kann. In der Praxis wirken dann Machtverhältnisse, Informationsvorsprünge oder taktische Aktionen als Selektionsfilter der strategischen Stoßrichtungen. Stattdessen wird vorschlagen, nach einer klar definierten Methode die strategischen Stoßrichtungen auszuwählen. Zudem integriert man wiederum die erarbeiteten Chancen und Bedrohungen in den Prozess und stellt so deren Stringenz sicher.

Diese strategischen Stoßrichtungen werden in einer stringenten Vorgehensweise in weiterer Folge in das Konzept der Balanced Scorecard als Umsetzungsinstrument integriert. Wie noch gezeigt wird, werden die strategischen Stoßrichtungen im Aufbau der Balanced Scorecard berücksichtigt, sodass eine wesentliche inhaltliche Klammer zwischen der Strategieentwicklung und der Strategieumsetzung geschaffen wird. Dies wird dadurch sichergestellt, dass die strategischen Stoßrichtungen als Ursachen-Wirkungs-Ketten in das Konzept aufgenommen werden (vgl. Kapitel zur Balanced Scorecard). Aus der Balanced Scorecard heraus ist man dann in der Lage, eine sogenannte Strategie-Story zu schreiben. Diese kann wiederum dazu herangezogen werden, die strategischen Stoßrichtungen auf ihre Übereinstimmung mit der Balanced Scorecard zu hinterfragen, aber auch die einzelnen Stoßrichtungen nochmals zu präzisieren.

Aufgrund des derart gestalteten Prozesses wird ersichtlich, wie die einzelnen Schritte im Rahmen der Strategieentwicklung immer wieder miteinander verbunden werden. Dabei handelt es sich lediglich um eine Auswahl möglicher prozessualer Verknüpfungen. Jedem, der einen solchen Prozess führt, steht es offen, weitere verbindende Elemente zu entwickeln. Bei dieser Vorgehensweise handelt es sich wohl um eine wirksame Methode, möglichst widerspruchsfreie Konzepte zu entwickeln, um die Durststrecke der Strategieumsetzung nicht zu verlängern. Aufgrund der dynamischen Entwicklungen auf den Märkten darf man aber nicht den Interpretationsfehler machen, zu glauben, dass in diesem Fall das vorliegende Konzept tatsächlich so umsetzbar ist, wie man es erarbeitet hat. Die Strategieumsetzung wird immer im Wesentlichen ein Lernprozess bleiben.

Aus der Stringenz darf aber nicht abgeleitet werden, dass der Strategieentwicklungsprozess einer linearen Logik folgen muss. Darunter meint man, dass nach einer strengen Logik stets Schritt für Schritt vorzugehen ist. Diese Logik spiegelt sich dann auch in einer klaren Trennung von Strategieentwicklung und anschließender Implementierung wider. Dabei würde man aber übersehen, dass jeder Schritt neue Erkenntnisse und Ergebnisse hervorbringt, die eine passende Entscheidung über die Art und Weise des nächsten Schritts ermöglichen. Stringent meint in diesem Zusammenhang, dass die einzelnen Entwicklungs- und Umsetzungsschritte immer wieder miteinander verbunden und aufeinander bezogen werden. Stringenz in der Vorgehensweise führt nicht zu einer linearen Vorgehenslogik, sondern begünstigt hingegen ein zirkuläres Vorgehen. Diese zirkuläre Logik findet man in Unternehmen dort, wo kontinuierliche Strategiearbeit betrieben wird, wo Strategie daher als ein vom Zeithorizont her offenes Thema verstanden wird.

1.6 Konsistenter Strategieentwicklungsprozess

Jede Unternehmensstrategie ist in einen bestimmten Kontext eingebunden. Zunächst stellt die Umwelt des Unternehmens, also die Märkte, die Mitbewerber, die Lieferanten, die Kapitalgeber, die Gesetzgeber etc. eine wesentliche Rahmenbedingung dar. Demgegenüber stehen die internen Rahmenbedingungen, wie die strukturellen und kulturellen Besonderheiten des Unternehmens. Eine Strategie wird nur dann wirksam sein, wenn sie auf diese Rahmenbedingungen Bezug nimmt und daraufhin abgestimmt wird. Diese Überlegungen gehen im Wesentlichen auf die Arbeiten von Ansoff zurück. Er weist in seinen Arbeiten darauf hin, dass zwischen der Unternehmensumwelt einerseits und der Strategie eines Unternehmens andererseits eine Abstimmung („Fit") hergestellt werden sollte. In diesem Fall spricht man von einem externen „Fit". Zudem stellt er fest, dass es aber ebenso zwischen der Strategie eines Unternehmens und deren Struktur und Kultur einer Abstimmung bedarf. In diesem Zusammenhang spricht man von einem internen „Fit". Diese Zusammenhänge sollen in Abbildung 1.11 verdeutlicht werden.

Abbildung 1.11 Strategisches Fit

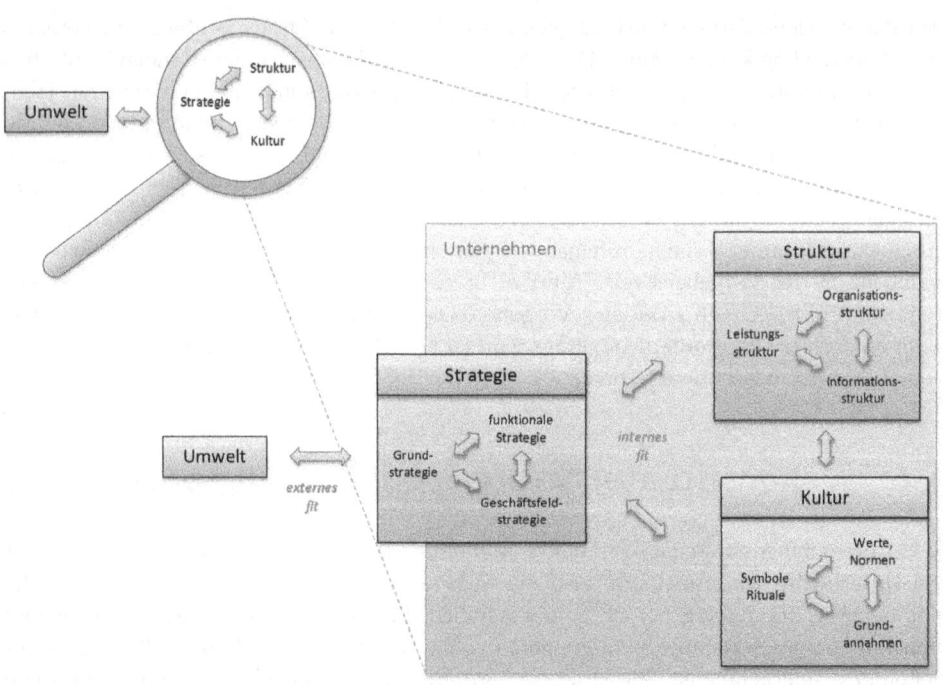

Konzepte, bei deren Entwicklung nicht auf die geltenden Rahmenbedingungen Bezug genommen wird, die also kein externes und/oder internes Fit aufweisen, sind letztlich inkonsistent. Sie sind widersprüchlich zu dem geltenden Kontext und es bleibt ihnen daher ihre Wirksamkeit mehr oder weniger verwehrt. Wird beispielsweise „nur" (im Sinne von ausschließlich) die Strategie eines Unternehmens verändert, der Struktur und der Kultur des Unternehmens aber nicht die entsprechende Bedeutung geschenkt, so werden diese Bemühungen notwendigerweise am alltäglichen Widerstand zerbrechen. Es hat keinen Sinn, ein neues Strategiepapier zu entwerfen, dies mit dem Attribut „neu" zu versehen, während man die Struktur und Kultur des Unternehmens unberücksichtigt und sich selbst überlässt. Dies führt zwangsläufig zur Frustration der Mitarbeiter, aber auch der Kunden.

> **Beispiel:** Die leitenden Beamten einer öffentlichen Organisation entwickeln eine Strategie, die als wesentlichen Kern die Servicequalität hinsichtlich der Abwicklung von bestimmten Dienstleistungen zum Inhalt hat. Im Rahmen der strategischen Analyse wurde dies als eine wesentliche Anforderung der Bürger identifiziert. Als Servicequalität werden beispielsweise die schnelle Abwicklung von Anträgen, das kompetente Informationsverhalten der Mitarbeiter, die Freundlichkeit beim direkten Kundenkontakt, kurze Wartezeiten des Bürgers vor Ort und bürgergerechte Öffnungszeiten definiert. Als wesentlicher strategischer Erfolgsfaktor werden die Mitarbeiter der Organisation identifi-

ziert, die für die Umsetzung der Strategie entsprechend motiviert werden sollen. Im Rahmen der Umsetzung muss man jedoch feststellen, dass die Strategie nicht wirksam implementiert werden kann. Den wachsenden Ansprüchen der Bürger stehen wesentliche strukturelle und kulturelle Umsetzungsbarrieren gegenüber. Aufgrund öffentlich-rechtlicher Verträge können keine entsprechenden Anreize für die Mitarbeiter geschaffen werden. Zudem sind die Arbeitszeiten gewerkschaftlich geregelt, sodass eine flexible Arbeitszeit nicht umsetzbar ist. Das Amt ist seit Jahren personell unterbesetzt und durch laufende Krankenstände von Mitarbeitern wird die Arbeitssituation für die verbleibende Mannschaft noch belastender. Folglich müssen die Bürger vor Ort länger warten, was zu laufenden Beschuldigungen der Mitarbeiter führt, sodass deren Freundlichkeit ein bloßer Wunschgedanke ist. Die EDV-Ausstattung ist zudem überaltert und aufgrund fehlender Reservekapazitäten zunehmend instabil.

Das Beispiel zeigt den notwendigen Abstimmungsbedarf der Strategie sowohl mit den umweltbedingten als auch den unternehmensspezifischen Rahmenbedingungen. Eine Strategie lässt sich relativ schnell entwickeln, für die Veränderung der Unternehmensstrukturen benötigt man in der Regel schon eine längere Zeitspanne. Die Beeinflussung einer Unternehmenskultur ist eine diffizile Aufgabe und erfordert viel Einfühlungsvermögen und Geduld. Die Kultur ist sicherlich der trägste Faktor in diesem strategischen Konstrukt. Aufgrund des Modells wird aber auch ersichtlich, dass mit der Erstellung eines strategischen Konzeptes noch keine nachhaltige Wirksamkeit erzielt werden kann.

1.7 Kommunizierter Strategieentwicklungsprozess

Der Kommunikation kommt im Rahmen des Strategieentwicklungs- und -umsetzungsprozesses eine besondere Bedeutung zu. Zumeist werden Strategien im Führungskreis entwickelt, verschriftet und dann in Form einer Präsentation der Mannschaft kommuniziert. Die Kommunikation der Strategie beginnt aber nicht notwendigerweise erst mit Fertigstellung des Konzeptes. Aufgrund der Umweltdynamik ist ein strategisches Papier ohnedies nie wirklich „fertig", sondern immer nur eine Augenblicksaufnahme in einem fließenden Prozess. Daher ergibt es durchaus auch Sinn, schon während der Strategieentwicklung über erste Erkenntnisse zu berichten. Selbstverständlich sollte dies abgestimmt erfolgen, sodass nicht unfertige Gedanken laufend revidiert werden müssen und diffuse Aussagen zu Gerüchten führen.

Die Ausführungen basieren demnach auf einem Verständnis, das die Kommunikation strategischer Inhalte als laufende Aufgabe und parallelen Prozess zur Strategieentwicklung und -umsetzung propagiert. Eine wesentliche Voraussetzung für eine wirksame Kommunikation stellen dabei die Klarheit und Verständlichkeit der Inhalte dar. Klare, leicht verständliche Begriffe, die aktivitätsorientiert formuliert werden, erleichtern die Kommunikation der Ergebnisse. Aktivitätsorientierte Formulierungen stellen das Tun in den Mittelpunkt der Ausführungen und ermöglichen es den Mitarbeitern, die Anschlussfähigkeit zur

Strategie im Tagesgeschäft herzustellen. Steril klingende Formulierungen, die einen zu sehr akademischen Charakter haben, lassen eher einen Bruch im Sinne einer mentalen Kluft zwischen dem Management und den ausführenden Mitarbeitern entstehen. Strategien sollten also keinen zu hohen Erklärungsaufwand und Interpretationsspielraum aufweisen. Für die Präsentation der Strategie sollte man sich daher überlegen, wie man zuerst möglichst viel Komplexität aus den erarbeiteten Inhalten nehmen kann. Es gibt Autoren, die der Auffassung sind, dass wirkungsvolle Strategien letztlich immer einfache Strategien sind.

Pümpin weist noch in diesem Zusammenhang auf die sogenannte „Unite de Doctrine" hin. Darunter versteht er ein klares Verständnis der strategischen Ziele und Aufgaben, sodass kein wesentlicher Interpretationsspielraum diesbezüglich offen bleibt. Es geht ihm dabei um eine einheitliche strategische Grundauffassung innerhalb geschlossener, stimmiger Konzepte. Bunte Folien mit vielen Anglizismen verlieren hingegen oft schon nach Tagen ihre Wirkung! Strategiesitzungen mit zu vielen Themen bleiben ergebnislos. Konzepte, die die Sprache der Betroffenen nicht sprechen, führen bestenfalls zu einem zustimmenden Nicken, aber zu keiner Umsetzung.

Literatur

Bleicher, K.: Das Konzept integriertes Management, Frankfurt 2001.

Brinkmann M.: Strategieentwicklung für kleine und mittlere Unternehmen, Zürich 2002.

Hinterhuber, H.: Strategische Unternehmensführung, New york 1992.

Horváth & Partner: Balanced Scorecard umsetzen, Stuttgart 2001.

Lombriser, R.; Abplanalp, P.: Strategisches Management , Zürich 2004.

Müller-Stevens, G.; Lechner, C.: Strategisches Management, Stuttgart 2001.

Petek, R.: Mit dem Nordwand-Prinzip das Universum managen, Wien 2006.

Pümpin, C.: Strategische Führung in der Unternhemenspraxis, St. Gallen 1980.

Welge, M.; Al-Laham, A.: Strategisches Management, Wiesbaden 1999.

2 Strategisches Innovationsmanagement für kleine und mittlere Unternehmen

Entwicklung eines Modells für die frühe Innovationsphase von kleinen und mittleren Unternehmen und Evaluierung an einem Unternehmen des Sanitätsfacheinzelhandels

Prof. Dr.-Ing. Gerhard Hube, Fabian Engelhardt M.A.

Abstract

Entwicklungen, Umbrüche oder Innovationen in Märkten oder Technologien können auf Unternehmen massive Auswirkungen haben. Die Ursachen dafür liegen immer häufiger nicht in den Kernmärkten der betroffenen Unternehmen. Deshalb ist es notwendig geworden, sich mit Hilfe einer strategischen Vorausschau (Corporate Foresight) auf Chancen und Risiken solcher Entwicklungen vorzubereiten. Viele große Unternehmen haben entsprechende Abteilungen und Prozesse bereits implementiert. Aber auch mittelständische Unternehmen sollten sich mit einer solchen strategischen Komponente beschäftigen, da sich die anfänglich hohe Veränderungsbereitschaft junger Unternehmen im Laufe der Jahre häufig reduziert. Mit dem Modell für ein strategisches Innovationsmanagement wird ein Ansatz für die frühe Phase des Innovationsprozesses vorgestellt. Dieser ermöglicht es mittelständischen Unternehmen in einer „Outsight-in-Perspektive" strukturiert Ideen für neue Geschäftsfelder zu ermitteln und schnell zur Umsetzung zu bringen. Anhand einer Evaluierung in einem deutschen Unternehmen des Sanitätsfacheinzelhandels konnte gezeigt werden, dass mit überschaubarem Aufwand, in sehr kurzer Zeit, neue Geschäftsideen erarbeitet werden konnten, die zur Strategie des Unternehmens passen und vorhandene Kompetenzen nutzen.

Keywords:
Strategie, Innovationsmanagement, Corporate Foresight, KMU, Kleine und mittlere Unternehmen, frühe Phase des Innovationsprozesses

„Warum würde irgendjemand einen Computer in seinem Haus wollen?"

[Kenneth Olsen, Gründer von Digital Equipment Corp., 1977]

2.1 Strategische Vorausschau

Auch heute in einer Zeit des scheinbar unbegrenzten Zugangs zu Wissen und Informationen stehen Unternehmer vor der Herausforderung ihre Unternehmen langfristig am Markt zu sichern und die Profitabilität zu erhalten. Die richtige Einschätzung zukünftiger Entwicklungen kann dabei eine entscheidende Rolle spielen. Sowohl historische als auch aktuelle Beispiele zeugen davon, wie Fehleinschätzungen und Unbeweglichkeit Unternehmen Marktanteile oder sogar die Existenz kosten können. So wurde eine ganze Branche von dem rasanten Aufstieg der Digitalfotografie förmlich überrollt. Innerhalb von wenigen Jahren stieg der Verkauf digitaler Kameras der Unternehmen im japanischen CIPA-Verbund weltweit von ca. fünf Millionen Stück im Jahre 1999 innerhalb von vier Jahren auf über 43 Millionen Stück (Statista 2013). Bisherige Marktführer wie Konica Minolta schaffen es nicht an diesem Technologiesprung zu partizipieren und wurden 2006 von Sony übernommen. Weitere prominente Beispiele für das Scheitern aufgrund von Unbeweglichkeit und verpasster Chancen sind Grundig, Hertie, Quelle und AEG (Meyer 2012, S. 29). Und meist sind es junge, anfangs belächelte Startups, die im Sinne der schumpeterschen kreativen Zerstörung die neuen Märkte erobern. So war es eben nicht der bisherige Handelsriese und Branchenprimus Quelle, der die Chance des Internethandels ergriff, sondern es waren amazon und ebay. Eventuell blüht anderen verharrenden Branchen und Unternehmen ein ähnliches Schicksal, wie zum Beispiel den Apotheken (Däinghaus 2009, S. 21) oder den klassischen Reisbüros (Raufer 2009, S. 143). Es sind also die kleinen und mittleren Unternehmen, häufig Startups, die den Großen das Fürchten lehren und mitunter ganze Märkte auf den Kopf stellen. Viele große Unternehmen haben sich deshalb mit eigenen Stabsabteilungen, Reorganisationen und breiten internen Offensiven auf die Herausforderung Innovation aufgestellt. Auch wenn der Erfolg dieser Maßnahmen in großen Konzernen umstritten ist (Christensen 2011, S. 235), stellt sich in diesem Zusammenhang die Frage, wie kleine und mittlere Unternehmen einen langfristigen Erfolg im Rahmen ihrer Möglichkeiten und ihren Besonderheiten sicherstellen können. Aufbauend auf diesen besonderen Voraussetzungen soll hier ein konzeptioneller Rahmen für das strategische Innovationsmanagement von kleinen und mittleren Unternehmen vorgestellt werden.

2.2 Besonderheiten von kleinen und mittleren Unternehmen

Häufig findet sich bei kleineren und mittleren Unternehmen eine Einheit von Eigentum und Unternehmensführung, was schnelle Entscheidungen fördert. Außerdem ist der direkte Informationsfluss zwischen Markt bzw. Kunden und dem Entscheider einfacher möglich als in großen Unternehmen mit einer Vielzahl von Hierarchiestufen. Damit sind für eine unkomplizierte Umsetzung von Innovationsprojekten eigentlich gute Voraussetzungen geschaffen.

Allerdings finden sich bei kleineren und mittleren Unternehmen in der Regel auch nur eingeschränkte Ressourcen und finanzielle Mittel für strategische Innovationsprojekte. Auch das Bewusstsein für solche Themen ist aufgrund der Konzentration aller Beteiligten auf das operative Geschäft meist nicht besonders hoch ausgeprägt. Man kann sogar in der Evolution mittelständischer Unternehmen eine Entwicklung beschreiben, bei der sich aus den ehemals dynamisch und innovationsorientierten Unternehmen eher risikoscheue und verharrende Organisationen entwickeln, mit stark sinkender Bereitschaft zu Veränderungen, wie in Abbildung 2.1 dargestellt.

Abbildung 2.1 Entwicklungspfade mittelständischer Unternehmen (Geschka 2007, S. 8)

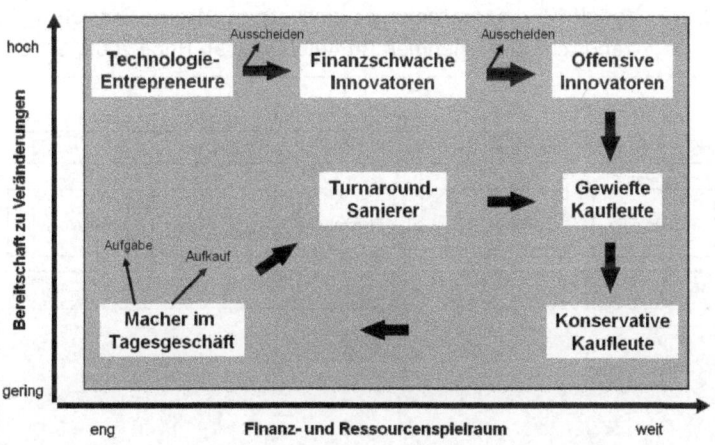

Unabhängig von den unterschiedlichen Innovationstypen gelten zwei übergreifende Innovationsschwächen (Geschka 2007, S. 40):

- Informationsdefizite, insbesondere geringe Marktkenntnisse
- Fehlende oder nur vage Innovationsstrategie

Weiterhin kann festgestellt werden, dass viele mittelständische Unternehmen Innovationen in der Regel ausschließlich ausgehend von ihren bestehenden Produkten und Dienstleistungen entwickeln (Insight out) und potenzielle Innovationen ausgehend von externen Entwicklungen und Trends (Outsight in) vernachlässigen. Dadurch entstehen meist inkrementelle, maximal signifikante Innovationen, aber keine Durchbruchsinnovationen. Außerdem sind die Unternehmen dadurch nicht genügend auf mögliche Risiken durch neue Wettbewerber oder Substitute vorbereitet, die zum Beispiel aus einer bislang branchenfremden technischen Lösung entsteht.

2.3 Modell für ein strategisches Innovationsmanagement „Outsight in" für mittelständische Unternehmen

Im Mittelpunkt des Modells steht der Ideenentstehungsprozess, der von der Ideengenerierung über die Ideenkonkretisierung bis zur Ideenbewertung und -auswahl abläuft. Ausgangspunkt ist die Zielsetzung, die vor der ersten Ideengenerierung festgelegt werden muss. Diese Zielsetzung steht in engem Zusammenhang mit dem ersten Einflussfaktor „Unternehmensziele und Unternehmensstrategie", um sinnvolle Ergebnisse sicherzustellen. Ein weiterer wichtiger Einflussfaktor ist das Vorhandensein eines entsprechenden Grundverständnisses für Innovation, welches möglichst breit in der Belegschaft des mittelständischen Unternehmens vorhanden sein sollte.

Abbildung 2.2 Modell für ein strategisches Innovationssystem „Outsight in" für mittelständische Unternehmen (in Anlehnung an Hube 2005, S. 107)

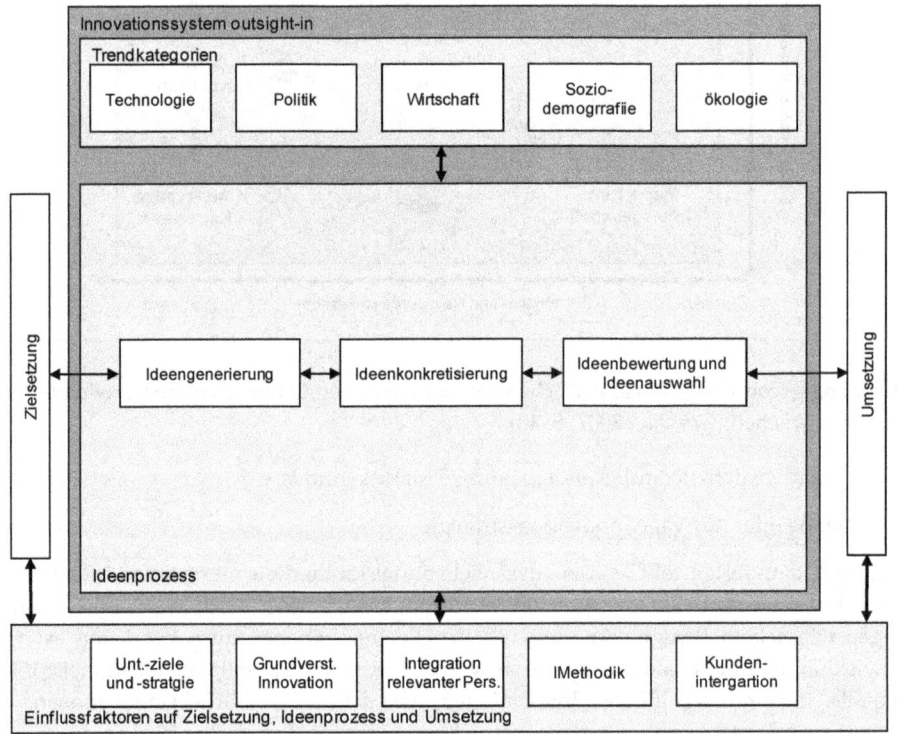

Da für die Umsetzung von Innovationsideen in mittelständischen Unternehmen meist viele der operativen Abteilungen involviert werden müssen, ist die rechtzeitige und richtige Sensibilisierung für das häufig neue Thema Innovation von entscheidender Bedeutung. Das gilt auch für die Einbeziehung der richtigen Personen, die nicht unbedingt direkt aus dem Unternehmen sein müssen, aber einen großen Einfluss ausüben. Das können Personen aus dem Umfeld des Familienunternehmens sein oder langjährige Berater und Dienstleister. Weiterhin ist der Einsatz zielgerichteter und für mittelständische Unternehmen geeignete Methoden ein wichtiges Erfolgskriterium.

Die Methoden sollten schnell und einfach einsetzbar sein und Ergebnisse liefern, die zügig zu Entscheidungen und Maßnahmen führen. Schließlich sollten auch ausgewählte Kunden in den Ideenproprozess einbezogen werden. Bei der Auswahl sollte darauf geachtet werden, dass bei diesen Kunden ein ausreichendes Vertrauensverhältnis besteht.

Ausgangspunkt der inhaltlichen Arbeit für diesen „Outsight-in"-Ansatz sind die verschiedenen Trendkategorien zur Analyse der Entwicklungen im Umfeld. Diese sind unterteilt in die Kategorien „Technologie", „Politik", „Wirtschaft", „Soziodemografie" und „Ökologie". Damit wird ein systematischer Startpunkt für diese frühe Phase des Innovationsprozesses gelegt und stellt damit sicher, diesen besonders bedeutenden Abschnitt strukturiert zu durchlaufen.

2.4 Vorgehensweise zur Umsetzung

Zur Umsetzung des Modells schlagen wir die in Abbildung 2.3 dargestellte Vorgehensweise und die dort jeweils genannten Instrumente vor.

Abbildung 2.3 Vorgehensweise und Instrumente zur Umsetzung

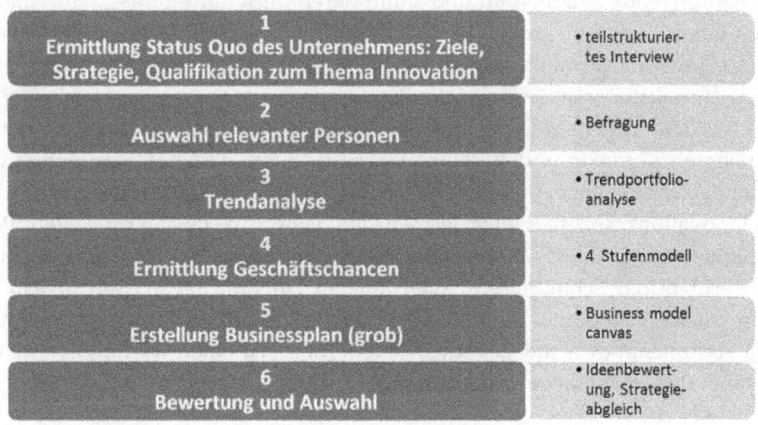

2.5 Exemplarische Umsetzung in einem mittelständischen Unternehmen des Sanitätsfacheinzelhandels in Deutschland

Eine Branche, die unter anderem aufgrund des zunehmenden Wettbewerbs und der Abhängigkeit von der Gesetzgebung (zum Beispiel §128 SGB V, Festbeitragsregelung etc.) permanenten Veränderungen unterworfen ist und darum Innovationen benötigt, ist der Sanitätsfacheinzelhandel in Deutschland (BVR 2012). Aus diesem Grund eignet sie sich sehr gut für eine exemplarische Anwendung des Modells und eine kritische Prüfung auf Anwendbarkeit und Wirksamkeit. Die Anwendung erfolgte im Zeitraum Mai-September 2012 in einer Zusammenarbeit zwischen der Hochschule für angewandte Wissenschaften Würzburg-Schweinfurt und dem Unternehmen. Die Moderation des Prozesses wurde dabei von der Hochschule übernommen, könnte aber auch von einem entsprechenden Verantwortlichen aus dem Unternehmen geführt werden.

Im ersten Schritt wurden Informationen über die Grundlagen des Sanitätshauses (Unternehmensziele, Unternehmensstrategien und Unternehmensqualifikation zum Thema Innovation) erhoben und dokumentiert. Hierfür eignete sich der Einsatz eines teilstrukturierten Interviews mit der Geschäftsführung. Daraufhin galt es alle im Unternehmen am Prozess beteiligten Personen auf ein einheitliches Wissensniveau zum Thema Innovation zu bringen. Dies konnte durch eine gemeinsame Schulungseinheit und anschließende Einzelgesprächen mit den Teilnehmern zur Vertiefung der Thematik realisiert werden. Ziel sollte es sein, jedem Mitarbeiter zu diesem Zeitpunkt zu verdeutlichen, „welche Rolle er für die Innovation und den Erfolg des Unternehmens spielen kann" (Spilker 2010, S. 40). Bei der Auswahl der beteiligten Mitarbeiter wurde eine heterogene Gruppenzusammensetzung hinsichtlich Alter, Geschlecht, Ausbildung, Fähigkeiten und Kompetenzen gewählt, um den weiteren Prozessverlauf positiv zu unterstützen (Balmer et al. 2000; S. 142).

Nachdem die Grundlagen erfolgreich gelegt wurden, galt es die involvierten Mitarbeiter über das Thema Trends aufzuklären und somit deren Blick auf Einflussfaktoren außerhalb der eigenen Organisation zu lenken und sich hierdurch von alltäglichen Betriebsabläufen zu lösen. Zu diesem Zeitpunkt empfahl es sich ebenfalls Informationen über die unterschiedlichen Trendkategorien zu präsentieren, welche zuvor recherchiert und entsprechend aufbereitet wurden, um ein einheitliches Gesamtbild zu schaffen. Im Rahmen der Recherchearbeit konnten Kontakte und Vereinbarungen u. a. mit Technologieexperten geknüpft werden, die neben einzelnen Kunden als weitere, externe Prozessteilnehmer in die frühe Phase des Innovationsprozesses integriert wurden. Hierdurch gelang es, weitere Perspektiven zu erschließen und die Diversität zu erhöhen. Sämtliche externe Personen galt es im nächsten Schritt durch Schulungseinheiten auf ein einheitliches Wissensniveau mit den Mitarbeitern zu bringen, damit alle Prozessteilnehmer (intern und extern) über einheitliche Kenntnisse verfügten, bevor mit der Ideengenerierung begonnen werden konnte und sich alle Teilnehmer das erste Mal gemeinsam versammelten.

Die Schritte der Ideengenerierung und -konkretisierung wurden durch einen gemeinsamen Workshop mit allen beteiligten Personen umgesetzt. Auch konnte im Rahmen dieser Veranstaltung bereits eine erste, grobe Ideenbewertungen anhand der Kriterien: Machbarkeit, Marktfähigkeit und Wirtschaftlichkeit vorgenommen werden. Als Methoden für die Ideengenerierung eigneten sich die Trendportfoliotechnik und das 4 Stufenmodell (Hube 2012, S. 44-48). Durch den Einsatz dieser Methoden konnten alle Teilnehmer über das im Vorfeld gelegte Wissensniveau im Workshop andocken und in mehreren Kleingruppen neue Geschäftsideen entwickeln. Im Anschluss wurden diese anhand des Business Model Canvas (Osterwalder 2011, S. 18-48) konkretisiert und daraufhin im Plenum gegenseitig vorgestellt und diskutiert, ohne allerdings eine abschließende Bewertung vorzunehmen.

Diese erfolgte nach einer Pause von ca. einer Werkwoche, um ausreichend Zeit zur kritischen Reflektion zu geben. In der anschließenden Workshop-Nachbesprechung ging es dann darum, die konzipierten Geschäftsideen zu bewerten und eine oder mehrere von diesen für die Umsetzung auszuwählen. Für die Bewertung eignet sich neben der Berücksichtigung der Kriterien „Machbarkeit", „Marktfähigkeit" und „Wirtschaftlichkeit" die Vereinbarkeit mit den Unternehmenszielen und -strategien, welche zu Beginn des Prozesses mittels des teilstrukturierten Interviews erhoben wurden. Direkt im Anschluss der Besprechung wurde die Umsetzung gestartet, indem Verantwortlichkeiten, Termine und erste Zwischenergebnisse definiert wurden.

Abbildung 2.4 Impressionen aus dem Workshop

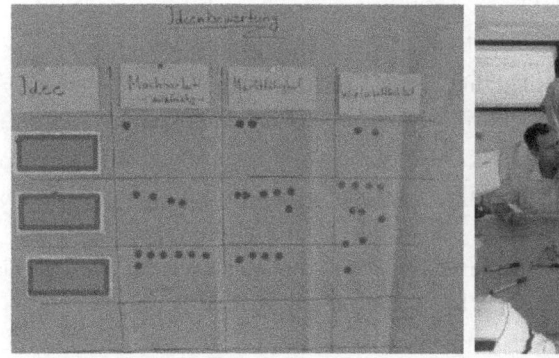 

Die Evaluierung hat gezeigt, dass das entwickelte, theoretische Modell mit der abgeleiteten Vorgehensweise im praktischen Einsatz funktioniert. Durch das methodische Vorgehen wurden zahlreiche, qualitativ hochwertige Ideen generiert, die bislang überhaupt nicht in Betracht gezogen wurden. Die Ideen standen völlig außerhalb der bisherigen Überlegungen und so konnten durch die zügige Konkretisierung ausgewählter Geschäftsideen aussichtsreiche Wettbewerbsvorteile erzielt werden. Für weitere Umsetzungen könnte ein erweiterter Methodenpool geprüft werden, insbesondere bei der branchenspezifischen Vorselektion relevanter Trends.

Literatur

Balmer, R., Inversini, S., Planta, A., Semmer, N. (2000): Innovation im Unternehmen: Leitfaden zur Selbstbewertung für KMU; vdf Hochschulverlag AG an der ETH Zürich 2000; Seite 142

Bundesverband der Deutschen Volksbanken und Raiffeisenbanken (BVR) (2009): VR Branchen spezial: Sanitätsfachhandel; Deutscher Genossenschafts-Verlag eG 2012; Text und Redaktion: ifo Institut München

Christensen, C., M. (2011): The Innovators Dilemma, Verlag Franz Ahlen GmbH, 2011

Däinghaus, R. (2009): Der Frontmann, in Förster, Nikolaus (Hrsg.): Die kreativen Zerstörer der deutschen Wirtschaft, FinanzBuch Verlag GmbH, 2009, S. 21-32

Geschka, H. (2007): Innovationsmanagement mittelständischer Unternehmen, Gemeinschaftstagung der Gesellschaft für Kreativität und der IHK-Innovationsberatung Hessen, Frankfurt, 08. September 2007, Dokumentation unter: http://www.kreativ-sein.org/bl/innovationsmanagement.html, letzter Zugriff am 28.01.2013

Hube, G. (2012): Einsatz von Zukunftstechnologien, Vorlesungsskript, Hochschule Würzburg-Schweinfurt, 2012

Hube, G. (2012): Beitrag zur Beschreibung und Analyse von Wissensarbeit, Jost-Jetter Verlag, 2005

Meyer, J.-U. (2012): radikale innovation, das handbuch für marktrevolutionäre, Business Village Verlag GmbH, Göttingen, 2012

Osterwalder, A., Pigneur, Y. (2011): Business Model Generation, Campus Verlag, 2011

Raufer, H. (2009): Er kriegt sie alle ins Bett, in Förster, Nikolaus (Hrsg.): Die kreativen Zerstörer der deutschen Wirtschaft, FinanzBuch Verlag GmbH, 2009, S. 143-146

Spilker, M. (2010): Innovationserfolg durch Unternehmenskultur, in: Gundlach, Carsten; Glanz, Axel; Gutsche, Jens (Hrsg.): Die frühe Innovationsphase; Symposion Publishing GmbH 2010; S. 40

Statista (2011): Absatz von Digitalkameras durch CIPA-Unternehmen weltweit von 1999 bis 2011 (in Millionen Stück), www.statista.de, letzter Aufruf am 28.01.2013

3 Positionierung von Innovationen

Jack Trout, Mag. Lorenz Wied, MBA

Abstract

Die erfolgreiche Umsetzung von Innovationen erfordert eine klare strategische Positionierung. Dabei geht es einerseits um die Effektivität, also die Auswahl der richtigen Innovationen und andererseits um die Effizienz im Sinne von zielgerichteten Ressourceneinsatz in der Realisierungsphase.

Keywords:
Strategische Positionierung, Vermarktung von Innovation

3.1 Einleitung

Innovationen beleben das Geschäft, sie sichern das Überleben von Unternehmen und schaffen Alleinstellungen. Zu sehr haben zu viele Unternehmen genau das Thema Innovation stiefmütterlich behandelt und sind damit in die Preisfalle geraten. Sie schlugen den Weg, ja die Strategie des niedrigsten – nicht des besten – Preises ein und haben dafür mit dem Leben bezahlt. Die Liste der Opfer ist beinahe endlos. Ja ganze Länder leiden inzwischen unter den Folgen des sinnlosen und ruinösen Preiskampfes. Doch manche haben immer schon Innovation als das erkannt was es ist und wie es Peter Drucker formuliert (Drucker 1954):

„… Marketing und Innovation sind die zwei grundlegenden Funktionen eines Unternehmens, um Kunden anzuziehen. Marketing und Innovation produzieren Ergebnisse, alles andere sind Kosten. Marketing ist die differenzierende, einzigartige Funktion eines Unternehmens."

Diese Erkenntnis impliziert, dass Innovation einem klaren Prozess und einer Zielrichtung zu folgen hat, einem Zweck zu dienen hat. Dem Ziel der Positionierung zu entsprechen und diese durch Innovationen zu stärken und weiter zu entwickeln. Sonst stehen die Kunden da und stellen sich – berechtigt – die Frage, was denn das wohl sein soll – von dieser Marke. Sie kennen sich nicht mehr aus.

Zu sehr verstehen Unternehmen Innovation als das Hervorbringen neuer, und zwar gänzlich neuer Produkte. Genau das ist zwar richtig und hilfreich, aber genau das ist heute um vieles schwieriger als je zuvor. Und es ist nicht die Regel, sondern die Ausnahme. Es gibt zu viele Innovationen, zu viele neue Produkte, Ideen und Konzepte.

Unternehmen stehen heute vor der Herausforderung einerseits das zu tun, was die Kunden wollen, um nahe am Markt dran zu sein, andererseits genau aufzupassen, dass genau diese Verhaltensweise nicht zum Verhängnis wird, wenn eine Bahn brechende Innovation die Branche auf den Kopf stellt. Clayton Christensen beschreibt, dass die großen Innovationen meist nicht von den Unternehmen gemacht werden, die mit der bisherigen Technologiegeneration Marktführer sind. Es sind neue Unternehmen, mit anderen Mitarbeitern, die ihre bestehende Positionierung und Technologie nicht in Frage stellen müssen. Sie haben nur die neue Technologie und setzen alles daran, genau damit zu gewinnen. Duracell hat mit der Alkalibatterie den Marktführer in den USA und dem Rest der Welt mit dem wichtigsten Attribut bei Batterien – hält länger – klar distanziert und hält seither die Weltmarktführerschaft. Mario Moretti Polegato, ein Marketingmann, ist der Schuhbranche mit seinen atmenden GEOX Schuhen davongelaufen, Nespresso hat den Kaffeegiganten Herzklopfen bereitet. Digitalfotografie hat Kodak ausgeknipst, obwohl diese von Kodak entwickelt wurde. Mobiltelefone wurden nicht von der Festnetztelefonie groß gemacht. Es waren eigene neue Unternehmen. Unternehmen haben ihren Blick meist zu sehr auf ihr angestammtes Geschäft gerichtet. Sie sind in ihrem eigenen Unternehmensgefängnis gefangen.

Innovation erfordert eine unternehmensübergreifende Betrachtungsweise, um damit richtig erfolgreich zu sein.

3.2 Innovation ist Taktik, nicht Strategie

Vielfach wird Innovation heute zur Strategie erhoben, weil zu lange keine wirkliche Innovation auf den Markt gebracht wurde. 3M oder Apple dienen oft als Beispiele des Erfolges. Erfolgsmuster sind aber nicht wiederholbar. Unternehmen sollten daher ihre existierende Spezialisierung ausbauen und damit ihre Positionierung stärken. 3M folgt dieser Strategie, auch wenn Innovation die Triebkraft bei 3M ist. Es geht immer darum, dass man ein Produkt entwickelt oder kauft, das in der Lage ist eine führende Marktposition einzunehmen und damit Geld verdient wird. Was aber passiert, wenn Unternehmen Innovation zur Strategie erheben, ist, dass sie den Blick auf die strategische Stoßrichtung – die Positionierung – aus den Augen verlieren und vom Weg abkommen. Sie treffen die Erwartungen der Kunden nicht mehr und diese wenden sich ab und gehen zu einer anderen Marke, die mehr Kontinuität vermittelt. Nehmen wir die Automobilindustrie als Beispiel. Hätte sich Mercedes, BMW, Audi, Volvo oder Ferrari über ihre jeweiligen Innovationen auf dem Pfad der Strategie leiten lassen, dann wären sie wohl alle nicht da, wo sie sind. Sie haben wohl ständig innoviert, aber sei es das ABS, Airbag, ASR, ESP oder Allradantrieb, nichts davon war in der Lage für einen dieser Automobilkonzerne eine wirklich gute Strategie abzugeben.

3.3 Innovationen brauchen Konzepte für die erfolgreiche Vermarktung

Erfolgreiche Unternehmen verfolgen Konzepte, Konzepte, die in der Lage sind eine Positionierung zu transportieren. Innovationen müssen zum Unternehmen und zur strategischen Positionierung der Marke passen. Die Geschwindigkeit und die Massivität von Innovationen ist heute so hoch wie nie zuvor in der Geschichte. Mit Innovation gewinnen nur diejenigen, die ein strategisches Gesamtkonzept vom Ideen-Management bis zur Markteinführung und zum Kundenservice verfolgen.

Konzepte, die als Richtung dienen, in die eine Strategie entwickelt werden muss, um eine klare, differenzierenden Positionierung einzunehmen und auch zu behalten. In der besten Position ist wohl heute Audi, die das Konzept „Vorsprung durch Technik" sehr eindrucksvoll und vor allem mit aller Konsequenz seit dem Jahr 1974 fahren. Noch stärker, man hat in der Werbung sogar die gesamte Historie von Audi dieser Strategie unterstellt. Vorsprung durch Technik – seit 100 Jahren. Allrad, alle elektronischen Helferlein und der preisgekrönte TFSI Motor sind die Innovationen, die auf dieses Konzept einzahlen. Das ist eine sehr eindrucksvolle Beweisführung für eine starke und wirkungsvolle Positionierungsstrategie.

Xerox hatte eigentlich die Folgeidee nach dem Normalpapierkopierer, aber das Management erkannte die evolvierende Chance nicht und verspielte nicht nur das Geschäft mit Kopierern sondern auch mit Druckern an die Konkurrenz.

Mit dem Xerox Alto – einem Computer mit einer Maus und einem grafischen User Interface – hatte man zwar im Jahr 1973 eine wirkliche Innovation. Das Top Management erkannte die Chance aber nicht und brachte diesen zukunftsträchtigen Computer nicht auf den Markt. Man war auf der Suche nach einer Innovation auf dem Kamerasektor. Dabei übersah man die Digitalkamera. Steve Jobs erkannte die Innovation und setzte sie um.

Kodak und Polaroid ereilte eine ähnliche Geschichte. Polaroid hat nach der Sofortbildkamera keine wirklich passende Innovation auf den Markt gebracht, die die „Sofortbild Positionierung" auf die nächste Technologiestufe gebracht und den Fortbestand des Unternehmens gesichert hätte. Polaroid versuchte stets eine noch bessere Sofortbildkamera zu entwickeln, in der bestehenden Technologie und es ging nicht darum, was die alte Technologie ablösen wird. Als Kodak die Digitalkamera zum Patent anmeldete, klagte Polaroid auf Verletzung ihres Patentes. Nach zehn Jahren gerichtlicher Auseinandersetzung konnte keines der beiden Unternehmen mit der neuen Technologie den Anschluss an ihr bestehendes Geschäft schaffen. Kaum zu glauben, dass die Rechtsabteilung von Kodak hier keinen Weg gefunden hatte. Wir kaufen heute Digitalkameras von Unternehmen, die Elektronikkompetenz haben. Die Foto-Leute haben das in der Regel eben nicht.

Innovation kann einem Unternehmen helfen groß zu werden. Xerox mit Kopierern, Polaroid mit der Sofortbildkamera, Intel mit dem Mikroprozessor, Kärcher mit dem Hochdruckreiniger, Hilti mit dem Bohrhammer. Wie geht es aber dann von dort weiter?

Wenn eine Kategorie der Reifephase zustrebt, ändert sich die Situation. Die großen Innovationen in der Automobilindustrie liegen Jahrzehnte zurück. Wirklich eine Alleinstellung am Markt konnte damit kaum jemand erzielen. Der Renault Espace war eine Innovation im Automobilsektor, so wie der Mini oder der Allradantrieb. Könnte Renault von Espace leben? Nein. Oder Chrysler vom Voyager? Nein. Allradantrieb haben heute mehrere Hersteller in den teureren Modellen. Was aber Automobilkonzerne langfristig stark macht, ist der Fokus auf bestimmte Segmente und Attribute in der Automobilbranche. Audi – Technik, Sportwagen – Ferrari, Fahrfreude – BMW, Toyota – Verlässlichkeit. Die Innovationen wie Airbag, ABS, ESP konnten dort besonders viel tun, wo es passte. Bei Audi, BWM und Mercedes. Die anderen Hersteller haben erst etwas später damit ihre Fahrzeuge ausgestattet.

Die meisten Unternehmen und Marken brauchen weniger große Innovationen. Sie brauchen vor allem Spezialisierung, um sich im Wettbewerb zu differenzieren. Es sind Opfer, nicht Innovationen, die klare differenzierende Positionierungen schaffen. Haben Sie von Kärcher jemals etwas andres gesehen als ein Gerät, das einen richtig starken Wasserstrahl produziert? Oder eine „Hilti", die nicht etwas mit einem pneumatischen Impuls erledigt? Ein Geox-Produkt, das nicht atmet?

Innovationen brauchen daher eine Strategie, die auf einer klaren Positionierung aufbaut. Innovation sollte die vorhandene Positionierung stärken und weiter ausbauen, um damit das Überleben von Unternehmen zu sichern. Innovationen, die unter dem Titel Diversifizierung, Aufspüren neuer Geschäftsmöglichkeiten und Märkte stehen, führen nur dann zum Erfolg, wenn dadurch führende Marktpositionen erreicht oder neue Marktsegmente geschaffen werden. Sonst führt diese Vorgehensweise nur zu Sorgen und Verlusten. Gutes Geld wird schlechtem nachgeworfen.

Die Lenzing AG hat dies seit der Gründung konsequent getan. Lenzing hat so gut wie fast alle wichtigen Innovationen in der Branche der Zellulosefaserindustrie entwickelt und wurde damit zum Weltmarktführer bei Zellulosefasertechnologie. Innovation war nicht die Strategie, sondern das Werkzeug. Lenzing hat Innovation mit klarem Fokus im Spezialsegment Zellulosefasern betrieben, nicht bei Polyester-, Polyacryl-, Karbon- oder anderen Fasern.

Zu starke Shareholder Value Orientierung und Wachstumsziele jenseits des Machbaren bringen Unternehmen in Probleme. Wertvernichtung anstatt die Schaffung derselben findet statt. 80 Prozent der wachstumsorientierten Unternehmen haben laut Studie der WHU in Koblenz, 2005, Wert vernichtet (Hutzschenreuther 2005):

Die Gründe liegen darin, dass

- Wachstumsziele über Wertsteigerung gestellt werden
- man sich nicht für eine Wettbewerbsstrategie entscheiden wollte
- F&E Ausgaben nicht in Umsatz übertragen werden konnten
- willkürlich Managementmethoden ausprobiert wurden
- ROI und EBIT als Kennzahlen dominieren, die aber nur eine Momentaufnahme sind und zu oft falsch ausgelegt werden können.

Wir hier in Europa sind aber noch immer zu sehr produktverliebt und haben die Vermarktung – das Marketing – noch nicht so richtig aktiv in die Gesamtstrategie des Unternehmens integriert, so wie das Unternehmen viele Unternehmen aus den USA besser machen als wir. Wir brauchen aber beides. Gute Ideen für gute Produkte und das dazu passende Marketing, sonst bleiben unsere guten Idee hinter denen, die gut vermarktet werden, einfach sitzen und werden nicht gekauft. Es geht um die Transformation der Idee zu Geschäft. Das ist heute ein Kraftakt, dem nur wenige gewachsen sind. Steve Jobs wird nach seinem Tod erst wirklich als genialer Vordenker gefeiert, das vorauszuahnen, was Kunden wirklich wollen, wenn sie es dann zum ersten Mal erleben.

3.4 Innovationen erfolgreich vermarkten

Die Wettbewerbsintensität ist unerträglich und ruinös. Märkte sind derart überfüllt mit guten Produkten und Ideen, dass es einfach immer schwieriger wird, mit selbst der besten Idee zu gewinnen. Lassen Sie uns einen Blick auf die Ursachen werfen, warum Innovationen scheitern. Die Idee alleine reicht nicht, und hat eigentlich auch nie gereicht. Es war nur früher einfacher damit Geschäft zu generieren, weil die Märkte nicht übersättigt waren. Die Gründe für das Scheitern von Innovation (siehe Abbildung 3.1) reichen von einfach scheinenden Ursachen, wie dem falschen Preis-/Leistungsverhältnis 67 Prozent, über 58 Prozent zu viel versprochen – hallo Werbung aufgepasst, zur vielstrapazierten First Mover Falle – 47 Prozent. Innovationen werden damit richtiggehend abgeschossen. Die Innovationsverantwortlichen machen oft den Verkauf und das Marketing verantwortlich. Zu recht? Ja und nein. Ja, weil es wirklich die Aufgabe des Marketings und des Verkaufs ist, genau eine professionelle Vermarktung zu machen. Nein, weil das Marketing und der Verkauf erstens viel zu spät in den gesamten Prozess der Innovation eingebunden werden und zweitens, weil das Marketing in den meisten Unternehmen zur Werbeabteilung degradiert ist. Die Innovation ist nicht mit dem Markt stimmig. Ein folgenschwerer Fehler, der auch nicht ganz kritiklos an den Universitäten in Europa vorbeigeht. Es wird hier zu viel an operativen Tools gelehrt und zu wenig auf Strategie und ganzheitliches Management eingegangen.

> *„Die Vermarktung einer Innovation ist 60 Prozent, 40 Prozent ist die Innovation selbst."*
>
> [Josef Zotter]

Abbildung 3.1 Gründe für das Scheitern von Innovationen

Innovationen sind Flops, weil:

67% Preis/Leistung stimmt nicht
60% fehlendes Konzept
58% zu viel versprochen wird
53% nur geringer Innovationsgrad
47% „First Movers" in neuen Kategorien sind Flops
40% wegen mangelhafter Implementierung
17% Innovationen sind von Beginn an erfolgreich

GfK FMCG 2006

Worauf es ankommt, zeigt Abbildung 3.1 ganz gut. Die Ursache dafür liegt unserer Erfahrung nach darin, dass die Richtung der Innovation nicht strategisch eingebettet ist. Es geht darum, dass eine bereits existierende Positionierung weiter entwickelt und verstärkt wird. Innovationen außerhalb dieser Positionierung bringen für diese Marke in der Regel nichts. Der A2 von Audi passte nicht zur Strategie. Der SMART ist trotz eigener Marke und getrenntem Unternehmen ein Problemkind und hat nie wirklich abgehoben. Bis heute ist die Frage, welche Kategorie dieses Konzept hat.

3.5 Welches Problem wollen wir eigentlich lösen?

Innovationen müssen bereits in einer sehr frühen Phase ganz kritisch betrachtet werden und auf die Frage Antwort geben, welches Problem wird diese Innovation lösen und mit welchem Konzept und mit welcher Strategie werden wir diese Innovation am Markt einführen, um das investierte Geld zu verdienen und um das Überleben des Unternehmens abzusichern. Genau diese Frage wird aber viel zu spät gestellt. Unternehmen verlieren dadurch Zeit und Geld und zu oft auch das Rennen um das Überleben, weil sie die Chance zu spät erkannt haben und die Innovation zu spät vermarktet haben. Beinahe alle Zahnpasten lösen das Problem mit Karies, Mundgeruch und Zahnbelägen. GEOX löst das Problem mit zu viel Feuchtigkeit im Schuh. Nivea pflegt die Haut – um raue und trockene Haut zu vermeiden. Probleme sind das Zielgebiet von Innovationen. Die größte Innovation ist wirkungslos, wenn es kein Problem gibt, das gelöst werden will. Es ist aber immer noch besser, die falsche Lösung für das richtige Problem zu haben, anstatt die richtige Lösung für das falsche Problem (Peter F. Drucker).

3.6 Erwartungshaltung bei Innovationen

Was heute die erfolgreiche Markteinführung zusätzlich erschwert, ist das überbordende Angebot in jeder Produktkategorie. Kunden haben massive Probleme sich zu orientieren und eine Entscheidung zu treffen. Wir treffen daher weniger schnell eine Entscheidung und warten mal ab.

Irrationales Verhalten ist die ultimative Hürde für Innovationen. Was in der „Prospect Theory", dem Erwartungsmodell der Nobelpreisträger (2002) Daniel Kahnemann und Amos Tversky gezeigt wird ist, dass Konsumenten so sagen und anders handeln (Kahnemann und Tversky 1979). Genau das ist auch das Verhängnis der Marktforschung, wenn es um Produktinnovationen geht. Menschen zu fragen, ob sie etwas wollen, das sie noch gar nicht kennen ist schlichtweg verlorene Zeit. Warum schaffen es dennoch viele Unternehmen mit Innovationen erfolgreich zu sein? Ganz einfach. Sie betrachten die Innovation und das relevante Wettbewerbsumfeld aus der Perspektive der Kunden – ohne die Sicht von innen nach außen – eben aus der entgegengesetzten Perspektive – von außen nach innen. Die Erwartungstheorie quantifiziert die Überschätzung der Innovation durch Unternehmen und die Überschätzung des zu übertreffenden Angebotes. Unternehmen überschätzen ihre Innovation in der Regel um den Faktor 3. Kunden überschätzen ihre derzeitige Wahl ebenfalls um den Faktor 3.

Abbildung 3.2   Überbewertungen der Konsumenten und Unternehmen

---

Konsumenten neigen zu einer Überbewertung der Vorteile existierender Produkte um den Faktor 3

Konsumenten sind normalerweise
- skeptisch bzgl. der Produkt Performance
- nicht in der Lage den Bedarf zu erkennen
- zufrieden mit dem bestehenden Produkt
- rasch überzeugt, dass das bestehende Produkt der Status Quo ist.

Unternehmen neigen zu einer Überbewertung der Vorteile neuer Produkte um den Faktor 3

Unternehmen sind oft
- überzeugt, dass die Innovation ein Erfolg ist
- der Meinung dass es einen Bedarf gibt.
- unzufrieden mit existierendem Ersatz
- sicher, dass die Innovation die Benchmark ist.

Erfolgreiche Innovationen müssen daher eine Barriere vom Faktor 10 überwinden, um nicht zu floppen.

Zu viele Innovationen schaffen aber genau das nicht.

- 47 Prozent der „First Movers" in neuen Kategorien sind Flops.
- 40 bis 90 Prozent der Innovationen je nach Kategorie sind Flops.

Deshalb ist es wichtig, dass Innovationen, sofern sie keine disruptiven Innovationen darstellen, die es erfordern in einem neuen Unternehmen mit einer neuen Marke auf den Markt zu bringen, einer strategischen Stoßrichtung folgen, in die sie eingebettet sind und die eine technologisch führende Position untermauern. Sonst laufen sie Gefahr einfach nicht bemerkt zu werden. Unternehmen sind dann nicht in der Lage ihre Positionierung damit weiter zu differenzieren und laufen Gefahr zu bald über Preise zu diskutieren, anstatt zu erklären, warum Kunden bei ihnen und nicht bei der Konkurrenz kaufen sollten.

Bei Nestlé muss jedes neue Produkt einen nutritionellen Zusatznutzen bieten, sonst wird das Produkt nicht auf den Markt gebracht. Die Fasern von Lenzing bieten gleich zwei Zusatznutzen. Sie sind erstens die ökologisch herausragenden Fasern, mit dem geringsten CO_2 Fußabdruck der Welt und sie bieten das beste Klima für die menschliche Hautflora. Darin fühlen wir uns wohler und riechen auch nicht so unangenehm, wenn wir schwitzen, wie in Bekleidung aus synthetischen Fasern.

Ein Thema, das in einem Atemzug mit Innovation und Unternehmenserfolg genannt werden muss, ist das Thema der Geschäftslogik. Es ist deshalb von so großer Bedeutung, da dies durch das Internet auch auf Retailebene von so großer Relevanz geworden ist, dass in den kommenden Jahren eine tiefgreifende Veränderung auch auf der Retailebene zu erwarten ist. Unternehmen, die heute zu den erfolgreichsten der Welt gehören, haben ihren Ursprung vor mehr als drei Jahrzehnten.

Amancio Ortega, der Gründer von Zara (1975), und Ingvar Kamprad – IKEA (1943) sind heute unter den fünf reichsten Menschen der Welt. Luciano Benetton (Benetton gegr. 1964), einer der ersten Unternehmer, die mit der vertikalen Integration und damit einer neuen Geschäftslogik und mit Franchising als Vertriebsstrategie den Bekleidungshandel maßgeblich beeinflusst haben, war selbst der Geschäftslogik von Zara, H&M und Uniqlo unterlegen. Zara, ein Unternehmen der Inditex Gruppe, ist heute näher am Kunden dran als jedes andere Textilunternehmen der Welt.

Neue Geschäftslogiken in Kombination mit der Verlagerung der Produktionskapazitäten in Billiglohnländer haben in den vergangenen vierzig Jahren zum fast völligen Verschwinden der Textil- und Bekleidungsindustrie in industrialisierten Ländern geführt. Mehr noch, die Ausbildungsstätten sind bis auf wenige Institutionen ebenfalls verschwunden.

Die Positionierungslogik ist der Ausgangspunkt jeder erfolgreichen Innovationslogik und erfordert eine konsequente Ausrichtung des Unternehmens daran. Innovationsexzellenz braucht jedoch die Mobilisierung der gesamten Organisation. Nur eine stimmige Innovationsstrategie führt zu passenden Innovationen und zu einem funktionierenden Innovationsprozess. Passende Innovationen wiederum sind nur mit einem funktionierenden Innovationsprozess möglich. Die Kapitalisierung des Investments in Innovationen ist nur mit der passenden und richtigen Geschäftslogik möglich. Die Geschäftslogik stellt den ganzheitlichen Bezugsrahmen für die Innovationslogik dar und beantwortet die Fragen der Leistungsangebotslogik, der Erlöslogik, der Wertschöpfungslogik und der Vermarktungslogik. Es geht darum mit einer stimmigen Geschäfts- und Innovationslogik Effektivität, Effizienz und Mobilisierung der gesamten Organisation sicher zu stellen und die wichtigen Fragen zu beantworten (Friedrich von den Eichen 2012):

- Effektivität
  - Setzen wir auf die richtigen – strategierelevanten Innovationen?
- Effizienz
  - Managen wir die Innovationen gut?
- Mobilisierung
  - Handelt die Organisation im Sinne der Strategie?
  - Kommen wir an potenzialträchtige Ideen?
  - Überwinden wir unsere Innovationsbarrieren?

Positionierung ist nicht alles, aber ohne klare Positionierung ist alles Nichts. Differenzieren Sie Ihr Unternehmen, sonst geht es um Preis und Leben.

Literatur

Drucker, P. F. (1954): Die Praxis des Managements, 1954.

Friedrich von den Eichen, S. (2012): Innovationskongress, Villach 2012.

GfK (2006): 70 Prozent Innovationsflops – Das vermeidbare Fehlinvestment von 10 Milliarden Euro im Jahr; Pressemitteilung von Markenverband, GfK und Serviceplan (Twardawa, W.; Haller, P.) zu einer umfassenden Studie über die Ursachen von Produktflops bei Fast Moving Consumer Goods vom 20.04.2006.

Hutzschenreuther, T. (2005): Wachstum ist kein Allheilmittel, Harvard Business Review, 2005, Heft November 2005.

Kahnemann, D., Tversky, A. (1979): An Analysis of Decision under Risk. *Econometrica*, Vol. 47, No. 2 (Mar., 1979), pp. 263-292 Published by: The Econometric Society; Article Stable URL: http://www.jstor.org/stable/1914185

Teil 2: Business Development und Service Engineering

4 Erfolgsfaktoren des strategischen Innovationsmanagements

Ergebnisse der Benchmarkstudie innovate! austria

Dr. Dietfried Globocnik, Univ.-Prof. Dr. Søren Salomo

Abstract

Die Benchmarkstudie innovate! austria. identifiziert zentrale Erfolgsfaktoren des Innovationsmanagements, wobei in diesem Beitrag die Ergebnisse zu den strategischen Weichen auf dem Weg zum innovativen Unternehmen vorgestellt werden. Hierzu wird zunächst aufgezeigt, welche Indikatoren zur Messung der Innovationsleistung eingesetzt werden können, um den Innovationserfolg über monetäre Erfolgsgrößen hinausgehend sichtbar zu machen. Anschließend wird die Bedeutung der ganzheitlichen Ausrichtung des Unternehmens auf die Stiftung von Kundennutzen, das Generieren von Wettbewerbsvorteilen und die Technologieentwicklungen aufgezeigt. Diese strategische Orientierung ermöglicht Innovationsaktivitäten über Abteilungsgrenzen hinweg aufeinander abzustimmen. Aus der Perspektive des formalen Managements werden die Erfolgsfaktoren einer klaren Innovationsstrategie und deren Verankerung in der Unternehmensstrategie erläutert. Neben den zentralen Inhalten einer Innovationsstrategie werden auch Aspekte der Erstellung und Implementierung der Innovationsstrategie diskutiert.

Keywords:
Benchmark, Erfolgsfaktoren, Innovationsstrategie, strategische Orientierung, Strategieimplementierung

4.1 Einführung

Das strategische Innovationsmanagement hat die Aufgabe, durch strategische Entscheidungen die Innovationsaktivitäten eines Unternehmens bewusst zu gestalten, um die langfristigen Unternehmensziele zu erreichen. Das bedarf eines vorausschauenden Planungs- und Entscheidungsprozesses, in dem unter Berücksichtigung von Trends und künftigen Entwicklungen in Markt, Technologie und unternehmenseigenen Ressourcen die Schwerpunkte für die Innovationsaktivitäten festgelegt werden. Sie sollen zur Umsetzung der übergeordneten Unternehmensstrategie beitragen. Ohne strategisches Innovationsmanagement werden Entscheidungen über Innovationsvorhaben ad hoc und unabhängig voneinander getroffen. Innovationsaktivitäten werden dann um ihrer selbst willen durchgeführt, ohne in ein übergeordnetes Gesamtkonzept zu passen. Ohne Fokus und Orientierung besteht die Gefahr, dass das Unternehmen in Märkten mit Produkten und Technologien präsent ist, die keinen Bezug zueinander haben oder gar nicht erwünscht sind (Cooper 1993). In diesem Fall wird der Beitrag der Innovationsaktivitäten zum Erreichen der übergeordneten Unternehmensziele begrenzt sein.

Neben der Priorisierung, welche Innovationsaktivitäten gesetzt werden, hat das strategische Innovationsmanagement die Aufgabe, die Sichtweisen unterschiedlicher Funktionsbereiche im Unternehmen zu harmonisieren und das Konfliktpotenzial zu reduzieren. Ein gemeinsames Verständnis über die strategische Stoßrichtung des Unternehmens und über die Rolle von Innovationen stiftet allen Unternehmensmitgliedern Orientierung und dient als Entscheidungshilfe, wie die vorhandenen Ressourcen eingesetzt werden müssen, um die Unternehmensziele zu erreichen (zum Beispiel Bart und Pujari 2007).

In diesem Beitrag werden auf Basis empirischer Daten der Benchmarkstudie *innovate! austria.* Erfolgsfaktoren des strategischen Innovationsmanagements aufgezeigt, die sowohl strategische Orientierungen, als auch formale Managementaspekte umfassen. Ein mehrdimensionales Konzept zur Messung der Innovationsleistung erleichtert die Definition von allgemeinen Innovationszielen und deren Überprüfung. Ein Rahmen der festzulegenden Inhalte einer formalen Innovationsstrategie soll zudem die praktische Umsetzung der identifizierten Erfolgsfaktoren im Unternehmen unterstützen.

innovate! austria. und das Innovation Excellence Model

Die Benchmarkstudie *innovate! austria.* wurde 2007 von der Plattform für Innovationsmanagement, einem unabhängigen Verein österreichischer Unternehmen zum unternehmensübergreifenden Erfahrungsaustausch im Innovationsmanagement, unter wissenschaftlicher Leitung von Univ.-Prof. Dr. Søren Salomo initiiert. Seitdem haben Unternehmen die Möglichkeit an diesem offenen und branchenübergreifenden Benchmark teilzunehmen.

Das Benchmarking *innovate! austria.* ermöglicht den systematischen Vergleich von Prozessen, Managementpraktiken und Leistungsgrößen des Innovationsmanagements mit anderen Unternehmen. Das einzelne Unternehmen kann durch diesen Vergleich mit den innovativsten Unternehmen (sogenannte Benchmarkunternehmen) erkennen, wie gut es hinsichtlich der Innovationsleistung abschneidet und in welchen Bereichen des Innovationsmanagements noch Potenzial zur Professionalisierung besteht.

Abbildung 4.1 Innovation Excellence Model

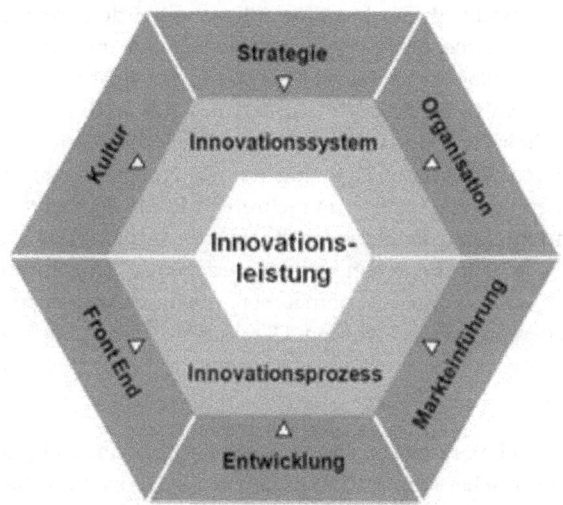

Die Unternehmensanalyse und das Benchmarking basieren auf dem *Innovation Excellence Model*, das die Facetten des Innovationsmanagements systematisiert. Darin ist die Innovationsleistung des Unternehmens von den Prozessaktivitäten und dem Management des Innovationssystems abhängig.

- *Innovationsprozess*: Die darin analysierten Aspekte umfassen die zentralen Aufgaben zum Hervorbringen von Innovationen in der frühen Phase des Front Ends, der Entwicklung bis zur Markteinführung.

- *Innovationssystem*: Darin sind die Rahmenbedingungen, innerhalb derer die innovativen Tätigkeiten des Unternehmens stattfinden, zusammengefasst. Darunter fallen die Innovationskultur, die Organisationsstruktur und die Innovationsstrategie.

- *Innovationsleistung*: Der Beitrag der Innovationsaktivitäten zur Erneuerung von Produkten, Dienstleistungen und Prozessen sowie zur Verbesserung des marktbezogenen und finanzorientierten Unternehmenserfolgs sind die Indikatoren zur Messung der Innovationsleistung.

Dieser Beitrag berichtet lediglich die Ergebnisse zu den strategischen Aspekten des Innovationsmanagements.

Datenbasis und Bestimmung der Benchmarkunternehmen

Zur Bestimmung des Reifegrads des Innovationsmanagements und der Innovationsleistung wurde auf Basis von in der Wissenschaft etablierten Fragebatterien ein Fragenkatalog entwickelt. Mittels 412 Fragen, die auf einer fünfstufigen Ratingskala zu bewerten waren, wurden das Vorhandensein und die Professionalität der Praktiken des Innovationsmanagements gemessen. Hinsichtlich der Frageformulierung wurde darauf geachtet, dass diese unabhängig von der Branche beantwortet werden können und durch den Verzicht auf einschlägiges Fachvokabular und einzelne Methoden auch unabhängig vom Reifegrad des Unternehmens oder dem fachlichen Hintergrund des Respondenten verstanden wurden. Validität und Reliabilität der Messgrößen wurden mittels statistischer Verfahren überprüft. Um eine möglichst realistische Einschätzung des Unternehmens zu erhalten, wurde die Analyse des einzelnen Unternehmens von mehreren Mitarbeitern unterschiedlicher hierarchischer Ebenen und Funktionsbereiche durchgeführt, wodurch die Verzerrung des Ergebnisses durch Einzelpersonen systematisch reduziert wurde. Durchschnittlich erfolgte die Evaluation von fünf Mitarbeitern je Unternehmen, die anschließend zu einem Gesamtwert auf Unternehmensebene aggregiert wurden. Die Innovationsleistung sowie finanzorientierte Unternehmensinformationen wurden separat von der Geschäftsführung des jeweiligen Unternehmens erhoben.

Die Datenbasis des Benchmarkings *innovate! austria.* bestand zum Zeitpunkt dieser Auswertung aus 171 österreichischen Unternehmen unterschiedlicher Branchen und zu gleichen Teilen aus Großunternehmen und KMU. Tabelle 4.1 enthält eine Übersicht über die demographische Struktur der teilnehmenden Unternehmen und Respondenten.

Tabelle 4.1   Teilnehmerstatistik der Benchmarkstudie innovate! austria.

Gesamtanzahl Organisationen	171	Anzahl KMU[b]	48%	Anzahl Teilnehmer	822
		Anzahl GU	45%	Durchschnittl. je Organisation	4,81
		k.A.[c]	7%		
Branchenverteilung[a]		**Unternehmensgröße (Mitarbeiter)**		**Funktionsbereiche**	
Maschinen- u. Metallwarenindustrie	36%	≤ 10 MA	3%	CEO	16%
Bauindustrie	13%	11-50 MA	13%	F&E /Innovationsmanagement	37%
Elektro- und Elektronikindustrie	12%	51-250 MA	30%	Verkauf und Marketing	20%
Holzindustrie	12%	251-500 MA	23%	Administration	11%
Chemische Industrie	11%	501-1000 MA	16%	Produktion	10%
Informationstechnologie	5%	>1000 MA	12%	k.A.	7%
Lebensmittelindustrie	4%	k.A.	2%		
Fahrzeugindustrie	4%			Führungskräfte	62%
Papierindustrie	4%	**Umsatzgröße (EUR)**		Mitarbeiter	35%
Handel	3%	≤ 2 Mio.	4%	k.A.	3%
Dienstleister in F&E und Consulting	3%	2-10 Mio.	18%		
Eisenerzeugende Industrie	2%	11-50 Mio.	29%		
Sonstige	11%	51-100 Mio.	13%		
		101-500 Mio.	20%		
		> 500 Mio.	6%		
		k.A.	9%		

[a] Mehrfachzuordnung möglich
[b] ≤ 250 Mitarbeiter und ≤ 50 Mio. EUR Umsatz
[c] Keine Klassifizierung aufgrund fehlender Daten

Zusammenfassend berücksichtigte dieses Benchmarking damit methodische Mängel früherer Studien, deren identifizierte Erfolgsfaktoren meist auf der Befragung einzelner Personen in angloamerikanischen Großunternehmen mit einschlägigem Fokus auf Marketing- und F&E-Aktivitäten basieren (Hauschildt und Salomo 2007). Durch das Innovation Excellence Model wird das Innovationsmanagements umfassend aus Prozess- und Systemperspektive analysiert, die Innovationsleistung wird mehrdimensional gemessen, das Sample ist hinsichtlich der Unternehmensgröße ausgewogen und der „Single Respondent Bias" wird durch den Einbezug eines breiten Personenkreises in jedem Unternehmen reduziert.

Die Basis einer validen Benchmarkstudie, die Erfolgsfaktoren bzw. „Best Practices" im Innovationsmanagement aufzeigen soll, ist die sorgfältige Bestimmung der Benchmarkunternehmen. Hierzu wurden Indikatoren der Innovationsleistung in drei Dimensionen erhoben, die den Beitrag der unternehmerischen Innovationsaktivitäten zu erfolgreicher Innovation in Produkten/Dienstleistungen, Prozessen und zum Unternehmenserfolg erfassten. Die 20 Prozent der Unternehmen, die die höchste Ausprägung in diesen Erfolgsmaßen aufwiesen, wurden als potenzielle Benchmarkunternehmen eingestuft. Anschließend wurde deren Umsatzrentabilitäten mit dem des Branchendurchschnitts verglichen, wozu Sekundärdaten der Bundesstatistik herangezogen wurden. Schließlich wurden zehn Prozent der Unternehmen in die Benchmarkgruppe aufgenommen, die auch in ihrer Branche überdurchschnittliche Rentabilität erwirtschaften konnten. Die Bestimmung der Gruppe der Nachzügler erfolgte nach dem gleichen Prinzip. Im nachfolgenden Kapitel werden die Leistungsunterschiede der Gruppen detailliert dargestellt.

Die Benchmarkunternehmen stellten die Basis für die Bestimmung der Erfolgsfaktoren dar, indem deren Professionalisierungsgrad in den einzelnen Facetten des Innovationsmanagements dem der Nachzügler und den verbleibenden Unternehmen gegenübergestellt wurde. Um die Ergebnisse leichter erfassbar zu machen, wurde die fünfstufige Ratingskala auf einen Punktewert von 0 bis 100 transponiert.

4.2　Innovationsleistung

Die Innovationsleistung wird anhand von drei Dimensionen gemessen, die sich aus jeweils mehreren Indikatoren zusammensetzen. *Produkt-/Dienstleistungsinnovation* beschreibt dabei die Auswirkungen der Innovationsaktivitäten auf Innovation in Produkten und Dienstleistungen. Die Ergebnisse zeigen deutlich, dass Benchmarkunternehmen die Nachzügler speziell darin übertreffen, höhere Qualität und neue Funktionalitäten hervorzubringen und auch technologisch leistungsstärkere Lösungen zu generieren, wodurch sich auch eine höhere Kundenzufriedenheit und besseres Image erklären. Auch die Altersstruktur ihres Produktportfolios ist jünger. Hinsichtlich der Möglichkeit, durch Innovationen auch neue Märkte zu kreieren und die Funktionsweise existierender Märkte zu verändern, übertreffen die Benchmarkunternehmen die Nachzügler zwar deutlich, jedoch gelingt es auch den besten nur eingeschränkt die Marktsituation durch Innovation zu verändern.

Prozessinnovation bezieht sich auf den Einfluss der Innovationsaktivitäten auf sämtliche wertschöpfende und unterstützende Prozesse im Unternehmen. Benchmarkunternehmen gelingt es auch hier in höherem Maße, die Prozessqualität (zum Beispiel Fehlerminimierung) und Prozesseffizienz durch Innovation zu erhöhen, wobei die Effizienzsteigerungen auch die der administrativen Abläufe umfassen. Benchmarkunternehmen überarbeiten ihre Kernprozesse im Vergleich zu ihren Mitbewerbern auch in kürzeren Zeitabständen.

Abbildung 4.2 Innovationsleistung bzgl. Produkte/Dienstleistungen und Prozesse

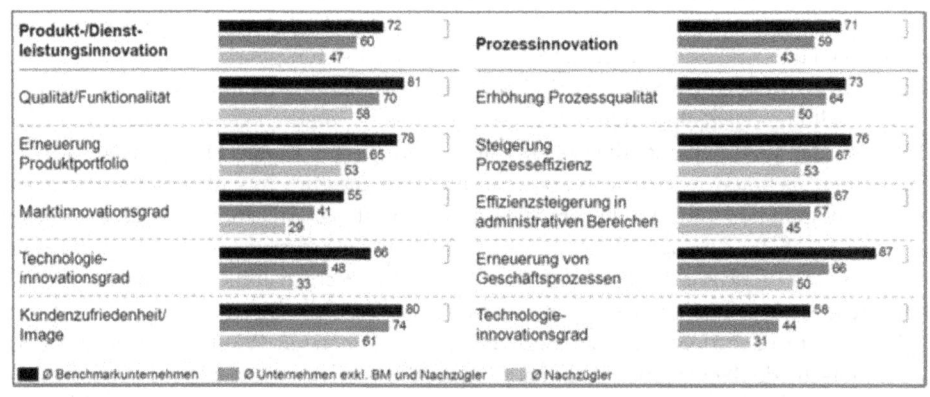

Der *Beitrag zum Unternehmenserfolg* umfasst zentrale betriebswirtschaftliche Kenngrößen. Im Vergleich zu den Nachzüglern gelingt es den Benchmarkunternehmen wesentlich besser, ihre Innovationsaktivitäten in kommerziellen Erfolg umzusetzen, was sich in höheren Beiträgen zur Umsatzentwicklung, Profitabilität und Kapitalwert des Unternehmens niederschlägt. Sie erschließen auch mehr Marktanteile durch Innovation. Diese ökonomische Erfolgsrelevanz innovativer Tätigkeit wird auch durch die auf Basis der Sekundärdaten erhobenen Erfolgsgrößen unterstützt. Die Umsatzrentabilität der Benchmarkunternehmen liegt durchschnittlich 5,0 Prozentpunkte über dem Branchendurchschnitt, während die Nachzügler mit -4,3 Prozentpunkten branchenunterdurchschnittlich abschneiden. Zusammenfassend schaffen es Benchmarkunternehmen also nicht nur, mehr Innovation in Produkten, Dienstleistungen und Prozessen zu generieren, sondern diese auch ökonomisch erfolgreich zu verwerten.

Erfolgsfaktoren des strategischen Innovationsmanagements

Abbildung 4.3 Innovationsleistung bzgl. Unternehmenserfolg und Projekterfolg

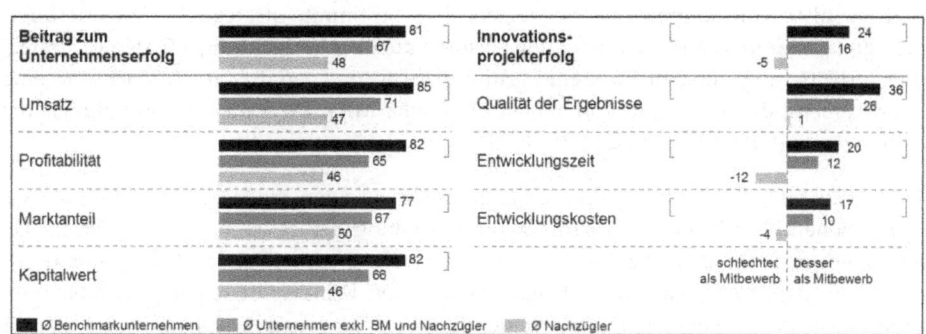

Während sich diese drei Erfolgsdimensionen auf den Output der Innovationsaktivitäten beziehen, beinhaltet der *Innovationsprojekterfolg* prozessspezifische Indikatoren. Benchmarkunternehmen haben hinsichtlich der Ergebnisqualität der Projekte und deren Entwicklungszeit und -kosten einen klaren Wettbewerbsvorteil gegenüber ihren direkten Mitbewerbern. Die Nachzügler benötigen hingegen mehr Zeit und Ressourcen.

Ebenfalls auffallend sind die Unterschiede in den *Innovationsportfolios* (Abbildung 4.4). Mehr als die Hälfte der Benchmarkunternehmen haben in den letzen drei Jahren ein hinsichtlich des Innovationsgrades ausbalanciertes Portfolio und ein Viertel sogar primär hochgradig neue Produkte/Dienstleistungen am Markt eingeführt. Auch die Größe des Innovationsportfolios – unabhängig davon, ob für inkrementelle oder hochgradige Innovationen – ist im Vergleich zu ihren Branchenmitbewerbern größer. Nachzügler haben hingegen meistens inkrementelle Innovationen realisiert und auch weniger Innovationsvorhaben im Portfolio als ihre Mitbewerber, speziell solche höheren Neuheitsgrads.

Abbildung 4.4 Unterschiede bzgl. Innovationsgrad und Innovationsportfolio

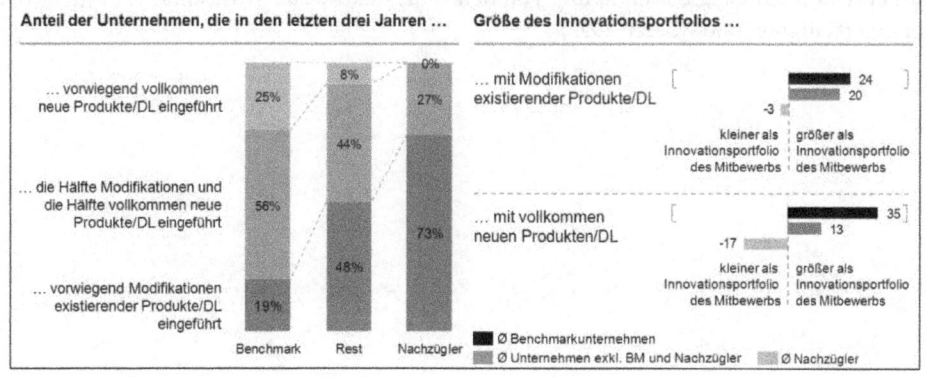

4.3 Strategische Orientierung

Die Ergebnisse von *innovate! austria.* zeigen, dass bestimmte strategische Orientierungen einen großen Einfluss auf die Innovationsleistung ausüben (Abbildung 4.5). Unter strategischer Orientierung versteht man eine grundsätzliche und langfristige Ausrichtung eines Unternehmens, die bestimmte Verhaltensweisen aller Mitarbeiter über die Abteilungsgrenzen hinweg fördert (Narver und Slater 1990).

Marktorientierung: Diese strategische Orientierung bezeichnet die laufende Sammlung von Informationen über Kundenbedürfnisse, die Verteilung der gewonnen Einsichten im Unternehmen und die Planung bzw. Implementierung entsprechender Maßnahmen. Alle Unternehmensprozesse sind darauf ausgerichtet, den Kunden in seiner gesamten Wertschöpfungskette zu verstehen und bei der Entwicklung neuer Lösungen auch künftige Anforderungen, dessen Umfeld und Restriktionen zu berücksichtigen. Neben der positiven Wirkung höherer Kundenzufriedenheit auf den Unternehmenserfolg bewirkt die Kundenorientierung auch eine Stärkung des „Commitments" der Mitarbeiter. Sie sehen ihre Tätigkeit als sinnvollen Beitrag zu einem gemeinsamen Ziel – den Kunden bestmöglich zu bedienen (Jaworski und Kohli 1993). Marktorientierung beinhaltet aber auch die systematische Beobachtung des Mitbewerbs, um eigene Stärken und Schwächen zu identifizieren und Wettbewerbsvorteile zu generieren oder zu erhalten (Narver und Slater 1990). Diese Aufgaben werden dabei unternehmensweit von allen Funktionsbereichen wahrgenommen. Das erfordert dezentrale Strukturen und eine gute abteilungsübergreifende Vernetzung, die etwa durch IT, kommunikative Treffpunkte und gemeinsame Marktziele erreicht werden kann. Andernfalls wird die Kette „Marktinformation sammeln-verteilen-handeln" durchbrochen.

Technologieorientierung: Die Fähigkeit und der Wille des Unternehmens neue technologische Kompetenz aufzubauen und Technologien einzusetzen kann als Basis für die Entwicklung neuer Produkte gesehen werden. Das beinhaltet laufend technologische Entwicklungen zu beobachten und auch eigene F&E-Tätigkeiten durchzuführen. Durch das technische Wissen sollen letztliche Lösungen erarbeitet werden, die dem Kunden einen Mehrwert stiften und dem Mitbewerb überlegen sind. Speziell für hochgradige Innovationsvorhaben ist eine ausgeprägte Technologieorientierung von Relevanz, da diese auch Technologieführerschaft bedingt (Gatignon und Xuereb 1997).

Abbildung 4.5   Benchmark zur innovationsorientierten strategischen Orientierung

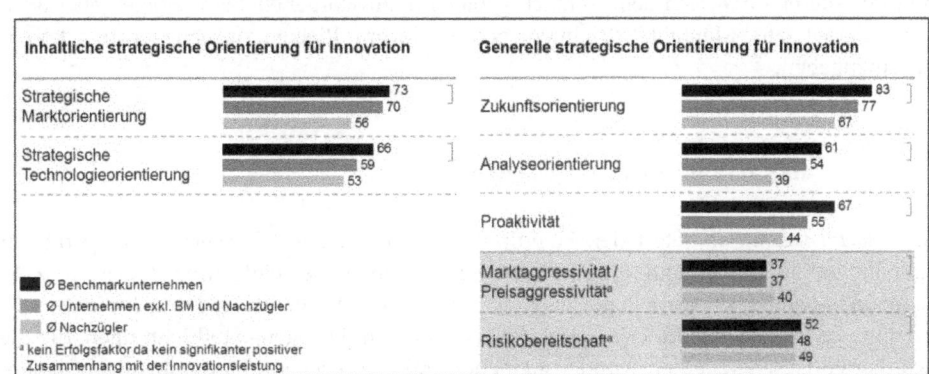

Neben diesen inhaltlichen strategischen Orientierungen gibt es auch solche, die als „Persönlichkeit des Unternehmens" oder dessen Selbstverständnis zu verstehen sind und dadurch strategische Entscheidungen, Arbeitsweisen und Methodenwahl leiten. Im Kontext von Innovationsaktivitäten werden hierbei die Zukunftsorientierung, Proaktivität, Analyseorientierung, Aggressivität und die Risikobereitschaft intensiv diskutiert (Venkatraman 1989; Morgan und Strong 2003; Talke 2007).

Zukunftsorientierung: Unternehmen mit starker Zukunftsorientierung treffen strategische Schlüsselentscheidungen für einen langfristigen Planungshorizont, was sich in langfristigen F&E-Programmen wiederspiegelt, die nicht nur Entwicklungsvorhaben für Applikationen beherrschter Technologien beinhalten. Sie setzen verstärkt auf Forecasting, beschäftigen sich mit Trends und Wandel in Kundenbedürfnissen und Technologien, entwickeln systematisch Szenarien und richten ihre Innovationsschwerpunkte darauf aus.

Analyseorientierung: Diese Orientierung beschreibt, in welchem Ausmaß den Problemlösungs- und Entscheidungsprozessen ein systematisches Sammeln und Interpretieren von Informationen vorangehen. Eine ausgeprägte Analyseorientierung zeigt sich etwa in der Professionalität der Managementinformationssysteme, des Controllings, der Wettbewerbsanalysen und des Technologiemonitorings.

Proaktivität: Proaktive Unternehmen suchen laufend nach neuen Möglichkeiten auch außerhalb des existierenden Kerngeschäfts. Sie führen neue Produkte oder Prozesse vor ihrem Mitbewerb ein, eliminieren aber auch Leistungen am Ende des Lebenszyklus früher. Sie versuchen neue Märkte und/oder Technologien als Pioniere zu erschließen, indem sie über identifizierte Innovationspotenziale schnell entscheiden und handeln.

Aggressivität und Risikobereitschaft: Im Gegensatz zu den vorangehenden strategischen Orientierungen übt ein aggressives Vorgehen zum Gewinnen von Marktanteilen durch Preisreduktion und andere den Ertrag schmälernde Maßnahmen keine Wirkung auf die Innovationsleistung aus. Benchmarkunternehmen gehen auch nicht vermehrt Risiken ein, indem sie etwa Projekte pauschal bewilligen, intensiver in Projekte mit unsicherem Projektausgang investieren oder nach dem Versuch-Fehler-Prinzip vorgehen. Sie verfolgen aber auch keine „Play-it-safe"-Mentalität. Vielmehr geht es darum, Risiken zu managen und kalkuliert einzugehen.

4.4 Innovationsstrategie

Die *Innovationsstrategie* liefert den Handlungsrahmen für alle taktischen und operativen Maßnahmen zur Implementierung innovativer Vorhaben. Sie zeigt durch *strategische Ziele* die anzustrebenden Ergebnisse auf und gibt strategische *Stoßrichtungen* und *Leitlinien* vor, wie diese zu erreichen sind. Das umfasst einerseits marktbezogene Stoßrichtungen, die die fokussierten Geschäftsfelder, Kundensegmente und territorialen Märkte aufzeigen. Andererseits werden die technologischen Wege zur Zielerreichung vorgezeichnet. Ebenso ein wesentliches Element sind Leitlinien, wie Implementierungsmaßnahmen durchgeführt werden. Sie beschreiben etwa, ob und mit welcher Intensität Open Innovation betrieben wird, welche grundsätzliche Timingstrategie (Pionier vs. Folger vs. Imitator) verfolgt wird oder welche Priorität der Patentierbarkeit von Inventionen beigemessen wird. Die Innovationsstrategie gibt also den Zweck, die Richtung, die Grenzen und die Regeln für innovative Aktivitäten vor.

Da die Innovationsstrategie als Teilstrategie letztlich auf das Erreichen der übergeordneten Unternehmensziele ausgerichtet ist, bedarf es einer *engen Verschränkung zwischen Unternehmens- und Innovationsstrategie*. Der Stellenwert der und die Erwartungen an die Innovationsaktivitäten sollen in Unternehmenszielen und -strategien explizit enthalten sein. Die Innovationsziele und -strategien sollen ihrerseits ihren Beitrag zur Erreichung der Unternehmensziele spezifizieren und in ihren Leitlinien die Handlungsweisen des Unternehmens wiederspiegeln.

Um die konsequente Implementierung der Innovationsstrategie zu gewährleisten, unterstützt ein strategisches *Innovationscontrolling* die laufende Überwachung der Zielerreichung auf Markt- und Technologieebene. Außerdem ist es dessen Aufgabe, die Strategie auch dahingehend zu überprüfen, ob sie unter Berücksichtig aktueller oder künftiger Veränderungen des Umfelds noch adäquat ist oder entweder Ziele oder strategische Stoßrichtungen adaptiert werden müssen.

Es ist auch möglich, für die mit der Implementierung der Innovationsstrategie betrauten Personen extrinsische *Anreize* zu schaffen, die an das Erreichen strategischer Ziele geknüpft sind. Bei der Operationalisierung auf Ebene der Mitarbeiterziele ist jedoch darauf zu achten, dass diese Ziele vom einzelnen Mitarbeiter auch als durch den eigenen Arbeitseinsatz erreichbar wahrgenommen werden. Andernfalls entsteht keine extrinsische Anreizwirkung.

Abbildung 4.6 Benchmark zur Innovationsstrategie

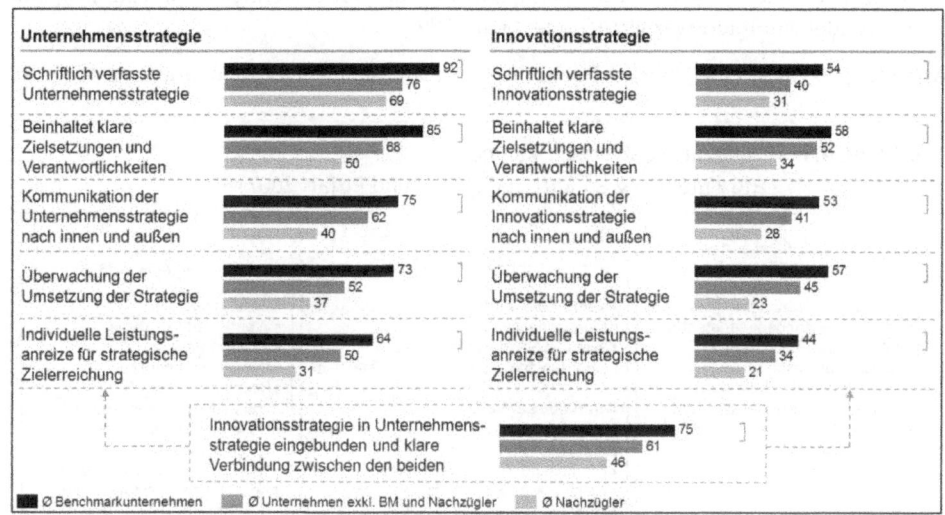

Die Ergebnisse aus *innovate! austria.* identifizieren die Strategiearbeit auf Unternehmens- und Innovationsebene als wichtige Erfolgsfaktoren (Abbildung 4.6). Die Benchmarkunternehmen spezifizieren, verschriftlichen und kommunizieren Strategien und Ziele, wodurch sie ihre verhaltenssteuernde Wirkung entfalten können. Sie überwachen die Strategieimplementierung intensiver und setzen häufiger auch individuelle Leistungsanreize für die Erreichung von Innovationszielen. Auch die explizite Verknüpfung von Unternehmens- und Innovationsstrategie wird von der erfolgreichen Vergleichsgruppe konsequenter verfolgt.

Dennoch weisen die Ergebnisse auch darauf hin, dass im Vergleich zur Professionalität auf Unternehmensebene die Innovationsstrategiearbeit unabhängig vom Reifegrad des Innovationsmanagements noch ausbaufähig ist. Die Bedeutung einer klaren Innovationsstrategie wird offensichtlich, wenn man sich deren Aufgaben bewusst ist:

- *Orientierungsfunktion*: Durch das dynamische Umfeld müssen Führungskräfte und Mitarbeiter rasch Innovationsentscheidungen treffen und implementieren, weshalb auch deren Entscheidungsspielraum tendenziell steigt. Damit jedoch auf Unternehmensebene das Leistungsportfolio nicht in unbeabsichtigte strategische Arenen abdriftet, liefert eine Innovationsstrategie den nötigen Handlungsrahmen. Sie übersetzt die Unternehmensstrategie in Innovationsaufgaben und zeigt die Ziele auf, die dadurch erreicht werden sollen (Crawford und Di Benedetto 2006; Bart und Pujari 2007).

- *Portfolio und Ressourcenallokation*: Aus einer klar definierten Innovationsstrategie kann ein Zielportfolio abgeleitet werden, das die Schwerpunkte hinsichtlich der fokussierten Geschäftsfelder, Technologien, Innovationsarten etc. spezifiziert. Das erleichtert die anschließende Allokation von Ressourcen, indem diese je nach Schwerpunkten im Zielportfolio einzelnen Innovationsinitiativen zugewiesen werden können. Gleichzeitig können Vorhaben, die der Strategieimplementierung nicht dienlich sind, frühzeitig und begründet eliminiert werden (Cooper et al. 1999).

Abbildung 4.7 zeigt eine Übersicht über die zentralen Inhalte einer Innovationsstrategie.

Abbildung 4.7 Innovationsstrategie Rahmen
(in Anlehnung an Bart 2002; Bart und Pujari 2007)

Zielgeschäftsbereich	Innovationsziele	Programmaktivitäten
• Adressierte Geschäftsfelder • Fokussierte Kunden(-segmente) unter Berücksichtigung der Wertschöpfungskette • Fokussierte geographische Märkte • Adressierte Aufgaben der Kunden • Arten an Neuprodukten/-services • Fokussierte Schlüssel- und Schrittmachertechnologien	*Quantitative Ziele* • Finanzorientierte Ziele • Wettbewerbsorientierte Ziele • Übergeordnete Organisationsziele *Qualitative Ziele* • Generelle Ziele zu Innovationsaktivitäten • Produktspezifische Innovationsziele • Nicht finanzorientierte Innovationsziele • Übergeordnete Organisationsziele	• Kerkompetenzen • Wettbewerbsstrategie • Timing-Strategie • Vermeidungsbereiche • Innovationsquelle (intern, extern, Kombination) • Neuproduktidentität bzw. -selbstverständnis • Angestrebtes Innovationsimage • Angestrebter Innovationsgrad (für Organiation, für Kunde)

Bedingungen, Restriktionen und Mandate	Mission Statement Komponenten
• Zu erfüllende Qualitätsansprüche • Akzeptierte Risikohöhe für Innovationsvorhaben • Eintrittsstrategien in neue Märkte • Konfrontierte und auszuweichende Mitbewerber • Akzeptierte und zu meidende Preiskategorien • Anforderungen an Wachstumsraten • Anfroderungen bzgl. Größe und Wachstum neuer Märkte • Zu vermeindende regulatorische / gesellschaftliche Konflikte • Angestrebter Schutz generierter Inventionen (Patente, etc.)	• Zweck der Organisation • Grundwerte der Organisation • Selbstverständnis der Organisation • Relevante Stakeholder • Verhaltensregeln für Innovationsaktivitäten • Anliegen bzgl. Kundenzufriedenheit • Anliegen bzgl. eigener MitarbeiterInnen • Anliegen bzgl. Lieferanten • Anliegen bzgl. der Gesellschaft • Anliegen bzgl. Shareholders

Obwohl hier die Bedeutung einer klaren Spezifikation einer Innovationsstrategie und deren Implementierung hervorgehoben wurden, so gilt es dennoch anzumerken, dass auch der strategische Planungsprozess ein gewisses Maß an Flexibilität besitzen muss. So können *autonome strategische Innovationsinitiativen* auch Möglichkeiten außerhalb des derzeitigen strategischen Fokus aufzeigen, die so großes Potenzial aufweisen, dass sie sogar einen neuen Geschäftsbereich eröffnen könnten. Sie entspringen nicht aus einem Top Management-induzierten Strategieprozess, sondern werden eigenständig vom mittleren Management initiiert (zum Beispiel Burgelman, 1991). Wird in diesem Fall die bestehende Strategie nicht zumindest hinterfragt oder gibt es keinen Mechanismus zur Adaption der Innovationsstrategie, dann bleiben solche radikalen Innovationsmöglichkeiten generell ungenutzt.

Bei der *Entwicklung der Innovationsstrategie* ist es vorteilhaft, möglichst viele Personen in den Prozess einzubinden. Einerseits werden dadurch das Wissen und die Erfahrungen, die für die Strategieentwicklung nötig sind, zusammengeführt. Andererseits erhöhen die Partizipation unterschiedlicher interner Anspruchsgruppen und das Erzielen eines weitgehenden

Konsenses zur strategischen Stoßrichtung die Wahrscheinlichkeit, dass die Inhalte und Regeln unternehmensweit verbreitet und auch verfolgt werden (Bart und Pujari 2007).

Aus Prozesssicht kann ein *strategischer Planungsprozess* folgendermaßen skizziert werden (u. a. Trommsdorff und Steinhoff 2007):

- *Innovationsbedarf ermitteln*: Zunächst ist die derzeitige strategische Situation des Unternehmens zu bestimmen. Das umfasst die Analyse des derzeitigen Portfolios hinsichtlich der Marktattraktivität, der Wettbewerbssituation, der Phase im Lebenszyklus der Produkte und Technologien und der eigenen Kernkompetenzen. Hierzu können Methoden der Portfolioanalyse (Markt- und Technologieportfolio, Risk-Return Portfolios etc.), der Lebenszyklusanalyse, die **V**alue-, **R**arity-, **I**mitability- und **O**rganization-Analyse (VRIO-Analyse) etc. eingesetzt werden. Um auch die zukunftsorientierte Perspektive zu integrieren, sind Trends und Szenarien für Markt, Technologie und Umfeld zu generieren. Methoden wie die Delphi-Analyse, die Szenarioanalyse oder Trendkurven können hierzu eingesetzt werden. Durch die Zusammenführung der aktuellen und künftigen Anforderungen des Umfelds und der eigenen Kernkompetenzen und Leistungen kann so ermittelt werden, ob eine Leistungslücke besteht bzw. in Zukunft bestehen wird, die mit der aktuellen Aufstellung des Unternehmens nicht mehr geschlossen werden kann.

- *Strategische Schwerpunkte festlegen*: Zur Strategieentwicklung sind die externe und interne Sichtweise des Unternehmens zusammenzuführen, was etwa durch die **S**trengths-, **W**eaknesses-, **O**pportunities- und **T**hreats-Analyse (SWOT-Analyse) erfolgen kann. Zur Entwicklung von Innovationsstrategien ist die SWOT-Analyse zukunftsorientiert aufzusetzen. Daraus können strategische Stoßrichtungen im Sinne künftig zu erschließender Geschäftsfelder, Technologien, Produktarten etc. erarbeitet werden, durch die künftige Chancen genutzt und Risiken vermieden werden sollen. Die Setzung von realistischen und konkreten Zielen schließt direkt daran an. Zusätzlich sind die strategischen Leitlinien für Innovation aus der eingenommenen Zukunftsperspektive zu hinterfragen – etwa ob die Timingstrategie, der Open Innovation-Ansatz, die generelle Wettbewerbsstrategie, die Zielpositionierung des Unternehmens etc. adaptiert werden müssen.

- *Strategieimplementierung vorbereiten*: Die Implementierung umfasst zunächst die Festsetzung der Ressourcen und deren Verteilung gemäß den strategischen Schwerpunkten. Dann gilt es entsprechende Projektvorschläge zu generieren, bestehende Vorhaben hinsichtlich ihrer Strategiekonformität zu überprüfen und gegebenenfalls auch zu eliminieren. Portfolioansätze wie das der „Strategic Buckets" (Cooper 1993) unterstützen die Operationalisierung der Innovationsstrategie, indem sie die verfügbaren Innovationsressourcen nach Kategorien (zum Beispiel Geschäftsfelder, Forschungsfelder) aufteilen und dann in jeder Kategorie nur die besten Projekte finanziert werden. Dadurch werden alle ausgewählten Projekte mit ausreichend Ressourcen versorgt, und aus Portfoliosicht reflektiert die Verteilung der eingesetzten Mittel die strategische Schwerpunktsetzung.

4.5 Conclusio

Aus den Ergebnissen der Benchmarkstudie *innovate! austria.* geht hervor, dass das strategische Innovationsmanagement ein zentraler Erfolgsfaktor für die Steigerung der Innovationsleistung darstellt. Die Hebel liegen in folgenden Faktoren:

- Ausrichtung der Unternehmensaktivitäten auf die systematische Informationssammlung über Markt- und Technologieentwicklung, um Maßnahmen zur Steigerung von Kundennutzen, zum Erhalt von Wettbewerbsvorteilen und zur Generieren neuer Technologien abzuleiten – Vorgehen ist analytisch, zukunftsorientiert und proaktiv.

- Klar definierte, gemeinsam entwickelte und kommunizierte Innovationsstrategie, die den Markt- und Technologiefokus spezifiziert, Leitlinien vorgibt und mit der Unternehmensstrategie korrespondiert.

- Systematische Überwachung der Implementierung der Innovationsstrategie auf Portfolio- und Projektebene, jedoch mit der Möglichkeit, die Strategie zu hinterfragen und gegebenenfalls an neue Gegebenheiten anzupassen.

Literatur

Bart, C. K. (2002): Product innovation charters: mission statements for new products. R&D Management, Vol.32, S. 23-34.

Bart, C., Pujari, A. (2007): The Performance Impact of Content and Process in Product Innovation Charters. Journal of Product Innovation Management, Vol.24, S. 3-19.

Burgelman, R. A. (1991): Intraorganizational Ecology of Strategy Making and Organizational Adaptation: Theory and Field Research. Organizational Science, Vol 2, S. 239-262.

Cooper, R. G. (1993): Winning at New Products: Accelerating the Process from Idea to Launch. 2. Aufl., Addison-Wesley, Reading, MA.

Cooper, R. G., Edgett, S. J., Kleinschmidt, E. J. (1999): New Product Portfolio Management: Practices and Performance. Journal of Product Innovation Management, Vol. 16, S. 333-352.

Crawford, C. M., Di Benedetto, C. A. (2006): New Products Management. 8th ed., McGraw-Hill, Boston.

Gatignon, H., Xuereb, J. M. (1997): Strategic orientation of the firm and new product performance. Journal of Marketing Research, Vol. 34, S. 77-90.

Hauschildt, J., Salomo, S. (2007): Innovationsmanagement. 4. Aufl., Vahlen, München.

Jaworski, B. J., Kohli, A. K. (1993): Market orientation: antecedents and consequences. Journal of Marketing, Vol. 57, S. 53-70.

Morgan, R. E., Strong, C. A. (2003): Business performance and dimensions of strategic orientation. Journal of Business Research, Vol. 56, S. 163-176.

Narver, J. C., Slater, S. F. (1990): The effect of a market orientation on business profitability. Journal of Marketing, Vol. 54, S. 20-35.

Talke, K. (2005): Corporate Mindset of Innovating Firms: Influences on New Product Performance. Journal of Engineering and Technology Management, Vol.24, S. 76-91.

Trommsdorff, V., Steinhoff, F. (2007): Innovationsmarketing. Vahlen, München.

Venkatraman, N. (1989): Strategic orientation of business enterprises: the construct, dimensionality, and measurement. Management Science, Vol. 35, S. 942-962.

5 Radikale Innovationspotenziale mit dem Flughöhenmodell entdecken

DI Dr. Hans Lercher; DI Dr. Manfred Peritsch; DI (FH) Andreas Rehklau, MBA

Abstract

Die Bestimmung der Betrachtungsebene bzw. die Ausweitung der eigenen bisherigen Sicht hat weitreichende Auswirkungen auf den Innovationssuchraum, aber auch auf das kollektive Verständnis und die Kultur eines Unternehmens. Daher ist es für die strategische, aber auch operative Innovations-Arbeit wichtig, den derzeitigen Innovationsdenkraum zu hinterfragen und gezielt die versteckten Randzonen zu beleuchten. Dabei kann das hier beschriebene Modell aufzeigen, dass wichtige, branchen-revolutionierende Entwicklungen bei der momentanen, eigenen Flughöhe nicht erkannt werden und die potenzielle Gefahr besteht, dass Angreifer aus oberen Flughöhen die eigene Branche gänzlich auf den Kopf stellen. Und auch die Frage nach den eigenen Kompetenzen wird anhand der Notwendigkeit, die sich aus einer nächsthöheren Flughöhe ergibt, gezielter gestellt. Dabei sei noch einmal erwähnt, dass es nicht das Streben nach der nächsthöheren ausmacht, sondern sich durch die, über der eigenen Flughöhe liegenden Ebenen anregen zu lassen, die Gefahren und Chancen aus diesen abzuleiten und in die eigene Unternehmensentwicklung einfließen zu lassen. Für das Entwickeln neuer Innovationen ist es gerade in der frühen Phase von großer Bedeutung, den Innovationsdenkraum ausreichend aufzuspannen, jedoch sich gleichzeitig nicht in Beliebigkeit zu verzetteln.

Ein neues Verständnis hilft nicht nur die eigene Positionierung zu bestimmen, sondern hilft auch, (noch) fernliegende Wettbewerber zu identifizieren. Zugleich werden zu beobachtende Trends offengelegt und damit Marktfelder in den Betrachtungsfokus gerückt, welcher sonst übergangen würde.

Dabei spielt die Abstraktion als dahinterliegendes Denkmuster eine wichtige Rolle. Das Denken in Funktionen hilft, dem Zweck auf die Spur zu kommen und so das avisierte Oberziel anzupeilen.

Mit dem Blick auf die Handlungsebene offenbaren sich jedoch nicht nur Perspektiven, sondern es bieten sich mehr Anlagerungspunkte für das kreative Denken. Das systematische Ausdifferenzieren des erarbeiteten Suchraumes kann sehr direkt und umfassend zu einem ganzheitlichen Lösungsraum anregen. Aus diesen ersten Variationen lassen sich also neue Produkte aber auch neue Kunden ableiten. Mit innovativen Leistungsmerkmalen können sogar bisherige Nicht-Kunden entdeckt werden.

So unterstützt das Flughöhenmodell das frühe, systematische Herangehen an Innovationsvorhaben bereits in der frühesten Phase und liefert zugleich eine Legende zur weiteren strategischen Suche. Zentraler Zweck des Modells ist dabei, dass sich Unternehmen und Institutionen verorten können. Das heißt, dass erkennt werden kann, wie breit der Innovationsdenkraum im Unternehmen ist, und damit auch der Mindset der Mitarbeiter. Wenn das gesamte Unternehmen nur in einer der unteren Ebenen denkt, handelt, entwickelt und verkauft, ist die Gefahr groß, dass zu eingeschränkt innoviert wird, dass Lösungen aus den übergeordneten Ebenen die eigenen Produkte überholen.

Nachfolgendes Beispiel eines Rasenmäherherstellers soll dies alles nochmals verdeutlichen: Der Sprung auf die Ebene „Wirkfunktion" liefert Anregungen zu neuen Lösungen des „Abschlagens von Grashalmen" und hilft beim Loslassen des Denkmusters „Rasenmäher mit Benzin- oder Elektromotor". Der Sprung auf die Ebene „Zweck aus Sicht des Kunden" hilft zu erkennen, dass ein stets gekürzter Rasen auch über andere Lösungen als einen Rasenmäher erreicht werden kann, zum Beispiel durch Gras, das nicht höher wächst als nur wenige Zentimeter/der „No-mow-lawn".

Abbildung 5.1 Flughöhenmodell eines Rasenmäherherstellers mit Gefährdung durch im Wachstum stoppende Rasensorten (eigene Darstellung)

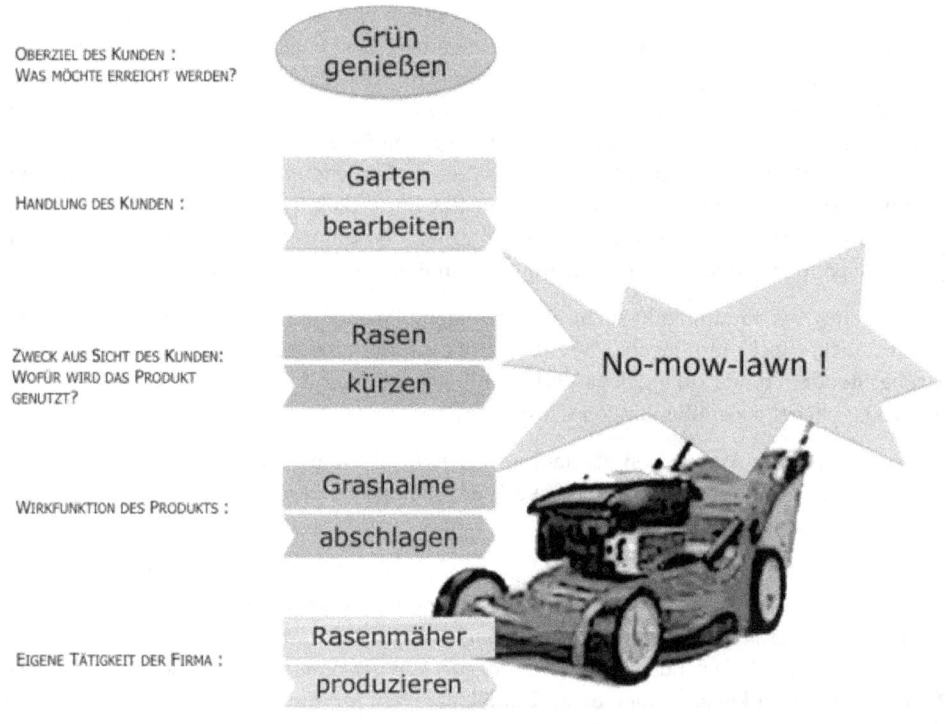

Der Sprung auf die Ebene „Handlung des Kunden" hilft zu erkennen, dass es noch viele andere Dinge im Garten gibt, die man dem Kunden verkaufen kann, um ihm zu helfen, den Garten zu bearbeiten.

Und der finale Sprung auf die Ebene „Oberziel" hilft zu erkennen, dass es vielen Kunden eventuell gar nicht um die Arbeit im Garten geht, sondern darum, eine schöne Gartenanlage zu genießen.

Somit sind bspw. Möglichkeiten gegeben, Gartenmöbel oder ähnliches aber auch Dienstleistungen anzubieten – eine Ausweitung hin zu einem offensiven Innovationsdenkraum, in dem neue Produkte und neue Geschäftsbereiche skizziert werden können, die dann durch systematische Bearbeitung den Innovationsfokus auf potenzialreiche Gebiete für die gesamte Unternehmung lenken können.

Keywords:
Innovationsdenkraum, Vision, Kultur, strategische Orientierung, Innovationspotenziale

5.1 Bedeutung der strategischen Orientierung für die Innovationssuche

Viele Unternehmen haben in den vergangenen Jahren ihre Produktinnovationsraten deutlich erhöht. Um schneller und treffsicherer zu werden, haben sie für das Realisieren und Umsetzen von inkrementellen Produkt- bzw. Dienstleistungsideen detaillierte und gut dokumentierte Routinen entwickelt. Dem vorgelagerten Bereich der strategischen Orientierung und des Absteckens von Suchräumen für neue Innovationspotenziale wird jedoch immer noch weniger Beachtung geschenkt. So werden in vielen Fällen entweder aus ganz konkreten Auslösern heraus (zum Beispiel Kundenanfrage, Neue Mitbewerberprodukte) oder aus mehr oder weniger systematischer Beobachtung des Unternehmensumfeldes vage Entwicklungsprojektziele formuliert und sofort mit der Ideenproduktion begonnen, wie man seine Produkte, Prozesse, Dienstleistungen usw. anpassen kann. Diese schnelle Fokussierung auf Weiterentwicklungspotenziale rund um das Kerngeschäft führt in vielen Unternehmen zu einem sehr engen Denkraum für neue Innovationspotenziale und in weiterer Folge nur zu naheliegenden Ideen mit wenig Differenzierungspotenzial. Gerade mit schnellen, inkrementellen Produktinnovationen verpassen erfolgreiche Unternehmen öfters, grundsätzlich neue Richtungen anzudenken, weil sie vom aktuellen Erfolg verwöhnt, eine psychologische Trägheit entwickeln und den „gewohnten Bobbahnen nicht entkommen". Mitunter werden dadurch entscheidende Entwicklungen verpasst, was weit-reichende Folgen für die Zukunft und das Weiterbestehen eines Unternehmens haben kann. Falls die daraus resultierende Problematik zu spät erkannt wird, muss dann oft die mangelnde strategische Orientierung in frühen Phasen durch spätere, ressourcen- und kostenintensive Korrekturmaßnahmen kompensiert werden – sofern dies überhaupt noch möglich ist.

Beispiel Mobiltelefonie

Beispiele aus der Mobiltelefonie zeigen, wie sogar der ehemalige Branchenprimus Trends verpasst und Außenseiter sowie Branchenfremde große Kundensegmente in relativ kurzer Zeit gewinnen. Das ästhetische multifunktionale und den Spieltrieb anregende „Smartphone" verdrängte in den letzten Jahren bekanntlich die zu „Hand-Computern" gewachsenen Handtelefone.

Abbildung 5.2 Schematischer Innovationsprozess mit „Ideentunnel" und „Überraschung" (eigene Darstellung)

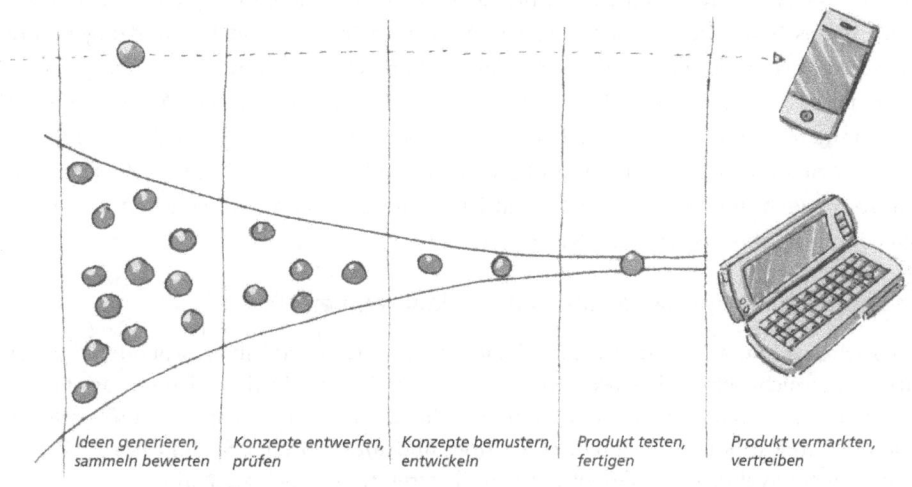

Ende der 1990-iger Jahre hatte der Marktführer bei der Entwicklung der Produkte im Topsegment sicherlich das Ziel vor Augen das „beste Mobiltelefon für den Geschäftskunden" zu kreieren und alle Ideen für neue Produktfeatures kreisten dadurch um deren Arbeitswelt (Adressen verwalten, E-Mails lesen und schreiben, Termine synchronisieren etc.) und das Unternehmen hatte damit lange Zeit auch großen Erfolg. In diesem sehr eng gefassten Innovationsdenkraum gefangen, kann man als Hersteller von Business-Handys kaum Ideen entwickeln bzw. werden sich diese bei internen Produktkonzeptentscheidungen nicht durchsetzen, die das „Freizeitverhalten" und den „Spieltrieb" der Kunden adressieren (Musik hören, Online-Stores durchstöbern). Erweitert man den grundsätzlichen Innovationdenkraum von Geschäftskunden um private Bedürfnisse, entstand, wie uns die jüngere Geschichte lehrt, die Produktkategorie der Smartphone-Mobiltelefone, die beide Bedürfniswelten miteinander verbinden und so den Markt der „reinen" Business-Handys revolutionierte.

Begriff Innovationsdenkraum

Will man radikale Innovationen hervorbringen, ist es offensichtlich erforderlich, gewohnte Perspektiven zu verlassen und aus abstrakteren, „höheren" Betrachtungsebenen zu starten. Die Autoren führen dazu den Begriff „Innovationsdenkraum" ein. Dieser umfasst ähnlich einem Lichtkegel, den man von einer bestimmten Höhe auf eine Ebene richtet, jene äußersten Grenzen, die aus Sicht der Unternehmensverantwortlichen das Feld bestimmen, in dem überhaupt Innovationen gesucht werden sollen. Je höher der Abstand der Lichtquelle von der Ebene ist, desto größer ist der Innovationsdenkraum.

Für die strategische Festlegung von Innovationszielen und konkreten Innovationssuchfeldern wäre es also günstig, bereits vor dem Lostreten von Entwicklungsvorhaben und umfangreichen Ideenfindungsinitiativen einen größeren Innovationsdenkraum zur Identifikation von Innovationschancen eines Unternehmens zu definieren und erst in Kenntnis der Größe dieses Innovationsdenkraumes strategische Richtlinien und Eingrenzungen vorzunehmen und somit konkrete Suchfelder für die Entwicklung innovativer Konzepte vorzugeben. Diese Aussage deckt sich auch sehr gut mit den Erfahrungen der Autoren in Projekten zur Identifikation von radikalen Innovationspotenzialen. Eine geeignete breite und trotzdem zielführende Definition des Innovationsdenkraumes am Beginn öffnet den Horizont für neue, bisher nicht erkannte Suchrichtungen und erweitert den Mindset der Beteiligten im Innovationsteam in der Kreativphase.

Prinzipien zur Öffnung von Innovationsdenkräumen

Unternehmen, die selbst nach grundsätzlich neuen Ideen und überraschenden Lösungen suchen, um nicht selbst überrascht zu werden, sind daher gefordert, sich mit der Frage zu beschäftigen, wie man am Beginn derartiger radikaler Innovationsvorhaben größerer Denkräume für Innovationen systematisch eröffnet und diese so darstellt und beschreibt, dass sie für das Innovationsteam Orientierung und Inspiration zugleich schafft.

Die einschlägige Fachliteratur bietet in methodischer Hinsicht bislang wenig, um Innovationsdenkräume zu beschreiben bzw. Anregungen zu liefern, wie man zu eng definierte Denkräume erkennt und systematisch öffnet.

Es wird zwar betont, dass eine strategische Orientierung und die Definition von Innovationssuchfeldern und Innovationsleitlinien für die Formulierung von Innovationsstrategien wichtig ist, um die Innovationsaktivitäten auf die Unternehmensstrategie auszurichten, die Ideenfindung zu kanalisieren und daraus Kriterien für die Selektion der richtigen Ideen abzuleiten. Wenn es aber um die Frage geht, wie man dabei vorgeht, finden sich außer den üblichen Suchrichtungen neue bzw. verwandte Märkte/Anwendungen/Kompetenzen/ Technologien/Produkte/Kundensegmente und der prinzipiellen Darstellung von Suchfeldmatrizen, die meist einer der genannten Suchrichtungen (zum Beispiel Markt) eine andere (zum Beispiel Kompetenz) gegenüberstellen, wenige praktikable methodische Ansätze zum Öffnen von zu eng gefassten Innovationssuchfeldern. Dabei betonen beinahe alle Strategiebücher, wie wichtig eine weitreichende und offene Vision für den Mindset sei.

Abbildung 5.3 Suchfeldmatrix (Geschka 2012)

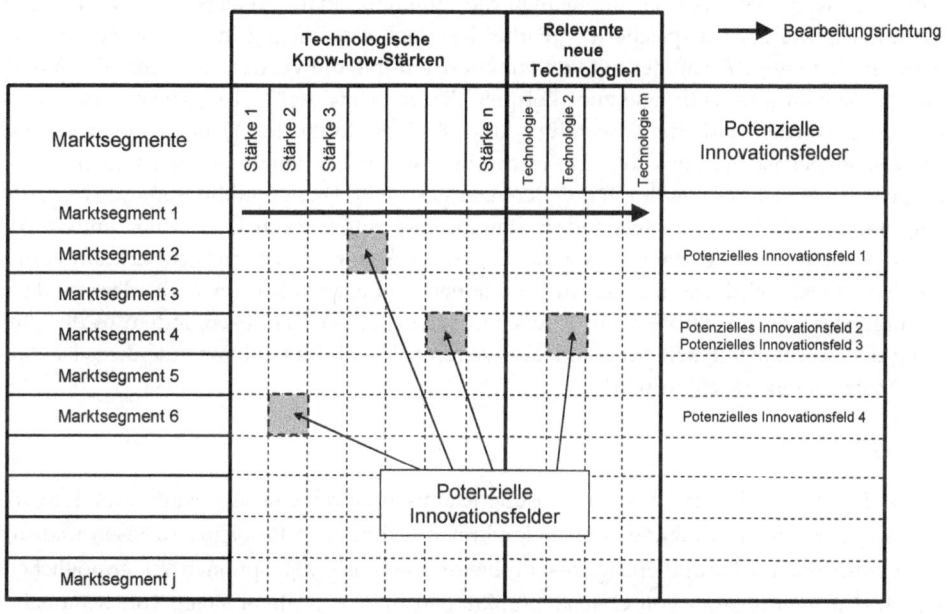

Die für die Konzeption des hier vorgeschlagenen Vorgehensmodells wichtigsten Prinzipien, um den „Innovationsdenkraum", und damit in weiterer Folge die „Suchfelder", systematischer und kreativitätsanregender zu bestimmen, werden kurz vorgestellt:

Perspektivenwechsel - Vom Produktdenken zum Denken in Kundennutzen

Ein möglicher Weg ist das Loslösen von der eigentlichen Geschäftstätigkeit des Unternehmens, die das Denken und Selbstverständnis der Mitarbeiter oftmals maßgeblich prägt bzw. zu einer starken Fixation auf die Produkte, Dienstleistungen u. a. des Unternehmens führt, hin zur Bestimmung des Kundennutzens. Diesen Perspektivenwechsel haben viele Unternehmen in der Praxis schon sehr gut vollzogen. Die Frage nach dem Kundennutzen prägt heute nahezu jedes Entwicklungsprojekt. Kundenbefragungen, die Einbindung von Lead User etc. sind fixer Bestandteil der Innovationsaktivitäten. Vielfach zeigt sich, dass die ausschließliche Fokussierung auf von Kunden artikulierten Wünschen auch zu kurz greift, da diese vielfach auch nur nahe liegende nächste Schritte artikulieren können. Es braucht noch weiterführende Perspektiven, um in neue Innovationsdenkräume vorzustoßen.

Denken in Funktionen

Als Funktion wird die „Wirkung eines Objektes" verstanden, also das, was ein Objekt „tut". Ein Kugelschreiber hat demgemäß die Funktion „Farbe freigeben". Dazu nutzt er Funktionen wie „Farbe speichern", „Farbe dosieren" etc. Wichtig in diesem Zusammenhang ist die richtige Formulierung von Funktionen durch die Verwendung und Kombination von Nomen und Verb, wie zum Beispiel „Rasen schneiden", „Teig kneten" etc. Nicht betrachtet werden darf die Anwendung des Objektes durch den Kunden. Beim Beispiel Kugelschreiber ist die Funktion also nicht „Buchstaben schreiben", sondern eben „Farbe freigeben", da ersteres erst durch den Benutzer geschieht. Diese Funktionsanalyse bzw. das dahinterliegende Funktionsverständnis stammt ursprünglich von L. D. Miles und wurde von diesem in der Wertanalyse als wesentliches Werkzeug anwendbar gemacht. Im vorliegenden Modell wird das Denken in Funktionen dahingehend angewandt, dass es dazu beiträgt, sich von der Fixation der eigenen Geschäftstätigkeit zu lösen, indem es die Wirkung der Geschäftstätigkeit adressiert. Ein weiterer Vorteil des Funktionendenkens ist, dass das Abstrahieren erleichtert wird.

Abstraktion

Dieses Prinzip wird vielfach bei der Lösung technischer Probleme angewandt, um sich aus den engen Rahmenbedingungen eines konkreten technischen Problems zu lösen und mit einer abstrakteren Formulierung des Problems mehr Lösungsoptionen zu ermöglichen. Durch das Abstrahieren von Geschäftsfunktionen und in weiterer Folge von Kundenbedürfnissen wird ebenfalls das „Nach oben steigen" forciert und damit der Innovationsdenkraum erweitert.

Abbildung 5.4 Vorgehensmodell beim Lösen technischer Problemstellungen (Lindemann 2009)

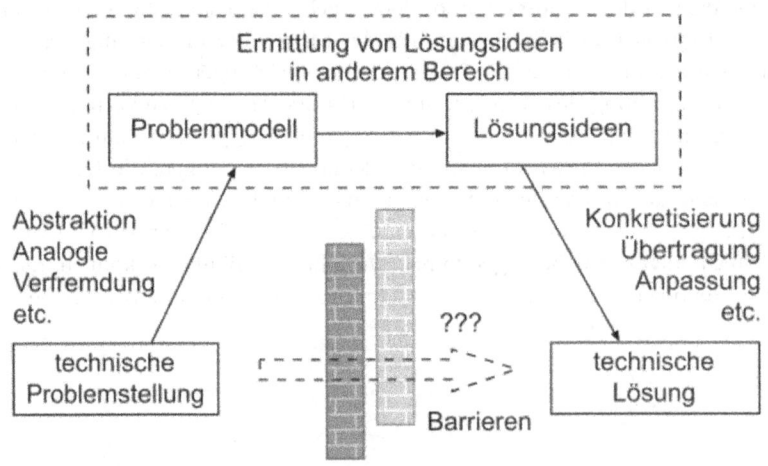

5.2 Denken in Bedürfnisebenen

Die Suche nach höheren Perspektiven, um den Innovationsdenkraum auszuleuchten, ist immer auch verbunden mit der Suche nach dahinterliegenden, versteckten Bedürfnissen von Kunden und deren Kunden, um den Innovationsdenkraum bis zum Endkunden/Nutzer einer Leistung auszudehnen.

Das wohl bekannteste Modell in Bezug auf menschliche Bedürfnisebenen ist die Bedürfnispyramide von Maslow. Abraham Maslow hat sehr anschaulich beschrieben, welche inneren Motive und Bedürfnisse allgemein als Treiber des Verhaltens gelten können. Er differenziert fünf Gruppen von Bedürfnissen, die aufeinander aufbauen. Werden Bedürfnisse auf „unteren" Ebenen ausreichend erfüllt, strebt der Mensch nach Erfüllung von Bedürfnissen auf „höheren" Ebenen.

Transferiert man die Grundidee der Maslowschen Bedürfnispyramide auf die Öffnung von Innovationsdenkräumen, gibt diese eine Denkrichtung in Richtung „höherer" Bedürfnisebenen von Kunden eines Unternehmens vor. Analog zu den Grund- und Sicherheitsbedürfnissen eines Menschen müssen Produkte die Basis- und Leistungsanforderungen von Kunden (gemäß Kano-Modell) erfüllen, um sie zu einer positiven Kaufentscheidung zu bewegen. Adressieren Lösungen darüber hinaus höhere Kundenbedürfnisebenen, löst dies in jedem Fall Überraschungseffekte und in bestem Fall Begeisterung aus. Ein Küchenherd bspw. muss eine Vielzahl von Basis- und Leistungsanforderungen erfüllen. Wendet man das Denken in Bedürfnisebenen auf dieses Beispiel an, um den Innovationsdenkraum für einen Weißwarenhersteller zu erweitern, könnte dieser wie folgt beschrieben werden:

„Wir denken über Lösungen nach, die positive, soziale Prozesse rund um die Nahrungszubereitung auslösen und bei den Beteiligten ein Gefühl der Selbstbestätigung hervorrufen und das Anwenden unserer Lösungen wird als emotional wohltuend erlebt."

Bietet dann beispielsweise die Kombination aus Zubereitungsgerät und Zutaten eine Kombination aus „Gelingsicherheit", „Interaktion", „Individualisierung" und „Feedback" zum zubereiteten Produkt, ist der Weg frei zu radikalen Innovationen.

Abbildung 5.5 Bedürfnishierarchie nach Maslow (Maslow 1968)

Selbstverwirklichung

Ich-Bedürfnisse
Anerkennung, Geltung

Soziale Bedürfnisse
Freundschaft, Liebe, Gruppenzugehörigkeit

Sicherheitsbedürfnisse
Phys. Schutz, Geborgenheit heute & in Zukunft

Grundbedürfnisse
Essen, Trinken, Schlafen

In der Praxis hat sich gezeigt, dass das maximale Ausweiten des Innovationsdenkraums bis zu den höheren Bedürfnisebenen von Endkunden manchmal zu weit greift und durch die Abstraktion kein starkes handlungsanleitendes Leitbild für die Innovationssuche entsteht. Andererseits reicht oft die Abstraktion über Funktionen nicht aus, um den Innovationsdenkraum ausreichend auszudehnen. Daher wurde von den Autoren eine Systematik entwickelt, wie weit und doch zutreffend genug nach Potenzialen gesucht werden kann. Dabei wird stufenweise die eigene „Flughöhe" gesteigert und somit der Innovationsdenkraum erweitert, um dann auf jeder Ebene zu prüfen, ob der Innovationsdenkraum bereits weit genug aufgespannt ist.

5.3 Flughöhen-Modell

Durch das hier beschriebene Vorgehen ist es möglich, potenzielle Gefahren und versteckte Konkurrenten zu erkennen sowie systematisch das Innovationsverständnis des Unternehmens und seinen Innovationsdenkraum offener und breiter zu gestalten. Nachfolgend soll diese Systematik anhand eines Beispiels dargestellt werden.

Abbildung 5.6 Tätigkeit des Taxifahrers und Funktion eines Taxis (eigene Darstellung)

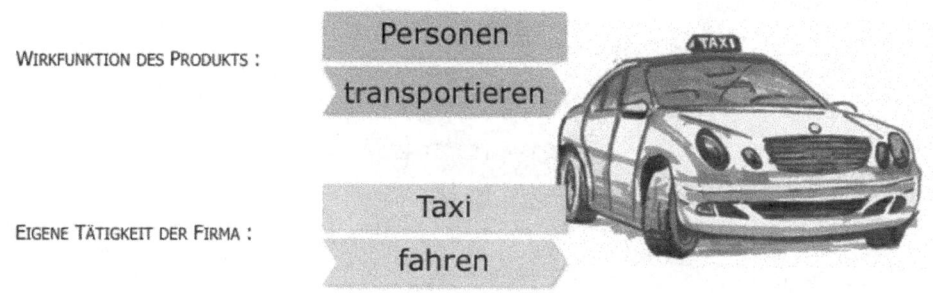

Ausgangspunkt ist die zentrale Geschäftstätigkeit des Unternehmens. Dies ist die unterste Ebene des Modells. So übt zum Beispiel ein Taxiunternehmer ganz konkret die Tätigkeit des „Taxi fahren" aus. Bestimmt das Nachdenken über das eigene Tätigkeitsfeld die Innovationssuche, werden sich mit großer Wahrscheinlichkeit sämtliche Ideen rund um die Begriffe „Taxi" und „fahren" drehen, was klarerweise zu starken Einschränkungen in der Innovationsgenerierung führen kann. Für eine Erhöhung der Flughöhe auf Stufe 2 wird nun die dahinterliegende Funktion ermittelt und abstrahiert. Im obigen Taxi-Beispiel ist es nun die Funktion, dass „Personen transportiert" werden. Alleine dieser kleine, aber bedeutungsvolle Schritt zeigt schon wie sich der Innovationsdenkraum zwischen „Taxi fahren" und „Personen transportieren" (oder noch besser „Objekte transportieren") unterscheidet!

Aus der so abstrahierten Funktion kann nun der „Zweck der Funktion" formuliert werden. Es wird also die Frage gestellt, welchen Zweck verfolgt der Kunde mit dieser Funktion, wozu nutzt er diese Funktion? Also weg vom technischen Gebilde hin zum menschlichen Anspruch. Mit diesem Schritt wird nun der Übergang hin zum Kunden und dessen Bedürfnisse eingeleitet bzw. lösen wir uns nun von der unternehmensbezogenen, internen Sicht und schaffen den Übergang hin zur kundenorientierten, externen Sicht. Beispielsweise dient das „Personen transportieren" dem Zwecke, dass „Menschen oder Objekte von A nach B gelangen".

Abbildung 5.7 „Flughöhenmodell" mit Abstraktionsstufen (eigene Darstellung)

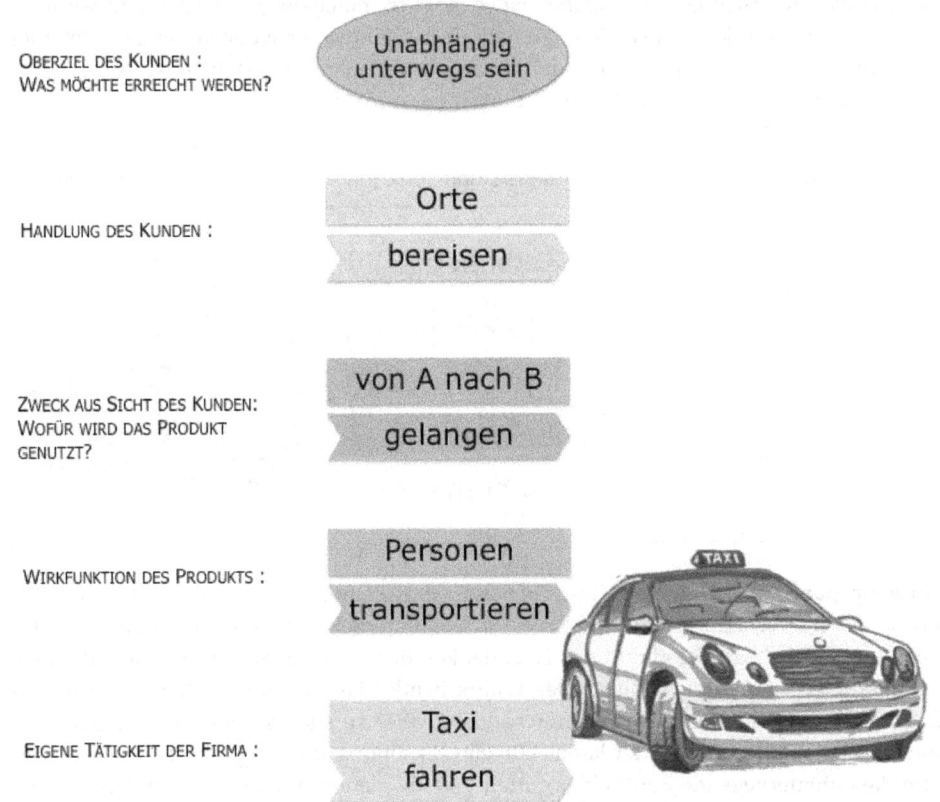

Die nächsthöhere Ebene sucht den Bezug zur Handlung, welche die Kunden vollführen. Damit wird nach dem Zusammenhang gefragt, in dem das Taxi genutzt wird. Das bedeutet, in welchem Kontext die Kunden von „A nach B gelangen".

Dies geschieht beispielsweise im Rahmen einer Firmenreise oder eines Besuches im Urlaubsort und einer Sehenswürdigkeit, also während „Orte bereist" werden. Als bedürfnisnahe Betrachtungsebene wenden wir uns nun der nächsthöheren Ebene oder Flughöhe zu – dem Oberziel aus Sicht des Kunden. Hier steht die Frage nach den Motiven bzw. Zielen der Kunden, also im vorliegenden Fall der Reisenden, im Mittelpunkt. Deren Oberziel gemäß der Festlegung im Fallbeispiel ist es, „unabhängig und individuell unterwegs sein". Und dieses Oberziel ist geeignet, um als größtmöglicher Innovationsdenkraum über allen Innovationstätigkeiten und -aktivitäten zu stehen. Es ist die Sicht auf den die Kunden motivierenden Hauptnutzen!

Schon wird klar, dass Taxen im Wettbewerb mit dem öffentlichen Verkehrsmitteln stehen, jedoch eigentlich mit diesen kombiniert werden sollten, da beide dem gleichen Bedürfnis dienen, eine ähnliches Oberziel haben. Solange sich der Innovationsdenkraum auf die eigene Tätigkeit oder die Funktion beschränkt, werden – wenn überhaupt – Fahrradkuriere und Chauffeurdienste Konkurrenz sein und keine Anregung zur eigenen Weiterentwicklung liefern! Das wird den Wettbewerb auf das „Personen transportieren" beschränken und wahrscheinlich in einen beinah ruinösen Preiskampf treiben.

Nutzenpotenziale des Flughöhen-Modells

Ein zentraler Punkt ist also, dass durch die bewusste Beschäftigung und das bewusste Durchdenken aller Ebenen des Flughöhen-Modells der Innovationsdenkraum gewaltig erweitert werden kann. Das Spielfeld der eigenen Entwicklungsmöglichkeiten wird quasi sprunghaft erweitert.

Die Autoren möchten aber ausdrücklich darauf hinweisen, dass es nicht Ziel sein kann – besonders als Unternehmen dessen kollektives Verständnis von der Flughöhe sehr niedrig ist – in einem Sprung quasi von der untersten Flughöhe (= Beschreiben der eigenen Tätigkeit) auf die höchste Flughöhe (= Oberziel des Kunden) zu bewegen. Dies wird aus kulturellen und emotionalen Gründen keinem Unternehmen in einem Sprung gelingen.

Ebenso steckt große Sprengkraft darin, wenn das obersten Management bzw. die Geschäftsführung ausschließlich im Oberziel lebt und denkt, während der gesamte Rest der Unternehmung in der untersten Flughöhe denkt und handelt. Hier tut eine schrittweise Entwicklung zu höheren Flughöhen gut.

Beispiel Industrieofenbauer

In einem zweiten Beispiel wird nun zur Veranschaulichung die Tätigkeit eines Industrieofenbauers abstrahiert: In den Industrieöfen des analysierten Unternehmens werden Metalle (zum Beispiel in Block-, Platten- oder Coil-Form) im Rahmen von industriellen Prozessen erwärmt. Dies geschieht u. a., um die molekulare Struktur des Metalls zu beeinflussen, um die Homogenität zu erhöhen oder um Zusatzstoffe zu eliminieren.

Das in den nächsten Absätzen dargestellte Aufzeigen der einzelnen Flughöhen verdeutlicht sehr klar, wie das Hinarbeiten auf das Oberziel bzw. das Bedürfnis der Industriekunden, nämlich „Leistungsfähigere Materialien" zu erhalten, den größtmöglichen Innovationsdenkraum aufzeigt. Das bedeutet, nicht auf der Ebene der (vergleichbaren) physikalischen Verfahren zu argumentieren, sondern mit dem Ergebnis, also dem Kundenvorteil.

Es macht einfach gesagt einen sehr großen Unterschied aus, wenn das Kollektiv der Mitarbeiter eines Unternehmens im Innovationsdenkraum „Öfen produzieren" verhaftet ist, versus dem deutlich größeren Innovationsdenkraum, dem Kunden Mittel an die Hand zu geben, damit dieser „leistungsfähigere Materialien" erhält.

Abbildung 5.8 Ausprägungen von „Leistungsfähigkeit" und Maßnahmen hierzu (eigene Darstellung)

Leistungsfähigere Materialien
- haltbarer
- qualitativer
- fester
- präziser
- homogener
- ...

durch
- bessere Veredelung (Erwärmen)
- intelligentere Konstruktion
- exaktere Fertigung
- umfangreichere Wartung
- ...

Die einzelnen Stufen dorthin im diskutierten Flughöhenmodell verdeutlichen ebenfalls eindrucksvoll nicht nur, wie der Innovationsdenkraum größer wird, sondern auch, wie sich sukzessive „Denkbarrieren" (zum Beispiel Bau von Öfen, Wärme als einziger denkbarer Wirkstoff, Metalle als einzig zu behandelnde Werkstoffe etc.) verflüchtigen und somit den latent vorhandenen psychologischen Trägheitsvektoren der Firma die Angriffsfläche genommen wird.

Das Oberziel „Leistungsfähigere Materialien" zu generieren lässt also gezieltere Formulierung von Nutzenversprechen zu und erweitert massiv den Innovationsdenkraum. Dabei ist das Oberziel wie erwähnt nicht per se die einzig anzustrebende Ebene.

Jedoch stellt es das/die Kundenbedürfnisse in den Mittelpunkt und richtet damit die Aufmerksamkeit von technologischen Verbesserungen hin zu einer Erhöhung des Kundennutzens. So ist die Planungs-Unterstützung bei der Auslegung von Metallteilen (als Dienstleistung des Ofenbauers) eventuell für den Kunden wesentlich wirksamer, als eine um fünf Prozent schnellere Aufwärmzeit.

Des Weiteren legt diese Modellierung nahe, über die Kernkompetenzen nachzudenken. Demnach sind es die zentralen Fähigkeiten, die es einem Unternehmen ermöglichen, neue Produkte und Leistungen zu kreieren und diese – für den Mitbewerber schwer nachzuahmen – erfolgreich in den Markt zu bringen.

Abbildung 5.9   Flughöhenmodell anhand des Beispiels Industrieofen
(eigene Darstellung)

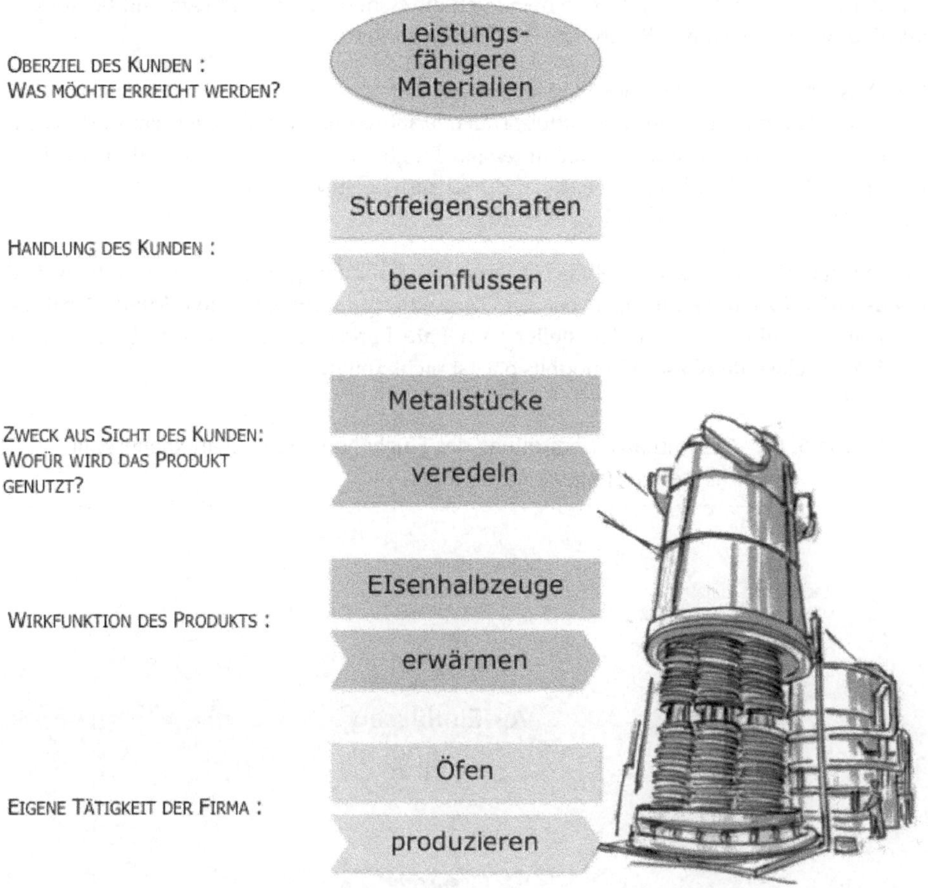

OBERZIEL DES KUNDEN: WAS MÖCHTE ERREICHT WERDEN?	Leistungsfähigere Materialien
HANDLUNG DES KUNDEN:	Stoffeigenschaften beeinflussen
ZWECK AUS SICHT DES KUNDEN: WOFÜR WIRD DAS PRODUKT GENUTZT?	Metallstücke veredeln
WIRKFUNKTION DES PRODUKTS:	Eisenhalbzeuge erwärmen
EIGENE TÄTIGKEIT DER FIRMA:	Öfen produzieren

Wenn also die Stärke des Unternehmens die effiziente Produktion oder eine ausgefeilte Logistik ist, sind auch die Entwicklungen und Innovationen dahin ausgerichtet. Möglicherweise sind dadurch jedoch die Monitoringsysteme und die Patentsuche nicht auf alternative Materialien hin ausgerichtet und Entwicklungen hin zu „Hybridteilen", die – bei höherer Leistungsfähigkeit (dem Oberziel!) – einen wesentlichen Kunststoffanteil haben, werden verpasst.

Der Wettbewerb findet also eventuell außerhalb des eigentlichen Themenfeldes Öfen statt, beispielsweise auf der Ebene der Beeinflussung von Stoffeigenschaften durch Beimengung und nicht durch Aufheizen.

Beispiel Latexhandschuhhersteller

Um die Beeinflussung des (kollektiven) Mindsets und die Anregungskraft und die Mächtigkeit der erhöhten Perspektive = Flughöhe darzustellen, wird im Folgenden ein Beispiel aus der Industrie näher erläutert, in dem auch die Generierung von Ideen und Perspektiven aus dem vorgeschlagenen Flughöhen-Modell hervorgeht.

Die Ausgangslage ist die eines Herstellers von Latexhandschuhen für medizinische Zwecke. Diese Handschuhe werden mittels Tauchverfahren hergestellt, verpackt und über den Medizinhandel vertrieben. Auf der untersten Flughöhe ist also der Innovationsdenkraum mit großer Wahrscheinlichkeit begrenzt durch zum Beispiel Begriffe wie „Latex", „Produktion", „Handschuh" (im eigentlichen Sinn) etc.

Eine Firma, die auf dieser Flughöhe unterwegs ist, hat mit großer Wahrscheinlichkeit den Fokus auf Effizienzsteigerungen bei der Produktion, da der kollektive Mindset bzgl. des Innovationsdenkraums „das Herstellen von Latexhandschuhen" ist. Das Innovieren des Produktes selbst, des Geschäftsmodells o.ä. ist nicht Teil der Kultur.

Abbildung 5.10 Gesamthafte Darstellung des Flughöhenmodell „Latexhandschuh-Hersteller" (eigene Darstellung)

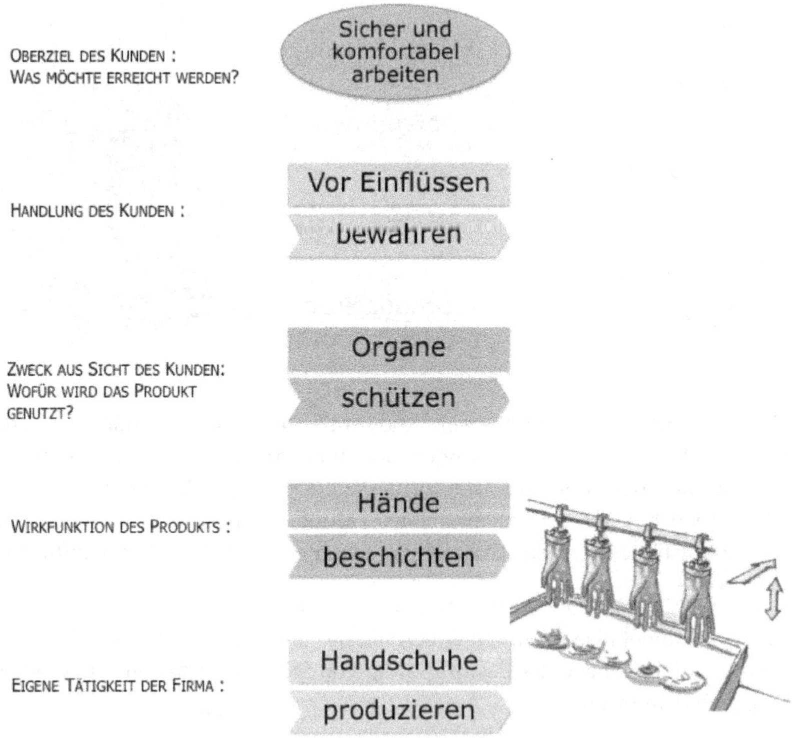

Oberziel des Kunden: Was möchte erreicht werden?	Sicher und komfortabel arbeiten
Handlung des Kunden:	Vor Einflüssen bewahren
Zweck aus Sicht des Kunden: Wofür wird das Produkt genutzt?	Organe schützen
Wirkfunktion des Produkts:	Hände beschichten
Eigene Tätigkeit der Firma:	Handschuhe produzieren

Dem gegenüber zeigt die oberste Flughöhe, die wie erwähnt das Oberziel des Kunden darstellt, mit der Formulierung „Sicher und komfortabel arbeiten" deutlich die Unterschiede im Innovationsdenkraum zwischen unterster und oberster Flughöhe auf. Man stelle sich nur vor, welche Dienstleistungen, Produkte, Geschäftsmodelle auf dieser Flughöhe im Gegensatz zur untersten möglich sind!

In den nachfolgenden Absätzen soll nun das „Bespielen" des Innovationsdenkraumes auf den unterschiedlichen Flughöhen zwecks Findens von neuen Innovationen dargestellt werden.

Abbildung 5.11 Flughöhe „Eigene Tätigkeit" (eigene Darstellung)

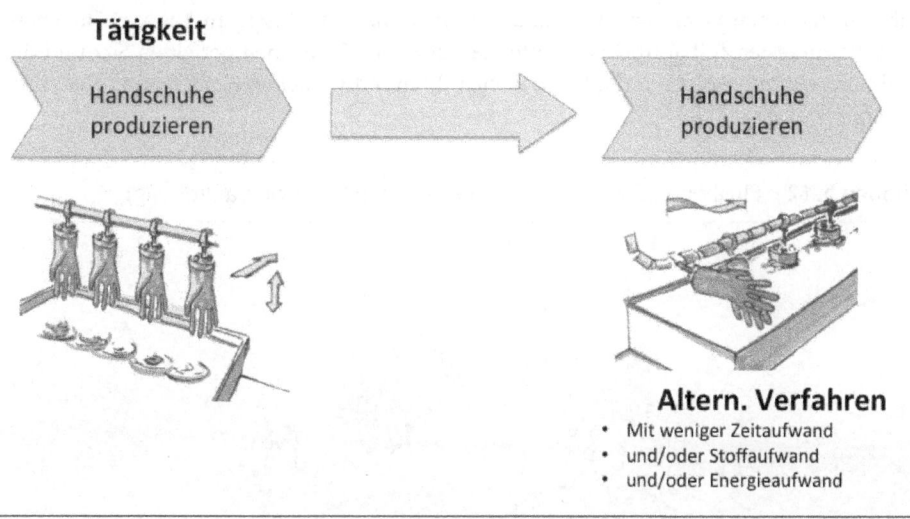

Ist es nun auf der untersten Flughöhe (Beschreibung der eigenen Tätigkeit) das abgeleitete Ziel „schneller produzieren", legt dies nahe, zum Beispiel die Taktzeit zu verringern und damit den „Produktionsaufwand" zu senken. Also die Produktionsmaschinen zum Beispiel vom sequentiellen Tauchen" zum „kontinuierlichen Durchziehen" zu entwickeln.

Ideen hierzu sind zwar hilfreich für eine Effizienzsteigerung, jedoch rein an die Produktion gebunden und damit an das Unternehmen. Doch ein Bezug zum Kunden ist nicht gegeben! Die Gefahr, ein Bedürfnis des Endnutzers zu übersehen, ist bei einer solchen nach innen gerichteten Betrachtungsweise sehr groß!

Unterschiedliche Handgrößen werden zwar durch eine überschaubare Anzahl von Handschuhgrößen abgebildet. Der Bedarf an individuellen Handschuhen kann aber nicht befriedigt werden (damit ist wohlgemerkt nicht nur ein modischer Handschuh gemeint, sondern beispielsweise ein Handschuh für jenen Arzt, der unglücklicherweise einen Finger bei einem Motorradunfall verloren hat, oder jene Ärztin, die ein besonders dickes Knochengelenk am Ringfinger hat etc.). Was passiert nun, wenn ein anderer Hersteller eine höhere Flughöhe einnimmt, seinen Innovationsdenkraum wesentlich erweitert und feststellt, die Funktion eines Handschuhs ist es eigentlich, eine „Hand zu beschichten"? In dieser Definition wird sofort klar, es geht eigentlich nicht ums Herstellen von Latexhandschuhen sondern ums Beschichten von Händen! Ein Handschuh stellt also in seiner Anwendung die Funktion „Hände beschichten" dar. Er wird angezogen, um eine „Trennschicht" zwischen angefasstem Objekt und Haut zu schaffen. Jedoch ist eine dünne Latexschicht bei weitem nicht die einzige Möglichkeit, um diese Trennschicht zu erzeugen! Dies regt gleich die Suche nach analogen Verfahren zum Beschichten an und es öffnet sich der kreativitätsanregende Such-Raum für alternative Verfahren des Beschichtens, wie das Besprühen der Hände mit einer „Lack-Schicht" oder der Gebrauch von „Topflappen".

Sollte es also diesem Hersteller nun bspw. möglich sein, ein Produkt anzubieten, welches erlaubt, im täglichen Gebrauch die Hände in ein Gefäß mit flüssigem Latex zu tauchen, welches in kürzester Zeit antrocknet, hätte man in jedem Falle einen perfekten Sitz und die Produktion würde obsolet, da die Kunden sich ihren individuellen Handschuh selbst produzieren!

Abbildung 5.12 Flughöhe „Zweck aus Sicht des Kunden" (eigene Darstellung)

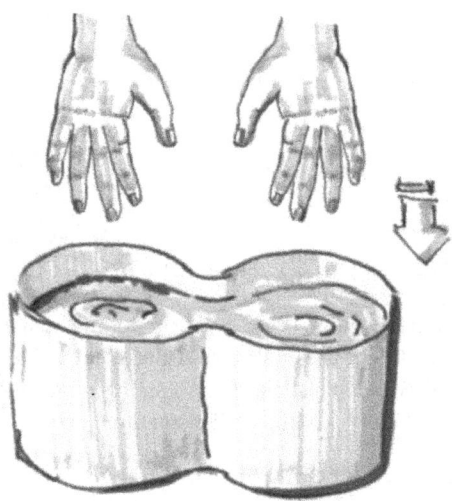

Organe wiederum lassen sich zum Beispiel anhand einer Morphologie, gut strukturiert auf Innovationspotenzial untersuchen, indem der gesamte Körper systematisch nach potenziellen Kontaktstellen abgesucht wird, die bei Arbeiten, Untersuchungen oder sonstigen Handlingprozessen berührt werden.

Abbildung 5.13   Erweiterter Innovationsdenkraum für „Organe schützen"
(eigene Darstellung)

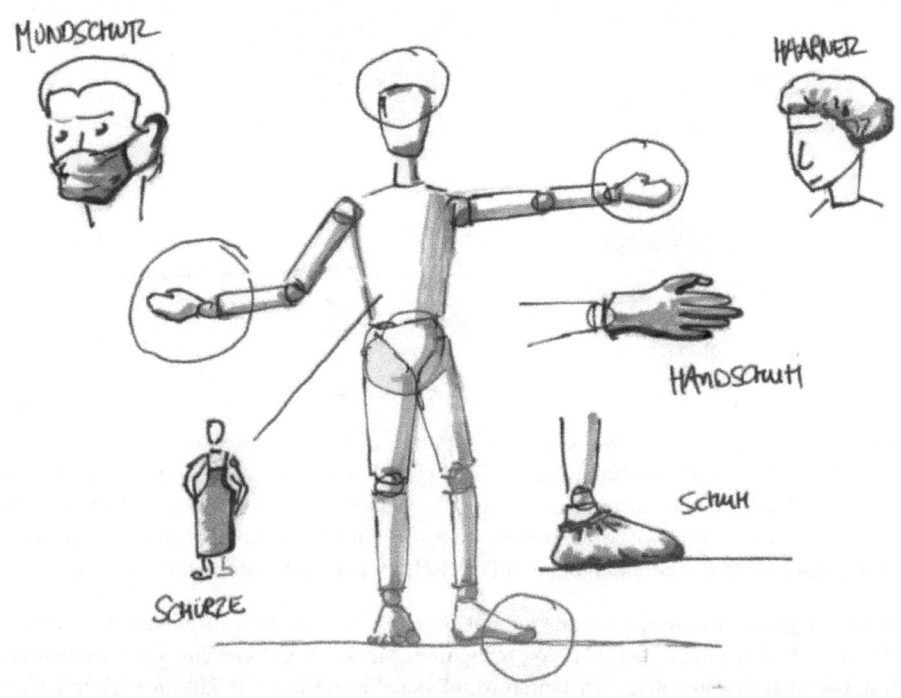

Eine weiterreichende Möglichkeit wäre, mittels einer Morphologie „schädliche Einflüsse vor denen in Arbeitssituationen geschützt werden muss" zu erarbeiten. So ist es zum Beispiel nicht nur nützlich, vor Viren geschützt zu werden, sondern vor „Anhaftendem" (Teig, Klebstoffe, u. a.).

Innerhalb eines systematischen Vorgehens lässt sich die Intensität des Schützens in verschiedene „Eskalationsstufen" auflisten. Dabei wird klar, dass der Schutz vor Wasser einen anderen Produktaufbau braucht, als der gegen hochinfektiöse Viren – beides jedoch hochspannende Anwendungen!

Jede der einzelnen Variationen birgt Innovationspotenziale, den Handschuhen oder eben dem „Schutzprodukt" neue Eigenschaften zu geben. Besonders ist dabei zu berücksichtigen, dass sich das Ertragsmodell auch deutlich ändert. Die einzelnen Schutzstufen werden sich auch im Preis niederschlagen. Dadurch werden also insgesamt spannende Varianten und Alternativen der Anwendung inspiriert und neue Anwendungsbereiche aufgezeigt.

Abbildung 5.14 Morphologie möglicher (schädlicher) Einflüsse (eigene Darstellung)

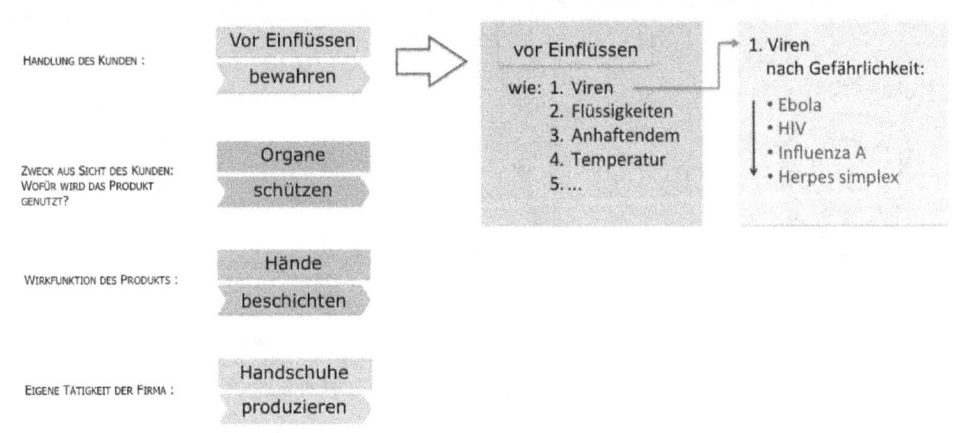

Besonders interessant ist die Erweiterung in Richtung „helfender" Keime (negative Gefährlichkeit). So ist eine funktionstüchtige, natürliche „Keimabwehr" der Haut stark von der Balance im sogenannten Hautmilieu abhängig. So könnte eine Aufgabe des (technischen) Schutzsystems sein, dafür Sorge zu tragen, dass die natürliche Abwehr aufrecht erhalten bleibt! Nicht selten ist der Schaden bei den Handschuh-Tragenden größer als der Nutzen.

Für das strategische Innovationsmanagement ist noch eine weitere Implikation zu erkennen: Um ein Produkt für einen vielversprechenden Markt zu entwickeln, kann untersucht werden, wie sich die einzelnen Varianten (die Eskalationsstufen) in Zukunft weiterentwickeln werden, das heißt, welche Gruppe sich am stärksten entwickelt? Sind immer öfter globale Seuchen zu erwarten oder werden eher nur „reizende Stoffe im Haushalt" zunehmen?

Damit sind auch wichtige Richtungen zur Zukunftsfähigkeit eines Produktbereichs bzw. einer Unternehmung durch dies Modell abgebildet und zeigen einmal mehr auf, wie wichtig die Wahl des geeigneten Innovationsdenkraumes ist. Mit dieser Sicht ist es anschließend möglich, die Perspektive auf die Bedürfnisebene des Kunden zu heben. Menschen „schützen ihre Organe", aus dem Bedürfnis heraus „sicher und komfortabel arbeiten" zu wollen.

Merkmale zu Kunden machen

Die abgeleitete Skala der „einwirkenden Gefahren" regt an, diesen jeweils Kunden zuzuordnen. Mit einer systematischen Recherche nach Anwendern und Kunden, die mit den im Beispiel aufgezählten Gefahren konfrontiert sind, kann abgeklopft werden, ob diese bereits bedient werden oder eine für das Unternehmen neue, lohnenswerte Zielgruppe darstellen und wenn ja, wie deren Bedürfnisse befriedigt werden können (als Beispiel: eine Friseuse, die den ganzen Tag mit Shampoos etc. in Berührung kommt, oder Bäcker, die Mehlallergien entwickeln).

Abbildung 5.15 Ableitung von Merkmalen zu potenziellen Kunden (eigene Darstellung)

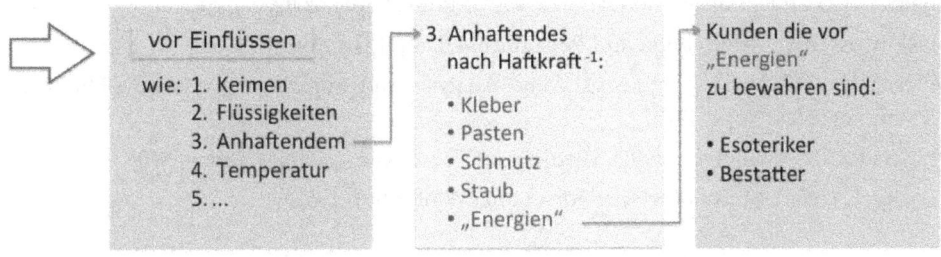

Bei der ausführlichen Ausarbeitung zum Beispiel der Latex-Handschuhe hat sich gezeigt, dass einerseits das medizinische Personal eine bekannte Zielgruppe ist, jedoch der Bereich Gesundheitsberufe oder Teile daraus, wie zum Beispiel „Masseure" eine neue wichtige Zielgruppe darstellen, die einen funktionalen Zusatz gegenüber heute nachfragt: Die „Verstärkung"/„Intensivierung der Handkraft" zum Beispiel durch eine Strukturierung der Handschuhoberfläche.

Und die hier gezeigte innovative Ausweitung der schadhaften Einflüsse hin zu Phänomenen, die zwar schadhaft sind, aber dem gängigen naturwissenschaftlich bewiesenen Mustern widersprechen. Beispielhaft sind hier diejenigen herausgehoben, die mit „schädlichen Energien" konfrontiert werden. Ein „Schutzsystem", welches den Übertrag dieser verhindert, würde eine neue Kundengruppe bedienen. Dies würde den herrschenden Mindset sicher herausfordern.

Literatur

Abplanalp, P.; Lombriser, R. (2005): Strategisches Management. Zürich: Versus

Altschuller, G. S. (1986): Erfinden – Wege zur Lösung technischer Probleme. 2. Auflage. Verlag Technik, Berlin 1986.

Ansoff, V. H. (1979): Strategic Management. Palgrave McMillan, 1979.

Ehrlenspiel, K. (1995): Integrierte Produktentwicklung. München: Hanser Verlag, 1995.

Geschka, H. (2012): Erarbeitung einer Innovationsstrategie. Den Fokus der Innovationsaktivitäten festlegen. Darmstadt, 2012.

Geschka, H. (2012) in: Innovation Excellence. Hrsg. Serhan Ili. Düsseldorf: Symposion Publishing, 2012.

Kim, Ch., Mauborgne, R. (2005): Blue Ocean Strategy. How to Create Uncontested Market Space and Make the Competition Irrelevant. Boston: Harvard Business School Press, 2005.

Lindemann, U. (2009): Methodische Entwicklung technischer Produkte. Düsseldorf: Springer, 2009.

Mann, D. (2002): Hands on Innovation. CREAX Press: Leper, 2002.

Maslow, A. (1968): Motivation und Persönlichkeit. Stuttgart: rororo, 1968.

Miles, L. D. (1972): Techniques of Value Analysis and Engineering. McGraw-Hill Book Company: New York, 1972.

Prahalad, C. K.; Hamel, G. (1996): Wettlauf um die Zukunft. Gabler Verlag, 1996.

Zwicky, F. (1959): Morphologische Forschung. Winterthur, 1959.

6 Business Development bei Greiner

Das Entwickeln neuer Geschäftsfelder in einem diversifizierten Konzern

Mag.a (FH) Ursula Schüssling

> **Abstract**
>
> Der Greiner Konzern ist ein stark diversifizierter Konzern mit vier Kernbereichen (Verpackung, Schaumstoffe, Werkzeugbau, Medizintechnik) sowie einer 2010 gegründeten Sparte, die sich um neue Geschäftsfelder kümmert, Greiner Technology & Innovation. Die Unternehmen Greiner Packaging, Greiner Foam International, Greiner Tool.Tec, Greiner Bio-One haben unterschiedliche Kompetenzbereiche. Sie wachsen durch die Erschließung neuer Märkte und Innovationen in ihrem nahen Umfeld. Um sich als Konzern als Ganzes weiter zu diversifizieren und neue Geschäftsbereiche zu erschließen, wurde Greiner Technology & Innovation gegründet.

Keywords:
Greiner, Greiner Technology & Innovation, Geschäftsfeldentwicklung, Strategische Ausrichtung

6.1 Long History of Success

Die Greiner Holding mit Sitz in Kremsmünster, Oberösterreich zählt mit vier operativen Sparten (Greiner Packaging International, Greiner Foam International, Greiner Technology & Innovation, Greiner Tool.Tec) sowie mit der Beteiligung an der Greiner Bio-One International AG (GBO) zu den führenden Schaumstoffproduzenten und Kunststoffverarbeitern.

Produkte aus dem Hause Greiner werden auf den ersten Blick nicht als solche bemerkt. Allerdings sind sie aus unserem Alltag nicht wegzudenken. Sei es der Joghurtbecher beim Frühstück, die Hutablage im Auto auf dem Weg zur Arbeit oder die Schaumstoffmatratze, auf der wir täglich schlafen. Schaumstoffe in Sitzen von Passagierflugzeugen und Kinobestuhlungen sowie in hochwertigen Polstermöbeln, Solarthermiekollektoren und Behälterisolierungen, Trinkflaschen, Lebensmittelverpackungen, aber auch Blutentnahmesysteme und Petrischalen sind nur einige Produkte aus der bunten Welt von Greiner.

Abbildung 6.1   Produkte von Greiner

Abbildung 6.2 130 Standorte weltweit

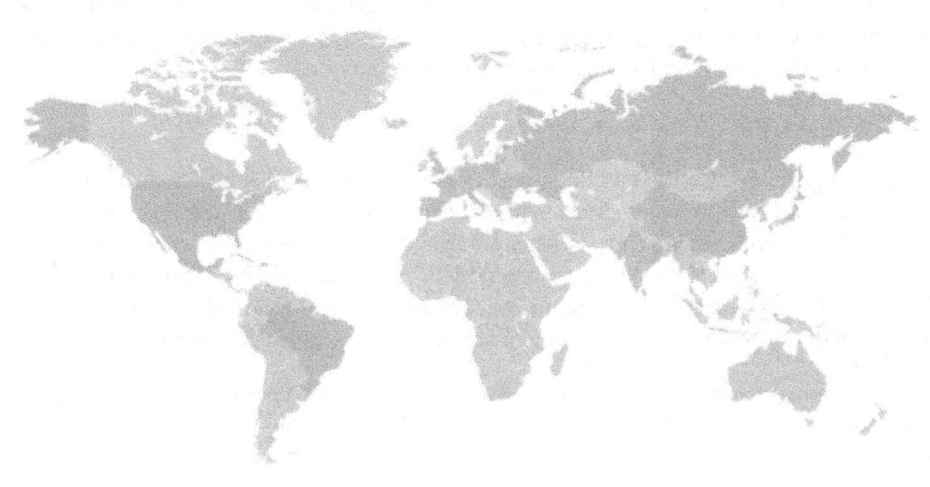

Greiner ist mit seinen Unternehmen weltweit tätig. Das Wachstum der letzten Jahre hat Produkte, Serviceleistungen und Kompetenzen zu Kunden auf der ganzen Welt gebracht. Im Jahr 2011 beschäftigte Greiner Holding AG und Greiner Bio-One International (fortfolgende kurz Greiner genannt) rund 8000 Mitarbeiter an mehr als 130 Standorten. Im selben Geschäftsjahr wurden knapp €1,2 Mrd. erwirtschaftet. Und der Konzern wächst weiter.

Wie alles begann

Gegründet wurde das Unternehmen 1868 in Nürtingen (Deutschland) von Carl Albert und Emilie Greiner. Den Grundstein des Unternehmens legte man 1878 bei der Weltausstellung in Paris. Carl Albert erwarb eine Korkschneidemaschine. Mit den eigens produzierten Korken belieferte man andere Getränkehersteller. 1899 ließ sich Hermann Greiner, der zweitältesten Sohn, am Standort Kremsmünster nieder.

Nach dem Zweiten Weltkrieg treiben exorbitant hohe Exportzölle der korkliefernden Länder das Unternehmen in die neuen Sphären der Schaum- und Kunststoffproduktion. 1952 wird in Nürtingen die erste Polyurethan Weichschaummaschine in Betrieb genommen. 1960 folgt die erste Spritzgussmaschine in Kremsmünster. 1963 ist die Geburtsstunde der Greiner Bio-One. Erstmals werden Petrischalen produziert, die bis heute einen wesentlichen Anteil am Portfolio haben.

Das Unternehmen befindet sich weiterhin im Familienbesitz, wenngleich auch nicht unter aktiver Führung. Ausnahmen hierzu gibt es nur eine. 50 Prozent der Mitglieder des Aufsichtsrats werden durch Greiner Familienmitglieder besetzt. 2010 wurde der Familiengesellschafterrat eingerichtet. Er fungiert als Sprachrohr der Familie und besteht aus fünf Mitgliedern mit Dr. Axel Greiner als Vorsitzenden. Der stark diversifizierte Konzern wird seit 2011 erstmals in der Unternehmensgeschichte von zwei externen Vorständen, Dipl. Betriebswirt Axel Kühner und Mag. Hannes Moser geführt. Je ein Geschäftsführer bzw. Spartenleitern, wie sie bei Greiner heißen, ist für das Management seiner jeweiligen Sparte sowie deren Divisionen und Tochterunternehmen verantwortlich.

Breites Spektrum an Kompetenzen

Mit dem 1.1.1999 wurde die Holdinggesellschaft CA Greiner & Söhne, Kremsmünster, umstrukturiert und in Spartengesellschaften gegliedert. Seither agieren die Sparten als eigenständige Unternehmenseinheiten, basierend auf den Kernkompetenzen in der Schaumstoffherstellung/-verarbeitung und Kunststoffverarbeitung. Ähnlich einem Klein- und Mittelständischen Unternehmen, mit Unternehmenseinheiten die nicht mehr als 600 Mitarbeiter an einem Standort beschäftigen, agieren und wachsen die Bereiche unterschiedlich.

Die Weiterentwicklung und das starkes Wachstum einzelner Sparten war 2010 der Anlass einer Neustrukturierung in fünf Kompetenzbereiche. Das Unternehmen zählt heute fünf Bereiche, die einander ebenbürtig sind:

Abbildung 6.3   Unternehmensstruktur Greiner Holding AG

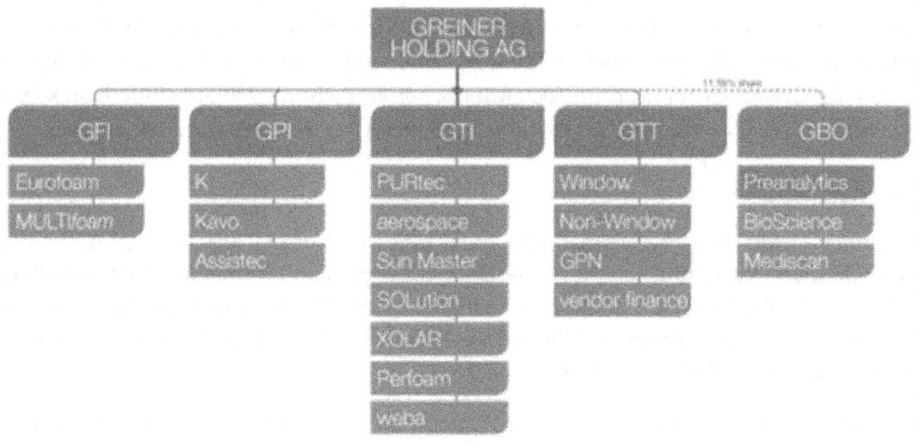

Greiner Foam International

Seit 1. Juli 2010 vereint Greiner Foam International (GFI) mit MULTIfoam und dem 50-Prozent-Joint-Venture Eurofoam die Kompetenzen der Greiner Holding AG im Schaumstoffbereich unter einem Dach. Damit zählt die GFI zu den erfolgreichsten europäischen Herstellern von Spezialschaumstoffen. Mit einem Netzwerk von 42 Standorten in zwölf Ländern werden Kundennähe, sehr kurze Lieferzeiten und beste Qualität garantiert.

Greiner Packaging International

Greiner Packaging International gehört zu den führenden europäischen Verpackungsherstellern im Food- und Nonfood-Bereich. GPI bietet Produktlösungen für erfolgreiche Marken und sichert so ihren Kunden den einzigartigen Verpackungsvorteil, „the unique packaging proposition". Gemäß dem Leitmotiv „do the innovation" arbeitet GPI ständig an neuen Produktlösungen am letzten Stand der Technik. So wird die Verpackung zu einem bestimmenden Erfolgsfaktor für die Kunden.

Greiner Technology & Innovation

Greiner Technology & Innovation (GTI) vereint die Unternehmen Greiner Aerospace, Perfoam, PURtec und weba unter einem Dach. Inzwischen wurden mit den Firmen SOLution, Sun Master und XOLAR Betriebe aus der Solarbranche in die Sparte eingegliedert. Ziel der Greiner Technology & Innovation ist es, neben der Fortführung der bestehenden Beteiligungen Innovationen voranzutreiben und interessante Märkte außerhalb bisheriger Geschäftsfelder der Greiner Holding AG zu erschließen.

Greiner Tool.Tec

Greiner Tool.Tec ist Weltmarktführer bei Werkzeugen, Maschinen und Anlagen im Bereich der Profilextrusion und vereint vier unabhängige Bereiche unter einem Dach: Greiner Extrusion, Greiner Tech Profile (GTP), GPN (Greiner Production Network) und vendor finance. Teils als Local-, teils als Globalplayer fokussieren die verbundenen Unternehmenseinheiten ihre Aktivitäten optimal auf Kundenanforderungen und Marktbedürfnisse.

Greiner Bio-One

Die Greiner Bio-One International AG ist global in den Bereichen Biotechnologie, diagnostische und pharmazeutische Industrie, Medizin- und In-Vitro-Diagnostik tätig. Die Produktpalette umfasst Produkte zur Blutentnahme, Urinentnahme und Probenentnahme. Unsere Probe-, Blut- und Urinentnahmesysteme werden in mehr als 100 Ländern weltweit vertrieben. Die Produkte zur Probenentnahme und Blutentnahme überzeugen durch Zuverlässigkeit und leichte Handhabung.

Trotz der starken Diversifizierung bei Kunden, Produkten und Märkten steht der Konzern auf einem klaren Fundament mit drei Schwerpunkten:

- *Wachstum:* Der Fokus liegt auf den Kernkompetenzen und einer konsequenten Verfolgung der gesetzten Ziele.
- *Nachhaltigkeit:* Stabilität und Langfristigkeit stehen im Vordergrund.
- *Soziale Verantwortung:* Der Mensch steht im Mittelpunkt der Greiner Gruppe.

Ziel der Sparten und somit auch des gesamten Konzerns ist ertragsorientiertes Wachstum. Erreicht wird dieses durch

- *Innovation:* Denn durch Innovationen entstehen neue Produkte und Marktchancen.
- *Diversifikation:* Die Diversifikation von Produkten und Märkten zeichnet die Greiner Gruppe aus.
- *Internationalisierung:* Durch die kontinuierliche Internationalisierung werden neue Märkte erschlossen.

6.2 Greiner Technology & Innovation

Während die vier Unternehmen (GPI, GTT, GFI, GBO) durch Internationalisierung und innovative Produkte im jeweiligen Kernbereich wachsen, ist der Auftrag an Greiner Technology & Innovation, Fühler nach neuen Geschäftsmöglichkeiten auszustrecken.

Eine Hauptaufgabe ist die Verwaltung der in der Sparte GTI befindliche Unternehmen (Greiner PURtec, Greiner aerospace, Greiner Perfoam, weba und Greiner Renewable Energy). Sie werden in Form eines Corporate Portfolios dargestellt und verglichen. Finanzkennzahlenreports sowie Future Success Indicators verschaffen den Überblick.

Der zweite Schwerpunkt der GTI ist die Geschäftsfeldentwicklung und Diversifikation des Konzerns. Keine Ventures, sondern langfristige Investments zur Entwicklung von eigenständigen Sparten stehen im Fokus.

Zu den Aufgaben der GTI im Bereich Geschäftsfeldentwicklungen zählen:

- Prüfen und bewerten neuer Technologien. Dies erfolgt nicht nur für interessante, neue Technologien generell. Auch Unternehmen im Verwaltungsbereich der GTI sowie andere Greiner Betriebe können auf diese Kompetenzen zurückgreifen. Dabei unterstützen wir bei Prozessen genauso wie in der Entwicklung oder Aufbereitung.
- Aufgrund der klaren Spartentrennung in den vergangenen zwei Jahrzenten gibt es nur wenige Personen innerhalb des Konzerns, die über Technologien, Kompetenzen und Produkteigenschaften aller Greiner Betriebe Bescheid wissen. Greiner Technology & Innovation hat sich zum Ziel gesetzt, die Informationsdrehscheibe innerhalb des Greiner Konzerns in den Gebieten Innovation, Technologien, Produktions- und Fertigungskompetenzen zu werden.
- Die Beobachtung und Interpretation von Trends.
- Stabstelle für Innovation, Netzwerke und das Patentmanagement für die gesamte Greiner Gruppe.

- Mit Diversifikation und Entwicklung neuer Geschäftsfelder besteht die Notwendigkeit, für Beteiligungen die nicht in die langfristige strategische Ausrichtung des Konzerns passen, einen entsprechend den Entwicklungspotenzialen einen New Perfect Owner zu finden. Nicht immer ist Greiner der richtige Partner für jedes Unternehmen.

GTI unterscheidet zwei Möglichkeiten, die Greiner Gruppe langfristig zu differenzieren:

- *Akquisitionen:* Eine Form ist der Zukauf von Unternehmungen und damit verbundenen Technologien oder Know-how.

- *Spin offs:*
  Die andere Variante bezieht Potenziale aus den eigenen Reihen. Dabei werden Prozesse, Verfahren, Technologien bestehender Greiner Betriebe herangezogen, miteinander kombiniert oder allein für neue Geschäftsbereiche aufgearbeitet. Herausforderungen liegen dabei in der starken Vernetzung der einzelnen Betriebe und Abteilungen über Standorte und Sparten hinweg. Nicht nur österreichische Unternehmen und deren Mitarbeiter sondern alle über 130 Standorte sowie die rund 8000 Mitarbeiter werden als potenzielle Know-how- und Ideenlieferanten gesehen.

Merger & Akquisitionen via Stage Gate Prozess

Wenn beispielsweise Greiner Packaging ein Verpackungsunternehmen akquiriert, sind Markt, oft die Produkte und auch die angewandten Technologien bestens bekannt. Wenn ein neu akquiriertes Unternehmen in die GTI integriert wird, sind diese Verknüpfungen nur bedingt vorhanden. Daher ist die vorhergehende Unternehmensanalyse und Bewertung wesentlich, um Risiken einzugrenzen. GTI hat für neue, potenzielle Geschäftsfelder einen Stage Gate Prozess implementiert.

Das Stage Gate Modell wurde von Robert G. Cooper entwickelt, um Innovations- und Entwicklungsprozesse von der Idee bis zum Productlaunch zu optimieren. Sie unterstützen den Entscheidungsprozess für ein Team, Entwicklungsprojekte weiter voranzutreiben aber auch abzubrechen (Cooper 2002).

Dieser Ansatz wurde von GTI adaptiert, um potenzielle Unternehmungen zu bewerten. Es ist ein angestrebtes Ziel, Interessenten, Ideenlieferanten oder Angebotsstellern zeitnah Feedback über Status und eventuelle weitere Schritte geben zu können. Der Prozess erlaubt diese schnellen Entscheidungen.

Drei Analysephasen und drei Entscheidungen werden innerhalb der GTI bearbeitet, bevor von Seiten der Greiner Holding ein Due Diligence Team beauftragt wird.

In der ersten Phase, die maximal einen Tag in Anspruch nehmen darf, wird das Business Modell sogenannten Greiner relevanten KO Kriterien gegenüber gestellt. Zusammenhang mit Kunststoff, Marktgröße, Proof of Concept am Einstiegsmarkt und Internationalisierungsmöglichkeiten sind nur einige dieser Gesichtspunkte. Nach der Projektvorstellung wird in einer gemeinsamen Runde bestehend aus Verantwortlichen für die Sparte, Technologien, Finanzen und Geschäftsfeldentwicklung über weitere Schritte entschieden.

Kommt der Vorschlag in die weitere Phase werden Patent- und/oder Marktrecherchen veranlasst. Strategie, Kunden-, Lieferanten- und Marktbegleitersituationen werden evaluiert. Ein Schwerpunkt liegt in der Technologiebewertung und Folgenabschätzung. Die wichtigsten Kennzahlen sowie organisatorischen Gegebenheiten werden aufbereitet. In einer weiteren gemeinsamen Runde wird die nächste Entscheidung getroffen, das Venture weiter zu verfolgen oder abzubrechen.

Nur wenige erreichen die dritte Phase. Informationen werden im Detail aufbereitet, noch einmal kontrolliert und quer gecheckt. Abschluss ist eine Präsentation vor dem Vorstand inklusive Diskussion und Empfehlung der GTI. Die weiteren Schritte wie Due Diligence Prüfung oder Aufsichtsratspräsentation werden durch die Vorstände eingeleitet.

Neben einer raschen Bewertung potenzieller Ideen ist die nachhaltige Dokumentation wesentlich. Doppelbeurteilungen werden vermieden, Lernkurven erhöht. Die GTI bedient sich der Technologie des Microsoft Sharepoints. An einer zentralen, weltweit zugänglichen Stelle können Dokumentationen, Analysen und Informationen abgelegt und eingesehen werden. Jeder Mitarbeiter innerhalb der GTI hat Zugriff. Bei gegebener Notwendigkeit kann auch externen Partnern ein Zugriff auf bestimmte Ordner gewährt werden.

Abbildung 6.4   Stage-Gate Prozess

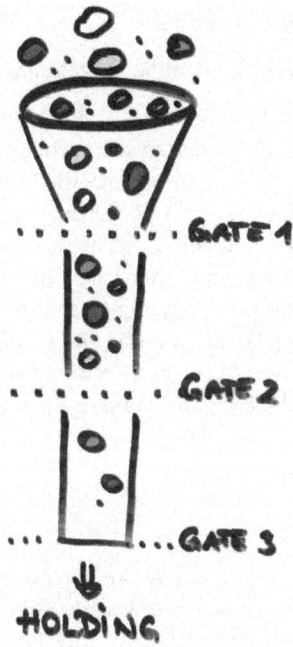

Spin-offs aus den eigenen Reihen

Seit 1999, der Aufgliederung des Unternehmens CA Greiner & Söhne, sind alle Unternehmensbereiche deutlich gewachsen. Der Fokus auf Kunden, Innovationen und Internationalisierung waren ein wesentlicher Treiber. Sie haben zur Spezialisierung in den verschiedensten Richtungen beigetragen.

In einem Projekt namens Spektrum versucht GTI, aus dieser Vielzahl höchst diversifizierten Kompetenzen neue Geschäftsfelder zu entdecken. Auf verschiedenen Wegen wird heute und in den kommenden Jahren versucht, Potenziale aufzuspüren, zu entwickeln und daraus erfolgreiche Innovationen bzw. Geschäftsmodelle zu erarbeiten.

- Dabei setzt man auf die Ideen- und Innovationskraft der F&E/Innovationsabteilungen. Eine Vielzahl an Ideen wird bearbeitet und evaluiert. Umsetzungsprojekte werden gestartet, aber in einer bestimmten Phase auch wieder abgebrochen. Ein Grund kann zum Beispiel der fehlende Fit zur Strategie des jeweiligen Kernbereichs sein. Dennoch besteht Potenzial, diese Ideen weiter voran zu treiben, durch ein anderes Team in einem anderen Umfeld.

- Betriebsblindheit ist eine bekannte Herausforderung, Ideen von außen können helfen. Die notwendige Fremdsicht holt sich die GTI aus Studentenprojekten, Entwicklungsprojekten mit anderen Industriepartnern aber auch aus Kooperationsprojekten mit anderen sogenannten Cross Industry Partnern.

- Möglichkeiten werden auch von der Familie vorgeschlagen.

- Ein weiterer Schritt ist die eine Einbindung aller 8000 Mitarbeiter und somit gleichvielen Ideenbringer. Dieses Potenzial befinden sich nicht nur in Österreich, in den Head Quarters oder in den obersten Führungsebenen. Alle Mitarbeiter aller Standorte weltweit bekommen bei Greiner die Möglichkeit, sich zu vernetzen und mit Expertenkollegen diese Ideen weiter zu formen. Ideen, Geschäftsmodelle genauso wie Herausforderungen aller Art brauchen Förderer und Menschen, die sich dieser Projekte annehmen. Wir erwarten durch diese Art der Vernetzung Überdurchschnittliches zu erreichen. Die ausgearbeiteten Geschäftsmodelle durchlaufen einer ähnlichen Bewertung wie den Stage Gate Prozess bei potenziellen M&As. Ein Gremium entscheidet anhand von unterschiedlicher Gesichtspunkte die Freigabe weiterer Ressourcen.

6.3 Conclusio

Zusammenfassend kann man sagen, dass die Greiner Technology & Innovation innerhalb des Greiner Konzerns flexibel, dynamisch und kreativ agiert. Der Vergleich mit Klein- und Mittelständischen Unternehmen (KMU) ist gerechtfertigt. Das Besondere dabei ist, dass dabei auf die Stärken eines Konzerns im Hintergrund zurückgegriffen werden kann. Damit hat man einerseits Freiraum und Flexibilität zur Entwicklung der Chancen. Andererseits ist sich GTI der Verantwortung gegenüber der Eigentümer und der Greiner Holding AG bewusst.

Mit Greiner Technology & Innovation hat man eine Plattform geschaffen, um nachhaltig zu wachsen. Damit verbunden ist auch die Notwendigkeit, die Unternehmen die sich in der Verwaltung der GTI befinden, kontinuierlich auf Fit zur Konzernstrategie und Konzernzielen zu prüfen.

Literatur

Cooper, R. G. (2002): Top oder Flop in der Produktentwicklung: Erfolgsstrategien: Von der Idee zum Launch, John Wiley & Sons, Weinheim

7 Strategiebasiertes und Agiles Service Engineering

Dienstleistungsinnovationen mit System durch Kundenintegration, interdisziplinäres, inkrementelles und iteratives Vorgehen

Mag. (FH) Mag. Dr. mont. Ernst Kreuzer, MSc; FH-Prof. DI (FH) DI Helmut Aschbacher, MBA CMC

Abstract

Service Engineering ist eine relativ junge Fachdisziplin und wurde erstmals als Vorgehensmodell für eine strukturierte Entwicklung innovativer Dienstleistungen Ende der 90-er Jahre vorgestellt. Der folgende Beitrag beschreibt und untersucht den sogenannten strategiebasierten und agilen Service Engineering Ansatz, der eine Weiterentwicklung des ursprünglichen Entwicklungsansatzes nach Bullinger et al. darstellt. Dieses Modell ist ergänzt um neue und erweiterte Konzepte, Methoden und Werkzeuge, die den besonderen Merkmalen von Dienstleistungen gerecht werden und über den reinen Entwicklungsansatz von Dienstleistungen hinausgehen. Der Beitrag beschreibt zunächst verschiedene Gründe für die zunehmende Bedeutung von Serviceinnovationen und servicebasierten Geschäftsmodellinnovationen. Nachfolgend werden die Ziele und die Vorgehensweise eines strategiebasierten Service Engineerings beschrieben sowie aktuelle Methoden und Instrumente im Überblick kurz dargestellt.

Abschließend diskutieren die Autoren, inwieweit zukünftig Agilitätsaspekte im Entwicklungsvorgehen eine Rolle spielen werden, inwieweit diese Agilitätsanforderungen im strategiebasierten Modell bereits Berücksichtigung finden und wie damit auch eine agile Unternehmensführung im Markt ermöglicht werden kann.

Keywords:
Service Engineering, Service Innovation, Geschäftsmodell-Innovation, Service Design, New Service Development, Smart Services, Smart Services Managementmodell

Abschnitt 7.2 dieses Beitrags basiert auf Kreuzer, E., Aschbacher, H., Strategy based Service Business Development for Small and Medium Sized Enterprises (SME´s), IESS 1.1 – Second International Conference on Exploring Services Sciences, Genf 2011, published in: M. Snene, J. Ralyté, and J.-H. Morin (Eds.): IESS 2011, LNBIP 82, pp. 173-188. Springer, Heidelberg (2011).

7.1 Zunehmende Bedeutung von Dienstleistungsinnovationen

Die Bedeutung von Dienstleistungen ist sowohl aus gesamtwirtschaftlicher Betrachtung als auch aus Unternehmenssicht in den letzten Jahrzehnten deutlich angestiegen. Die EU hat dazu ein Maßnahmenpaket aktiviert, welches die Zielsetzung für 2020 hat, das Erreichen eines smarten, nachhaltigen, inklusiven Wachstums im Bereich Dienstleistungsinnovation zu unterstützen (IMP3rove 2010).

Die Gründe für eine zunehmende Bedeutung von Serviceinnovationen sind vielfältig und betreffen insbesondere den nachhaltigen Paradigmenwechsel in der Gesamtwirtschaft – weg vom produktorientierten Denken, hin zur ganzheitlichen Lösung von Kundenproblemen und damit zu verstärktem dienstleistungsorientierten Handeln in Wirtschaft und Gesellschaft. So lässt sich beobachten, dass zunehmend physische Produkte durch Dienstleistungsbündel entlang des gesamten Produktlebenszyklus ergänzt werden. Mehr und mehr werden Produkte, die den ursprünglichen Kernnutzen für den Kunden darstellten, zum Träger für Dienstleistungen, was letztlich bis zum Ersatz von physischen Produkten und einer Transformation des Geschäftsmodells bzw. zu einer Geschäftsmodellinnovation führen kann. Nicht mehr der Besitz eines Produktes, sondern die Nutzung von Ressourcen und Wissen sowie der Mehrwert für den Kunden und die Gesellschaft stehen im Vordergrund.

Ein besonderer Treiber dieser Entwicklung ist die fortschreitende Digitalisierung. Moderne Informations- und Kommunikationstechnologien sind hier die Motoren für neue innovative Dienstleistungen. Ein Großteil der neuen innovativen Geschäftsmodelle und Ideen kann nur auf Basis von IT-basierten Services realisiert werden. Beispiel hierfür sind mobile Anwendungen wie das Handy-Parken oder die verschiedenen Serviceanwendungen auf Basis der RFID-Technologie (radio-frequency identification). Andererseits sind oft Technologien wie Near field communication (NFC), RFID oder Augmented Reality erst in Verbindung mit innovativen Dienstleistungen kommerzialisierbar. Das heißt, neue Technologien und Dienstleistungen bedingen einander und legen sehr oft die Basis für Service- und Geschäftsmodellinnovationen. Die Folge ist, dass sich die Wertschöpfungs- und Innovationspotenziale zunehmend in den Dienstleistungsbereich verlagern.

Auch für Unternehmen des primär produzierenden Sektors ist es wesentlich, dass beispielsweise Dienstleistungen, die ergänzend zu Sachgütern angeboten werden, für den Umsatz bzw. den Gewinn von immer größerer Bedeutung werden. Durch die oft schon sehr hohe technologische Reife des Kernproduktes können sich Unternehmen daher zunehmend nur mehr durch ergänzende innovative (Mehrwert)dienstleistungen von den Mitbewerbern differenzieren und somit ihre Marktposition absichern (Bullinger & Scheer 2006). Nicht nur physische Produkte und Sachgüter bzw. Softwareprodukte benötigen einen strukturierten Entwicklungs- und Innovationsprozess – auch neue und innovative Dienstleistungen müssen auf systematische Art und Weise entwickelt werden. Dienstleistungen haben im Gegensatz zu physischen Produkten besondere Merkmale, die wiederum Implikationen auf den Innovationsprozess haben – das heißt, die klassische Vorgehensweise im Produktinnovationsprozess kann nicht direkt auf Dienstleistungen übertragen werden – auch die Methoden und Werkzeuge müssen demnach angepasst und um neue Instrumente erweitert werden.

Aktuelle empirische Untersuchungen, wie die im Jahre 2010/11 durchgeführte New Service Development Studie (NSD), zeigen, dass allzu oft die Entwicklung von Dienstleistungen ad hoc, also ungeplant, auf Zuruf eines Kunden hin oder auf Basis einer innovativen Idee eines Mitarbeiters ohne jegliches systematisches Vorgehen und ohne formalisierten Prozess erfolgt. Oft werden Fehler bei Dienstleistungen erst in der Erbringungsphase entdeckt und zu selten wird Qualität bei Dienstleistungen bereits hineinentwickelt. Auch in der bewussten Nutzung geeigneter Methoden und Werkzeuge zur Entwicklung marktfähiger Dienstleistungen gibt es Defizite. Dies erscheint umso kritischer, wenn man sich die zunehmende Bedeutung von Services vor Augen hält. Aus dem Status Quo der Dienstleistungsentwicklung in der Praxis ergibt sich eine Lücke zwischen der zunehmenden Wichtigkeit von neuen innovativen Dienstleistungen für das Gesamtleistungsangebot von Unternehmen und der betrieblichen Praxis, wie aktuell in Unternehmen Dienstleistungen entwickelt werden (siehe dazu ausführlicher: Kohlbacher und Schäfer 2011).

In Hinblick auf den aktuellen Stand der Dienstleistungsentwicklung in der betrieblichen Praxis liegen für Unternehmen die Herausforderungen einerseits in der hochqualitativen Entwicklung ihrer Dienstleistungen und andererseits in der Auswahl geeigneter Methoden und Werkzeuge, die den Besonderheiten von Dienstleistungen gerecht werden. Vor dem Hintergrund eines nachhaltigen Strukturwandels zu einer dienstleistungsorientierten Wirtschaft stehen heute viele Unternehmen vor folgenden typischen Aufgabenstellungen:

- Wie werden Dienstleistungsportfolios geführt und wie können innovative Services in das bestehende Leistungsangebot systematisch integriert werden?

- Wie kann die Transformationskraft von neuen Dienstleistungen für Geschäftsmodellinnovationen im Entwicklungsvorgehen berücksichtigt werden?

7.2 Service Engineering – eine Methode zur strukturierten Dienstleistungsentwicklung

Service Engineering nach IAO

Im Bereich der Dienstleistungsentwicklung hat sich die Disziplin des „Service Engineerings" als geeignetes Modell zur professionellen Entwicklung von neuen Dienstleistungen sowie zur Optimierung bestehender Dienstleistungen sowohl in der Wissenschaft als auch in der Praxis etablieren können. Das Thema Service Engineering wurde in Deutschland durch die Dienstleistungsinitiative des Bundes in den Forschungsvordergrund gerückt. Bereits 1995 wurde in Deutschland ein Förderkonzept für die Initiative „Dienstleistungen für das 21. Jahrhundert" durch das Bundesministerium für Bildung, Wissenschaft, Forschung und Technologie begonnen. Diese Initiative war breit aufgestellt und nicht nur auf

Technologie beschränkt (Schmied 2005). Das Fraunhofer Institut für Arbeitswirtschaft und Organisation (IAO) hat im Bereich Dienstleistungsentwicklungsforschung eine führende Position in Deutschland, da es sich bereits zu Beginn der Initiative mit eigenen Modellansätzen und Praxisprojekten diesem neuen Fachgebiet gewidmet hat.

In einer Definition nach Bullinger et al. wird „Service Engineering" wie folgt definiert: „Service Engineering can be understood as a technical discipline concerned with the systematic development and design of services using suitable procedures, methods and tools." (Bullinger et al. 2003, S. 275)

Strategiebasiertes Service Engineering

Basierend auf dem Service Engineering Ansatz des Forschungspartners Fraunhofer IAO wurde von der Studienrichtung IT & Wirtschaftsinformatik (IWI) der FH CAMPUS 02, ein phasenorientiertes Vorgehensmodell zur strategiebasierten Entwicklung und Gestaltung innovativer Dienstleistungen, entwickelt und erprobt. Im Rahmen dieses generischen Vorgehensmodells wurde eine Toolbox an Methoden und Werkzeugen im Service Engineering Umfeld erarbeitet und praxisorientierte Erfahrungen in deren Anwendung gesammelt. Das Vorgehensmodell nach Kreuzer et al. orientiert sich am Stage-Gate® Modell nach Cooper (Cooper 1983, S. 2-11), bei dem in Iterationen gearbeitet wird und der nächste Prozessschritt erst nach Freigabe in einem sogenannten Qualitätstor („Quality Gate") erfolgt. Der Unterschied zu vielen anderen Modellen (u. a. DIN-Fachbericht 75 oder das IAO Phasenmodell) in der Dienstleistungsentwicklung liegt neben der Qualitätstorthematik in der Vorphase der eigentlichen Dienstleistungsentwicklung. Hier führen Kreuzer et al. eine strategische Analyse ein, um den Strategischen Fit herzustellen.

Ziel dieses strategiebasierten Vorgehens ist es, die Komplexität der Entwicklung zu reduzieren und einen „Rahmenentwicklungsplan" in klar definierten strategischen Suchfeldern vorzugeben. Zusätzlich unterstützt das Vorgehen ein strategiegetriebenes und qualitätsorientiertes Entwickeln von Dienstleistungen im Sinne eines Top-down-Verfahrens. Somit verschafft man sich von Anfang an einen Blick auf das Gesamtsystem bzw. Gesamtleistungsangebot. Ausgehend von einer Basiserhebung des aktuellen Dienstleistungsportfolios mit der Erfassung sämtlicher Dienstleistungsaktivitäten, zum Beispiel mit Hilfe des Kundenkontaktkreises (Harms et al. 2009) und der Basisinformation über die strategischen Ziele des Unternehmens, können nun Service-Gaps und – Potenziale identifiziert werden.

Bei der systematischen Integration von neuen Dienstleistungen in das bestehende Leistungsangebot bzw. -portfolio eines Unternehmens bieten sich vier grundlegende strategische Entwicklungsmöglichkeiten an:

- Entwicklungsstrategie 1: Integration von neuen sogenannten „Value Added Services" (Mehrwertdienstleistungen) in die Servicehülle

    Bei diesem strategischen Ansatz geht es um die Integration und Erweiterung von zusätzlichen Dienstleistungen entlang des gesamten Lebenszyklus des „Kernprodukts", um damit das vorhandene Serviceportfolio zu ergänzen und folglich den Kundennutzen durch eine Differenzierung vom Mitbewerb zu erhöhen. Dieser Ansatz ist ein klassischer Dienstleistungsstrategieentwicklungsansatz und stellt bezogen auf den Technologieeinsatz die geringste Komplexitätsstufe dar.

- Entwicklungsstrategie 2: Einbau von sogenannten Smart Services (vgl. Allmendiger und Lombreglia 2005) in das Produkt bzw. in die Dienstleistung selbst

Hier wird auf Basis des Kundenkontaktkreises und der strategischen Ausrichtung des Unternehmens ein Smart Service Element (im „Produktkern") implementiert, um die Kundenbeziehung zu vertiefen und um einen Wettbewerbsvorteil gegenüber den Mitbewerbern zu erzielen. Diese Art von Services sind Dienstleistungen, die zum Beispiel aus der Ferne durch moderne Informations- und Kommunikationstechnologien unterstützt werden, Bezug zu einem Produkt haben und ggf. automatisiert Information über das Nutzungsverhalten des Kernprodukts an den Lieferanten/Hersteller übermitteln. Diese Information kann wiederum für eine Qualitätsverbesserung des Produktes bzw. der Services dienen sowie auch Auslöser für neue Serviceideen sein.

Die Umsetzung dieser Entwicklungsstrategie ist sehr komplex, da die Entwicklung von Smart Services und die entsprechende Gestaltung der Prozesse zur Smart Serviceerbringung überarbeitet werden müssen. Der Aspekt der Proaktivität und Präemptivität stellt für Unternehmen, die bisher reaktiv auf Serviceerbringung eingestellt waren, ein hohes Maß an Dynamik und Unsicherheit dar. Daher ist die Entwicklung der Smart Service Technologie immer mit einem passenden Prozessmodell für die Erbringung des Services durchzuführen und abzuschätzen, ob das Unternehmen die Fähigkeit besitzt, das Smart Service Konzept prozessmäßig umzusetzen.

- Entwicklungsstrategie 3: Integration von IT-basierten Services

Hier werden IT-basierte Dienstleistungen (zum Beispiel Handy-Parken als Service eines Parkraumbewirtschafters) in das Service Portfolio bzw. in die „Servicehülle" integriert und damit der Servicegrad hinsichtlich Transparenz und Verfügbarkeit verbessert. Der Entwicklungsgrad ist von mittlerer Komplexität, weil das Serviceverhalten des Unternehmens in den vorhandenen Prozessen nicht hinsichtlich der Smart Service Anforderungen verändert werden muss.

- Entwicklungsstrategie 4: Kombination der drei beschriebenen Strategien

Diese Entwicklungsstrategie ist sehr komplex und kann nur von Unternehmen mit Service Engineering Erfahrung im Co-Design von Dienstleistungen und Technologie sinnvoll umgesetzt werden.

Abbildung 7.1 Strategische Integration von Services in das bestehende Leistungsangebot (Kreuzer et al. 2011)

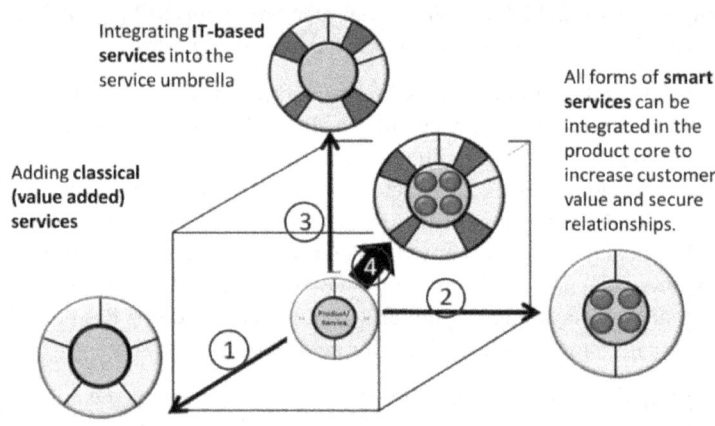

Diese vier generischen Strategien zielen auf das Entwickeln von strategischen Produkt-Service-Bündeln ab, die sich meist durch einen hohen Grad an Komplexität auszeichnen. Um die Entwicklung dieser Produkt-Service-Bündel zu unterstützen, dient das Service Engineering Modell nach Kreuzer et al., das für diese Entwicklungskomplexität und die Anforderungen von KMU modular entwickelt wurde. Ein Vorgehensmodell zur Entwicklung (IT-basierter) Dienstleistungen sollte idealerweise den kompletten Prozess von der strategischen Analyse des bestehenden Leistungsangebotes (Dienstleistungen und Produkt) als Ausgangspunkt für die kreative Phase der gezielten Ideenfindung und -bewertung, über die Grob- und Feinkonzeption der neuen Dienstleistung, dem Testen („Prototyping"), das heißt der pilothaften Erprobung der neuen Dienstleistung, bis hin zur Markteinführung beinhalten.

Insgesamt gliedert sich das Vorgehensmodell in fünf Phasen: 1. Strategische Analyse des Unternehmens und des bestehenden Leistungsangebotes, 2. Ideengenerierung und Ideenbewertung, 3. Geschäftsmodellerstellung (siehe dazu auch Ehrenhöfer 2012), 4. Service Konzept Design und Ausformulierung, 5. Testung und „Prototyping". Alle diese Phasen haben einen definierten Input und einen definierten Output und in jeder Phase werden für die Dienstleistungsentwicklung passende Werkzeuge angeboten, um ein entsprechendes Artefakt für den jeweiligen Iterationsschritt zu erstellen (zum Beispiel Phase 1: Dokument mit der Beschreibung der strategischen Suchfelder und der strategischen Analyse bestehender Dienstleistungen bzw. des bestehenden Geschäftsmodells).

Abbildung 7.2 Strategiebasiertes Service Engineering (Kreuzer et al. 2011)

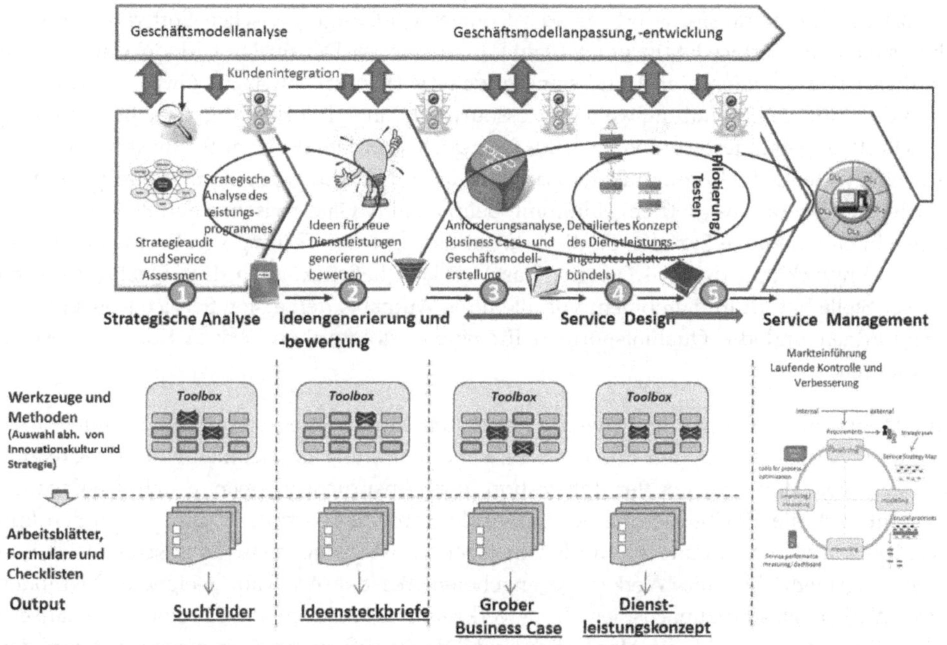

Das Vorgehensmodell besteht aus inkrementellen aber auch iterativen Schritten. So wird beispielsweise das grobe Business Case der Phase 3 iterativ überarbeitet, verfeinert und ergänzt und damit das Servicekonzept im Laufe der Iterationen verbessert. Stellenweise ist neben der sequenziellen auch eine parallele Bearbeitung der Phasen notwendig bzw. sinnvoll. Wie die Erfahrungen in der Umsetzung des Vorgehensmodelles zeigen, empfiehlt sich dies insbesondere bei abteilungsübergreifenden Servicevorgängen und komplexen Unternehmensstrukturen und betrifft die Phasen 3, 4 und 5. Damit verbunden ist ein steigender Koordinationsaufwand der beteiligten Personen, dessen man sich als Projektverantwortlicher bewusst sein muss.

Das Modell nach Kreuzer et al. sieht weiters auch Flexibilisierungsmöglichkeiten in der Entwicklung explizit vor. Vor allem wird ein flexibles Entwickeln von Dienstleistungen (bzw. Dienstleistungsgeschäftsmodellen) möglich. Dies geschieht durch das frühe Einbinden der Geschäftsmodellentwicklung und durch das über die Entwicklungsphasen hinweg gehende iterative Weiterentwickeln des Geschäftsmodells – quasi als Parallelprozess zum eigentlichen Dienstleistungsentwicklungsprozess. Hierfür werden aus den Ideensteckbriefen tragfähige Geschäftsmodelle in den Phasen 3 und 4 des Vorgehensmodells abgeleitet und entwickelt. Dabei wird auf die Business Model Generation Methode von Osterwalder und Pigneur (Osterwalder und Pigneuer 2010) zurückgegriffen. In Iterationen wird neben der Ausformulierung des Servicekonzeptes im Service Design (Phasen 3 und 4) das Geschäftsmodell parallel dazu angepasst bzw. mitentwickelt. Die Ausgestaltung des Servicekonzeptes beinhaltet die Ausformulierung des Prozess-, Ressourcen- und Servicemodells. Dieser Entwicklungsschritt ist vor allem bei der Entwicklung von IT-basierten Services und Smart Services herausfordernd, da es zu einem Co-Design zwischen Software Entwicklungsteam und Service Engineering Team kommen muss. Der Business Model Canvas wird in dieser Phase weitergeführt und ständig weiterverfeinert. Durch die Entwicklungsphase und die ständige Einbindung weiterer Ressourcen können Informationen neu bewertet und geschärft eingebunden werden. Es kann festgestellt werden, dass der Business Model Canvas eine wesentliche Kommunikationsaufgabe im Entwicklungsprojekt und darüber hinaus im Service Operations (Betrieb) einnimmt. Beim Quality Gate zwischen den Phasen 4 und 5 entsteht eine iterative Schleife, da die Erkenntnisse aus der Testung von Prototypen direkt in die Entwicklung (Service Design Phase) rückeinfließen können. Das Quality Gate an dieser Stelle hat im Initialmoment vor allem die Aufgabe, den ersten Service Konzept Test anzuordnen und die Qualitätsnormen für einen erfolgreichen Service Konzept Test zu definieren.

Im Modell nach Kreuzer et al. werden auch die Kundenintegration und die Integration weiterer Anspruchsgruppen durch die Phasenorientierung im Rahmen eines Co-Creation explizit gefördert. Neben der Integration von Anspruchsgruppen durch Co-Creation kommt auch die Flexibilisierung der Entwicklungsmethoden zum Tragen: Durch den Einsatz eines „Methodenkoffers" werden in jeder Entwicklungsphase unterschiedliche Entwicklungsmethoden und Werkzeuge angeboten. Bei der Auswahl geeigneter Methoden und Werkzeuge sind zunächst jene Basiswerkzeuge festzulegen, die für eine systematische Dienstleistungsentwicklung erforderlich sind. Darauf aufbauend können weitere Methoden zum Einsatz kommen, die eine gezielte Verbesserung der Entwicklungsleistung in den einzelnen Phasen ermöglichen.

7.3 Weiterführende Entwicklungsaspekte und Schlussfolgerungen

Nach fünf Jahren Erfahrung mit dem bestehenden Modell nach Kreuzer et al. können durch eigene Forschungsergebnisse und empirischen Untersuchungen folgende zukünftige Anforderungen an ein strategiebasiertes und agiles Service Engineering abgeleitet werden:

- Forderung nach Agilität in der Entwicklung des Dienstleistungsgeschäftsmodells
- Forderung nach Agilität in der Erbringung des Dienstleistungsgeschäftsmodells

Forderung nach Agilität in der Entwicklung des Dienstleistungsgeschäftsmodells

Agilität wird mittlerweile als Notwendigkeit angesehen, um im Rahmen der unternehmerischen Basisfähigkeit im Markt zu operieren. Gründe dafür gibt es viele: gestiegene Dynamiken des wettbewerblichen Verhaltens in der Wirtschaft, gesellschaftliche Veränderungen und Beschleunigung des Dienstleistungs- bzw. Produktlebenszyklus. Diese wiederum leiten sich laut Zobel (Zobel 2005) aus der gestiegenen Relevanz von sogenannten Akzeleratoren der Wettbewerbsdynamik ab.

Durch den Schritt, das Geschäftsmodell sehr früh im Rahmen der Entwicklung einzubinden und dann iterativ bis zum Ende des Entwicklungsprozesses weiter zu entwickeln, konnte bei Kreuzer et al. ein wichtiger Schritt hin zur agilen Entwicklung, aber auch zur Unternehmensführung von Dienstleistungsgeschäftsmodellen geschaffen werden. Der Einsatz des „Business Model Canvas" von Osterwalder und Pigneur (Osterwalder und Pigneur 2010) als wirksames agiles Werkzeug ermöglicht eine Co-Creation zwischen unterschiedlichen Anspruchsgruppen und eine iterative Entwicklungsmöglichkeit.

Forderung nach Agilität in der Erbringung des Dienstleistungsgeschäftsmodells

Nicht jede Dienstleistung benötigt eine agile Entwicklungsstrategie, kann aber eine agile Erbringung notwendig machen, wie bereits Haberfellner und de Weck (Haberfellner und de Weck 2005) in ihren Überlegungen darlegen. Nur wenn folgende Aspekte gelten, sollte die Dienstleistung ein agiles Verhalten im Markt aufweisen (Haberfellner und de Weck 2005, S. 13):

- *Expensive, involving significant upfront investment cost*
- *Long-lived, e.g. >10 years. User requirements may change significantly during the lifecycle*
- *Significant switching costs exist, i.e. the expense might be too large for building an entirely new system each time the requirements change*

Die daraus resultierende Forderung nach einem agilen Systemverhalten formulieren Qumer und Henderson-Seller (Qumer und Henderson-Sellers 2006), indem sie Agilität aus systemischer Sicht festlegen:

> „Agility is a persistent behaviour or ability of a sensitive entity that exhibits flexibility to accommodate expected or unexpected changes rapidly, follows the shortest time span, uses economical, simple and quality instruments in a dynamic environment and applies updated prior knowledge and experience to learn from the internal and external environment."

Diese Definition eines agilen System-(Dienstleistungs-)Verhaltens stützt den Einsatz des von der Studienrichtung IWI entwickelten „Smart Services" Managementmodells. Dabei werden durch IKT Möglichkeiten genutzt, um ein präemptives Dienstleistungserbringungsverhalten zu ermöglichen. Das Handlungsframework gestaltet sich dabei wie in 7.3 dargestellt.

Abbildung 7.3 Agile Erbringung von Dienstleistungen – Smart Services Architektur (Aschbacher et al. 2010)

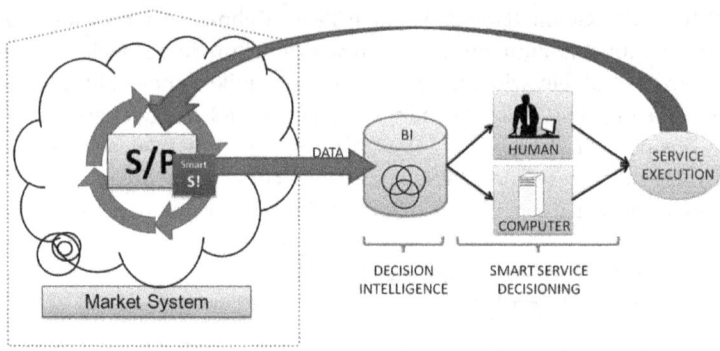

Durch den Einsatz von IKT schafft der Dienstleister im Service Operation durch gezielte Analyse der Nutzung des Produkts/der Dienstleistung Maßnahmen für eine Erbringung von präemptiven Services. In Abbildung 7.3 ist dieser Einsatz von IKT als Smart S! Block beim Service/Produkt (S/P) im Markt dargestellt. Smart Services definieren sich nach Allmendinger und Lombreglia (Allmendinger und Lombreglia 2005) wie folgt:

> „Smart services go beyond the kinds of upkeep and upgrades you may be bundling with your product, both in their value to customers and in their cost efficiency to you. To provide them, you must build intelligence – that is, awareness and connectivity – into the products themselves. And you must be prepared to act on what the products then reveal about their use."

Wie dargestellt, ergeben sich grundsätzlich zwei Szenarien:

- Im Produkt/der Dienstleistung ist durch IKT eine sogenannte „Intelligenz" eingebaut und eine Dienstleistung wird automatisch bzw. autonom für den Kunden erbracht. Hier kann nur begrenzt von Smart Services gesprochen werden, da hier Services automatisiert und nur begrenzt individualisiert auf den Kundennutzen erbracht werden.
- Durch Erfassung von Daten können über erweiterte Systemelemente echte präemptive Services erbracht werden. Dabei wird eine Business Intelligence (BI) für die Grundlage einer sogenannten Decision Intelligence genutzt. Die Decision Intelligence bietet nun Informationen für das „Smart Service Decisioning" an. Das Smart Service Decisioning, das entweder über lernende und autonome Systeme verläuft oder noch von Menschen gesteuert wird, schafft die Grundlage für die Entscheidung, wie der individualisierte präemptive Service für den Kunden auszusehen hat und wie er erbracht werden muss.

Man kann feststellen, dass Smart Service Erbringung, wie in Abbildung 7.3 dargestellt, weit über klassische Technologiekonzepte hinausgeht. Durch die systemische Betrachtung der Ebenen von Strategie, Geschäftsmodell, Prozesse und eingesetzte IKT beim Kunden vor der

Erbringung eines präemptiven Services, muss hier generell von einem „Smart Services Managementmodell" gesprochen werden. Wichtig dabei ist festzustellen, dass Smart Services Managementmodelle unter ethischen Prinzipien entwickelt werden müssen und dies immer in Co-Creation mit den Anspruchsgruppen erfolgen muss, die sich rund um das Dienstleistungsgeschäftsmodell befinden. Auch hier schafft das Vorgehen nach Kreuzer et al. die geeigneten Voraussetzungen, um diese komplexen Dienstleistungsgeschäftsmodelle mit Smart Service Managementansätzen entwickelbar zu machen.

Dienstleistungsgeschäftsmodelle und Agilität über Systemgrenzen hinweg

Strategiebasiertes und agiles Service Engineering zeichnet sich dadurch aus, dass es Agilität im Dienstleistungsgeschäftsmodell als Systemverhalten zum unternehmerischen Wettbewerbsvorteil nutzt und auf unterschiedlichen Systemebenen bewusst mitentwickelt. In Abbildung 7.4 ist zu sehen, wo Agilität im Dienstleistungsgeschäftsmodell im Rahmen des strategiebasierten und agilen Service Engineering entwickelt und eingesetzt werden kann.

Abbildung 7.4   Einsatzfelder des strategiebasierten und agilen Service Engineering (Aschbacher et al. 2010)

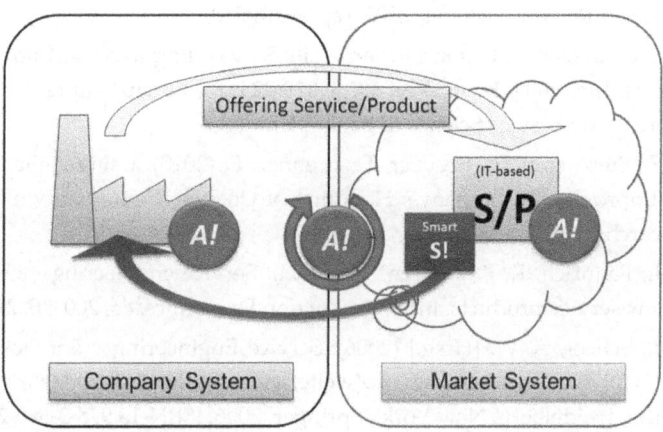

Ein strategiebasiertes und agiles Service Engineering schafft unternehmerischen Wettbewerbsvorteil durch den Einsatz von Agilität

- bei der Entwicklung des Dienstleistungsgeschäftsmodells. Hier werden bewusst Methoden und Werkzeuge für die Kundenintegration in den Entwicklungsprozess genutzt, aber auch das Dienstleistungsgeschäftsmodell für einen möglichen Smart Service Ansatz durch IKT entwickelt.
- in der Erbringung durch den Einsatz von Smart Services Managementmodellen. Durch die Nutzung von IKT kann das Produkt/der Service im Markt ein präemptives Serviceverhalten aufweisen und schlussendlich

- kann durch eine „Multi-Agilität", wie in Abbildung 7.4 zu sehen ist, eine agile Verbindung zwischen den Systemen Unternehmen, Markt und Kunde hergestellt werden.

Schlussfolgerungen

Ein strategiebasiertes und agiles Service Engineering geht über den reinen Entwicklungsansatz von Dienstleistungen hinaus. Durch den Einsatz von agilen Ansätzen kann neben der Entwicklung von agilen Dienstleistungsgeschäftsmodellen auch der agile Einsatz der Geschäftsmodelle im Markt betrieben werden. Damit kann eine agile Unternehmensführung im Markt ermöglicht werden. Die Überlegungen hinsichtlich der Nutzung von Agilität in den oben angegebenen Systemebenen kann durch klassische Service Engineering Entwicklungsmodelle wie das des Fraunhofer IAO nicht abgedeckt werden. Ein strategiebasiertes und agiles Service Engineering schafft diesen Sprung hin zum multi-agilen Entwicklungsansatz für Dienstleistungsgeschäftsmodelle in einem dynamischen Wettbewerbsumfeld.

Literatur

Allmendinger, G., Lombreglia, R. (2005): Four Strategies for the Age of Smart Services. Harvard Business Review. October, 2005. reprint R0510j.

Aschbacher, H. et al. (2009):. Criteria for an Agile Service Engineering. Computer Systems & Applications. Jun. 2009, Bd. 6, Vol. 18, S. 219-224. Konferenzbeitrag der 2009 International Conference on Service Science in Beijing/China.

Aschbacher, H., Stelzmann, E., Kreuzer, E., Brenner, E. (2010): Using Agile Systems Engineering for Improving a Company's Handling of Change, Conference on Systems Engineering Research 2010, Hoboken, NJ

Bullinger, H.-J., Fähnrich, K.-P., Meiren, T. (2003): Service engineering—methodicaldevelopment of new service products. Int. J. Production Economics. 85, 2003, S. 275-287.

Bullinger, H.-J., Scheer, A.-W. [Hrsg.] (2006): Service Engineering – Entwicklung und Gestaltung innovativer Dienstleistungen. Zweite, vollständig überarbeitete und erweiterte Auflage. Berlin, Heidelberg, New York : Springer, 2006. ISBN-13 978-3-540-25324-2.

Cooper, R. G. (1983): A process model for industrial new product development. IEEE Transactions on Engineering Management. 1983, Bd. V. 30, S. 2-11.

Ehrenhöfer, Ch., Kreuzer, E. (2012): A comparative Analysis between Business Model Innovation Design and New Service Development Approaches, presented at the SRII 2012, San Jose, USA, July 2012 (The Service Research Institute of Innovation)

Haberfellner, R., de Weck, O. (2005): Agile SYSTEMS ENGINEERING versus AGILE SYSTEMS engineering. Rochester NY : s.n., 2005.

Harms, D.-J. et al. (2009): Dienstleistungen systematisch entwickeln. Ein Methodenleitfaden für den Mittelstand. Ergebnisse des Projekts "Service Engineering – Innovationstreiber in KMU". Karlsruhe : itb – Institut für Technik der Betriebsführung im Deutschen Handwerksinstitut e.V., Juni 2009.

IMP3rove (2010): *Innovation Management in High-Growth SMEs from the Knowledge-intensive Services (KIS): Setting the Pace for Growth in Europe.*

Kohlbacher, M., Schäfer, A. (2011): Service Innovation in Europe. D-A-CH im Ländervergleich. Graz: Fachreferat auf der ServTec 2011.

Kreuzer, E., Aschbacher, H. (2011): Strategy-Based Service Business Development for Small and Medium Sized Enterprises. [Hrsg.] M. Snene, J. Ralyte und J.-H. Morin. Exploring Services Science. Springer-Verlag, 2011, S. 173-188.

Meiren, T. (2001): Entwicklung von Dienstleistungen unter besonderer Berücksichtigung von Human Ressources. Hrsg. Bullinger, H.-J.. Entwicklung und Gestaltung innovativer Dienstleistungen. Tagungsband zur Service Engineering 2001. Stuttgart : s.n., 2001.

Osterwalder, A., Pigneur, Y. (2010): Business Model Generation. Hoboken, New Jersey : John Wiley & Sons, 2010. ISBN 978-0470-87641-1.

Qumer, A., Henderson-Sellers, B. (2006): Crystallization of agility: back to basics. s.l. : Proceedings of the First International Conference on Software and Data Technologies, 2006. S. 121-126.

Schmied, M. W. (2005): Das Fokusthema "Service Engineering" innerhalb der Dienstleistungsinitiative des Bundesministeriums für Bildung und Forschung. [Hrsg.] T. Herrmann, U. Kleinbeck und H. Krcmar. Konzepte für das Service Engineering. Modularisierung, Prozessgestaltung und Produktivitätsmanagement. Heidelberg : Physica-Verlag, 2005.

Waterman, R. H. Jr., Peters, T. J., Phillips, J. R. (1980): Structure is not organisation. Business Horizons. June 1980, Bd. 23, 1-3, S. 14-26.

Zobel, A. (2005): Agilität im dynamischen Wettbewerb – Basisfähigkeit zur Bewältigung ökonomischer Turbolenzen. 1.Auflage. Wiesbaden : Deutscher Universitätsverlag/GWV Fachverlage GmbH, 2005. ISBN: 3-8244-0846-5.

Teil 3: Geschäftsmodelle und Innovationssysteme

8 Auf dem Weg zur systematischen Geschäftsmodellinnovation

Erkenntnisse aus dem Produktinnovationsmanagement

Dr. Eva Bucherer, Dr. Uli Eisert, Prof. Dr. Oliver Gassmann

Abstract

Obwohl Geschäftsmodellinnovationen entscheidend für den langfristigen Erfolg von Unternehmen sind, mangelt es im Vergleich zu Produktinnovationen an fundierten, wissenschaftlichen Erkenntnissen. Dies spiegelt sich auch in einer unzulänglichen Unterstützung in der Praxis wider. In diesem Artikel untersuchen wir systematisch die Gemeinsamkeiten und Unterschiede von Produkt- und Geschäftsmodellinnovationen, um Möglichkeiten für die Übertragung von Erkenntnissen und Best-Practices zu analysieren. Hierzu verdichten wir zentrale Erkenntnisse des Produktinnovationsmanagements in einen Bezugsrahmen für die Analyse von elf aktuellen Geschäftsmodellinnovationen. Daraus leiten wir Hinweise für ein verbessertes Management von Geschäftsmodellinnovationen ab.

Keywords:
Geschäftsmodelle, Geschäftsmodellinnovation, Produktinnovation, Innovationsstrategie

Dieser Beitrag ist eine deutsche Zusammenfassung von Bucherer, E., Eisert, U., und Gassmann, O. (2012). Towards Systematic Business Model Innovation: Lessons from Product Innovation Management. Creativity and Innovation Management, 21 (02/2012), 183-198.

8.1 Geschäftsmodelle überdenken

Die Bedeutung von Geschäftsmodellinnovationen in der Praxis nimmt zu, da reine Produkt- und Prozessinnovationen zunehmend als unzureichend angesehen werden (Chesbrough 2007). Während Produkte und Dienstleistungen in vielen Fällen einfach kopiert werden können, erlauben Geschäftsmodellinnovationen Unternehmen neue Regeln am Markt zu definieren (Kim und Mauborgne 1999). Neue Geschäftsmodelle sind für Wettbewerber schwer zu imitieren, nicht nur auf Grund des Zeitbedarfs und Aufwands mehrere Elemente gleichzeitig zu verändern, sondern auch weil ein Geschäftsmodell der langfristigen Firmenstrategie sowie der Firmenkultur und den Kernkompetenzen entsprechen muss.

Trotz der offensichtlichen Vorteile scheint explizite Geschäftsmodellinnovation in der Praxis noch wenig verbreitet (Venkatraman und Henderson 2008). Wie Chesbrough (2010) bemerkt, haben Unternehmen ein wesentlich besseres Verständnis für die Innovation von Technologien als von Geschäftsmodellen. Um Handhabung und Methodik voranzubringen, scheint die Verwendung und Anpassung fundierter Erkenntnisse aus dem Bereich des Produktinnovationsmanagements vielversprechend. Durch die Untersuchung der Gemeinsamkeiten und Unterschiede von Geschäftsmodell- und Produktinnovationen möchten wir einen Beitrag zu einem systematischen Ansatz für Geschäftsmodellinnovationen in Theorie und Praxis leisten.

In diesem Artikel definieren wir Geschäftsmodelle basierend auf verschiedenen Quellen (Afuah und Tucci 2000; Morris et al. 2005, Linder und Cantrell 2000) wie folgt: das Geschäftsmodell abstrahiert die Komplexität eines Unternehmens, indem es dieses auf seine Kernelemente (Value Proposition, Betriebsmodell, Finanzmodell und Kundenbeziehungen) und deren Beziehungen untereinander reduziert und somit die Geschäftslogik des Unternehmens spezifiziert. Aufgrund von Wettbewerbsdruck, Markt- und Technologieveränderungen müssen Firmen ihr Geschäftsmodell anpassen, um bestehen zu können. Unter Beachtung der Literatur (u. a. Hamel 1998; Venkatraman und Henderson 2008; Amit und Zott 2001; Moore 2004) definieren wir Geschäftsmodellinnovation deshalb als einen Prozess, der zu einer bewussten Veränderung der Kernelemente eines Unternehmens und dessen Geschäftslogik führt.

8.2 Lernen von Produktinnovationen

Da neuartige Produkte und Dienstleistungen häufig ein Kernelement von Geschäftsmodellinnovationen sind, können Produkt- und Geschäftsmodellinnovation miteinander in Verbindung stehen. Sie können aber auch unabhängig voneinander auftreten, da auch andere Elemente des Geschäftsmodells (wie zum Beispiel das Finanzmodell) innoviert werden können. Aus diesem Grund ist davon auszugehen, dass sowohl Gemeinsamkeiten als auch Unterschiede zwischen Produkt- und Geschäftsmodellinnovationen existieren. Um diese herauszuarbeiten, führen wir wichtige Erkenntnisse des Produktinnovationsmanagements in einem Bezugsrahmen zusammen. Dieser beinhaltet Kernaspekte des Produktinnovationsmanagements aus der relevanten Literatur, die beschreiben, wie Produktinnovationen gemanagt, das heißt angestoßen, durchgeführt, umgesetzt und in einem Unternehmen verankert werden.

Abbildung 8.1 Bezugsrahmen

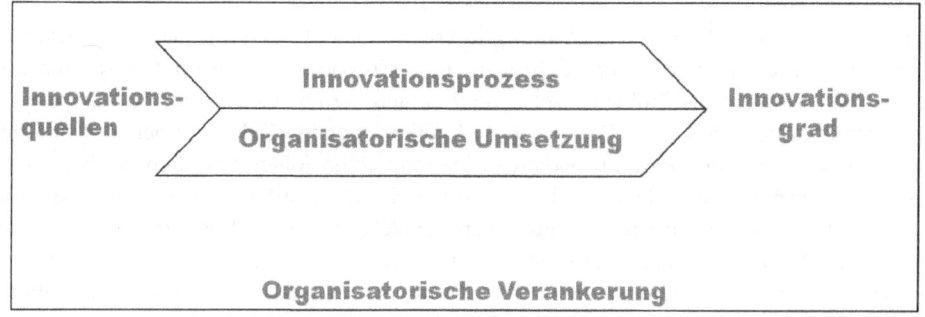

Innovationsquellen

Produktinnovationen werden häufig in zwei Gruppen unterteilt: zweck-induzierte (Technology Push oder Inside-out) und mittel-induzierte (Market Pull oder Outside-in) Innovationen (Baker et al. 1967). Während erstere durch Forschung und Entwicklung und die Verwendung von neuen Technologien angestoßen werden, sind letztere die Domäne von Marketing und Vertrieb und werden durch neue oder bisher unbekannte Bedürfnisse initiiert. Unabhängig davon wodurch die Innovation angestoßen wurde, müssen neue Technologien mit neuen Marktbedürfnissen in Verbindung gebracht werden, was eine zentrale Herausforderung für alle Innovationsmanagementaktivitäten darstellt (O'Connor und Rice 2001).

Innovationsprozess

Für Produktinnovationen wurden zahlreiche normative Prozessmodelle entwickelt, einschließlich aller Phasen von der Ideenfindung über die Planung und Entwicklung bis hin zur Kommerzialisierung und Diffusion (zum Beispiel Rogers 1983; Sabisch und Zanger, 1991). Diese wurden dafür kritisiert, dass sie den Prozess als linear und eine Abfolge von sequentiellen Prozessschritten betrachten (Schroeder et al. 1986). Mittlerweile hat sich die Erkenntnis durchgesetzt, dass Innovationsprozesse fast nie streng linear verlaufen und es wurden zahlreiche differenziertere Modelle entwickelt, die zum Beispiel Feedbackprozesse zwischen technologischen Möglichkeiten und Marktbedürfnissen, Interaktion zwischen den Beteiligten oder Prozessüberlappungen berücksichtigen. Umfangreiche quantitative Längsschnittstudien (Van de Ven et al. 1999) zeigen, dass der Innovationsprozess in seiner frühen Phase einen zufälligen und chaotischen und erst in seiner späten Phase einen periodischen oder zyklischen Prozess darstellt. Trotzdem berichtet Van de Ven et al. (1999) über gemeinsame Muster bezüglich der Prozessphasen (Initiierung, Entwicklung und Implementierung). Obwohl Innovationen in der Realität meist deutlich komplexer und dynamischer ablaufen, können normative Prozessmodelle helfen, die Komplexität durch Abstraktion zu reduzieren und notwendige Aktivitäten und Entscheidungszeitpunkte abzuleiten. Deshalb sind Prozessmodelle, wie zum Beispiel das Stage-Gate-Modell (Cooper 1986), in der Praxis sehr verbreitet.

Organisatorische Umsetzung

Da Innovationen die bestehende Ordnung in Frage stellen, finden im Zuge von Innovationen häufig organisatorische Veränderungen statt (Schroeder et al. 1986). Christensen und Bower (1996) stellen die Probleme von Unternehmen heraus, gleichzeitig ihre ursprünglichen Märkte mit bestehenden Produkten und aufkommende Märkte mit neuen Produkten innerhalb einer Organisation zu bedienen. Sie empfehlen folgerichtig den Aufbau unabhängiger Organisationseinheiten, die sich auf vollständig auf die neuen Produkte und Märkte konzentrieren. Christensen und Overdorf (2000) betonen, dass diese sowohl innerhalb als auch außerhalb der ‚Mutterorganisation' entstehen können. Sie schlagen vor, den benötigten Grad der Unabhängigkeit davon abhängig zu machen, wie gut das Innovationsprojekt zu den bestehenden Prozessen und Werten passt.

Organisatorische Verankerung

Das Spektrum von Alternativen für die organisatorische Verankerung von Produktinnovationen ist extrem breit, von Lizenznahmen über Innovationskooperationen bis zum internen Innovationsmanagement, und im Rahmen des Letzteren wiederum vom Projektmanagement bis zur klassischen F&E Linienfunktion (Vahs und Burmester 1999).

In Bezug auf Rollen und Verantwortlichkeiten konzentriert sich das Produktinnovationsmanagement auf Individuen, die für den Erfolg des Innovationsprozesses entscheidend sind. Champions (Schön 1963), Sponsoren (Roberts und Fusfeld 1982) und Promotoren (Witte 1973) wurden als wichtige Rollen identifiziert. Promotoren werden häufig weiter unterteilt in Macht-Promotoren (ähnlich den Sponsoren), die aufgrund ihrer hierarchischen Position dazu beitragen, die Barriere des „Nicht-Wollens" zu überwinden und Fach-Promotoren (ähnlich zu Champions) die aufgrund ihres Fachwissens dafür sorgen, dass das Projekt nicht am „Nicht-Wissen" scheitert.

Innovationsgrad

Die neuere Literatur unterscheidet hauptsächlich zwischen radikalen und inkrementellen Innovationen (Chandy und Tellis 2000; Song und Montoya-Weiss 1998; Veryzer 1998). Garcia und Calantone (2002) definieren radikale Produktinnovationen als solche, die durch eine Diskontinuität auf Seiten der Technologie und des Marktes gekennzeichnet sind, und zwar in Bezug auf die Makroebene, das heißt aus Sicht der gesamten Branche bzw. des gesamten Marktes. Radikale Innovationen bringen neue Produkte hervor, die eine substantiell veränderte Technologie verwenden und die Kundenbedürfnisse entweder signifikant besser befriedigen können oder solche Bedürfnisse adressieren, die mit vorhandenen Produkten gar nicht befriedigt werden konnten (Chandy und Tellis 1998). Während radikale Innovationen zu Diskontinuitäten führen, bauen inkrementelle Innovationen auf dem Bestehenden auf.

8.3 Fallstudien zu Geschäftsmodellinnovationen

Obwohl sich in der Literatur eine große Anzahl von Beispielen findet, sind tiefergehende Fallstudien basierend auf aktuellen Beispielen und unter Nutzung von Primärdaten selten. Deshalb haben wir elf aktuelle Fälle ausgewählt, für die Primärdaten mittels Interviews erhoben werden konnten. Sowohl Innovationen von bestehenden (zum Beispiel Allianz SE und Daimler) als auch von neuen Unternehmen (zum Beispiel CelsiusPro und e24) wurden berücksichtigt. Die Geschäftsmodellinnovationen sind in Tabelle 8.1 zusammengefasst.

Tabelle 8.1 Übersicht Fallstudien

Ausgangssituation	Geschäftsmodellinnovation
Firma Allianz SE	
Nach der Tsunami Katastrophe 2004 stellten die meisten Unternehmen Hilfsgelder zur Verfügung. Allianz SE suchte einen Weg, nicht nur Geld sondern auch Know-how zu transferieren.	Allianz SE begann Mikroversicherungen für eine Bevölkerungsgruppe anzubieten, die bisher keinen Zugang zu Versicherungsprodukten hatte. Bald wurde klar, dass dies mehr als Wohltätigkeit war und erlaubte, einen Markt zu erschließen der häufig als "Bottom Billion" bezeichnet wird. Der Bedarf, der von Entwicklungsorganisationen bereits dokumentiert worden war, konnte nun dadurch adressiert werden, dass man das seit 10 Jahren bekannte Konzept der Mikrokredite auf den Versicherungsbereich übertrug. Es konnte dabei auf die bereits in diesem Bereich vorhandenen Vertriebskanäle zurückgegriffen werden.

Ausgangssituation	Geschäftsmodellinnovation
Celsius Pro	
Klassische Versicherungsprodukte werden nur für wetterbedingte Katastrophenereignisse angeboten. CelsiusPro erkannte, dass Wetterderivate genutzt werden könnten, um kleinere Schäden durch häufiger auftretende Wetterereignisse zu versichern. Durch den Klimawechsel werden diese Ereignisse in Zukunft häufiger auftreten und mehr Unternehmen betreffen.	Anbieter von Wetterderivaten sind Rückversicherer, die nur große Industrieunternehmen zu ihren Kunden zählen. CelsiusPro erkannte, dass kleinere Unternehmen keinen Zugang zu einer angemessenen Risikoabsicherung hatten und machte ihnen hierzu ein bis dahin unbekanntes Finanzprodukt verfügbar und verständlich. Kunden kaufen die Wetterzertifikate online und spezifizieren die betreffenden Wetterereignisse (z.B. Anzahl von Frosttagen) für die jeweilige Wetterstation. Die Kosten werden automatisch berechnet, die komplette Abwicklung erfolgt über eine Internetplattform. Die Auszahlung erfolgt unabhängig vom eingetretenen Schaden sondern ausschließlich in Abhängigkeit der spezifizierten Wetterereignisse.
Daimler/car2go	
Bisher gab es zwei Angebote für die vorübergehende Nutzung von Fahrzeugen: Leihwagenangebote und Car-Sharing Konzepte. Diese zeichnen sich durch vorgegebene Mietstationen und die Notwendigkeit zur Reservierung aus.	Im Gegensatz zu anderen Car-Sharing Programmen ist car2go nicht stationsbasiert. Eine Anzahl von Fahrzeugen ist über den Innenstadtbereich verteilt. Das nächste verfügbare Fahrzeug kann mittels einer Smartphone-App, telefonisch oder über das Internet gefunden werden. Das gewählte Fahrzeug kann bei Bedarf spontan genutzt oder maximal 24h im Voraus reserviert werden. Mitglieder können das Fahrzeug so lange verwenden wie sie möchten und ohne sich auf Rückgabezeit oder -ort festzulegen. car2go berechnet den Kunden nur die tatsächliche Nutzungszeit, minutengenau und inklusive aller Kosten.
e24	
Die Gründer des Mobile-Payment Anbieters e24, die ihre Wurzeln im Bereich von Software für Geldautomaten haben, konnten ihr Wissen über die Abwicklung elektronischer Zahlungen und die zugehörigen Backend-Prozesse für eine neue mobile Lösung nutzen.	e24 bietet in der Schweiz ein umfassendes Spektrum von innovativen mobilen Lösungen an, z.B. für das Parken, das Bezahlen, Zutrittsberechtigungen und Tickets. Unabhängig von Finanzinstituten betreibt e24 eine eigene mobile Bezahlplattform, die gängige Kreditkarten und andere Zahlungsformen unterstützt. Nach der Registrierung können Kunden mittels SMS, einer gebührenfreien Nummer oder eines NFC-Chips, der in einige Mobiltelefone integriert ist, bezahlen. Gebühren werden transaktionsbasiert abgerechnet.

Im Folgenden analysieren wir Unterschiede und Gemeinsamkeiten von Produkt- und Geschäftsmodellinnovationen. Als Ausgangspunkt werten wir die vorhandene Literatur im Geschäftsmodellinnovationsbereich im Hinblick auf bestehende Erkenntnisse und Ansätze aus. Anschließend identifizieren wir übergreifende Muster in den Fallstudien und übertragen diese auf die entsprechenden Aspekte des Produktinnovationsmanagements. Aufbauend auf unseren Analysen formulieren wir Schlussfolgerungen und illustrieren diese anhand von individuellen Beispielen und Daten aus den Fallstudien. Abschließend vergleichen wir die Ergebnisse mit dem Stand des Wissens im Produktinnovationsmanagement, um Erkenntnisse und Best-Practices aus dieser Disziplin durch Übertragung und Anpassung auf die Besonderheiten für den Geschäftsmodellinnovationsbereich nutzbar zu machen.

Innovationsquellen

Geschäftsmodellinnovationen können auf verschiedene Weise angestoßen werden. Trotzdem unterscheidet die Literatur nur zwischen externen und internen Quellen bzw. auslösenden Faktoren (IBM 2008; Comes und Berniker 2008). Basierend auf den gefundenen Mustern schlagen wir eine Unterscheidung zwischen einer Ausgangssituation, in der ein Unternehmen gezwungen ist sein Geschäftsmodell zu verändern (im Folgenden als „Bedrohung" bezeichnet) und einer Situation, in der ein Unternehmen sein Geschäftsmodell freiwillig verändert, um eine Chance wahrzunehmen („Chance"), vor. Während es offensichtlich ist, dass neue Unternehmen stets in die letztere Kategorie fallen, sind für bestehende Unternehmen beide Kategorien relevant. So versuchte zum Beispiel Daimler mit der Lancierung von car2go eine Chance zu nutzen; Dow Corning/Xiameter begegnete hingegen der Bedrohung einer unzureichenden Kapazitätsauslastung.

Daneben ist eine Unterscheidung zwischen internen und externen Quellen möglich. Kapazitäten, die zu teuer oder gar überflüssig geworden sind, zwingen zu einer Änderung des Geschäftsmodells (zum Beispiel zum Outsourcing bestehender Aktivitäten oder zu Investitionen in neue Fähigkeiten) und sind somit Beispiele für interne Bedrohungen. Das Beispiel von Maerki Baumann veranschaulicht, dass Outsourcing dadurch stattfinden kann, dass man einen Teil des Unternehmens abspaltet und dessen Dienstleistungen nicht nur im eigenen Unternehmen nutzt sondern auch Dritten anbietet. Wenn man Ressourcen weiterhin benötigt, diese aber nicht ausgelastet sind und für weitere Zwecke genutzt werden können, kann dies ein Anstoß für eine Innovation sein; in diesem Fall kann man von einer internen Chance sprechen.

Externe Faktoren, die in der Literatur genannt werden, sind: Wettbewerbsdruck, Marktveränderung und technologischer Fortschritt, die Kommodifizierung von Produkten sowie gesetzliche oder regulatorische Veränderungen (Linder und Cantrell 2000; IBM 2008; Comes und Berniker 2008). Beide Fälle (innerhalb unserer Fallstudien), die durch eine externe Bedrohung angestoßen wurden, basierten auf Wettbewerbsdruck und dadurch verursachten Preisverfall (Allianz Suisse und Dow Corning/XIAMETER 2009). In unserer Studie fanden wir zahlreiche Beispiele von Unternehmen, die vor ihren Wettbewerbern eine externe Chance, zum Beispiel Veränderungen in Schlüsseltechnologien, nutzten. So war beispielsweise die allgemeine Verfügbarkeit des Internets entscheidend für die Innovation von Endress + Hauser. In anderen Fällen war es ausreichend ein Geschäftsmodellmuster, das sich in einer Industrie bewährt hatte, in eine andere Branche zu übertragen. Das Outsourcing von nicht wettbewerbsdifferenzierenden Prozessen wurde zwar nicht von Maerki Baumann/InCore Bank erfunden, sie waren aber die ersten, die dies in der Bankenindustrie erfolgreich praktizierten.

Zusammenfassend schlagen wir folgende Einteilung in Kategorien für Innovationsquellen vor (siehe Abbildung 8.2): Interne Bedrohung, externe Bedrohung, interne Chance und externe Chance. Auf diese Weise nutzen und erweitern wir die weitverbreitete Kategorisierung von Produktinnovationen, die Unterscheidung zwischen internen (üblicherweise als mittel-induziert, Technology Push oder Inside-out bezeichnet) und externen (zweckinduziert, Market-pull, Outside-in) Quellen.

Abbildung 8.2 Kategorisierung von Geschäftsmodellinnovationen – Innovationsquellen

Interne Chance	**Externe Chance**
	Allianz SE
	better place
	CelsiusPro
	Daimler / car2go
	e24
	Endress + Hauser
Dow Corning / Xiameter 2002	
Maerki Baumann / InCore	*Allianz Suisse*
open systems	*Dow Corning / Xiameter 2009*
Interne Bedrohung	**Externe Bedrohung**

Innovationsprozess

In der Literatur finden sich einige einfache Beschreibungen des Geschäftsmodellinnovationsprozesses (zum Beispiel Mahadevan 2004; Osterwalder und Pigneur 2010). In unserer Studie waren die am häufigsten genannten Phasen: Analyse, Gestaltung, Umsetzung, Kontrolle.

Die Analysephase kann mehrere Jahre in Anspruch nehmen, wenn zum Beispiel Manager beobachten, wie ein bewährtes Geschäftsmodell schrittweise unter Druck gerät (zum Beispiel Maerki Baumann/InCore Bank, Allianz Suisse, Open Systems). Für chancen-induzierte Innovationen ist diese Phase gewöhnlich kürzer (zum Beispiel Daimler/car2go, CelsiusPro). In der Gestaltungsphase müssen mehrere Lösungsalternativen entwickelt werden; Machbarkeitsstudien werden häufig als erfolgskritisch angesehen. Insbesondere für neue Unternehmen muss die Finanzierung gesichert werden (zum Beispiel e24). Die Gestaltungsphase ist ein iterativer Prozess und scheint eher eine kontinuierliche und weniger zeitintensive Phase zu sein. Die Umsetzungsphase ist eher kurz, wenn das alte Geschäftsmodell ersetzt wird (zum Beispiel Dow Corning/XIAMETER 2009, Open Systems), denn dies muss schnell passieren, um Irritationen am Markt zu vermeiden. Für parallele Implementierungen (zum Beispiel Allianz Suisse, Endress + Hauser) kann diese Phase lange andauern, weil das neue Modell schrittweise eingeführt wird. Die Kontrollphase, die die Erfolgskontrolle und die Überwachung von internen und externen Veränderungen umfasst, ist eine kontinuierliche Aktivität (zum Beispiel e24).

Ein wiederkehrendes, zentrales Element im Rahmen der Umsetzung ist die Pilotierungs- oder Prototypen-Phase. Diese kann in einem geographisch beschränkten Testmarkt stattfinden (zum Beispiel Daimler/car2go in der Stadt Ulm) oder durch die sorgfältige Auswahl von Pilotkunden (zum Beispiel Endress + Hauser). Falls sich das neue Geschäftsmodell als erfolgreich erweist, kann es nach und nach ausgerollt werden. Die Pilotierungs-Phase ermöglicht es Unternehmen das neue Modell zu testen, die Risiken einzuschränken und schnell zu lernen. Allianz SE konnte nicht ausreichend abschätzen, wie der Vertrieb oder die Schadensabwicklung für Mikroversicherungen in verschiedenen Entwicklungsländern funktionieren würde. Aus diesem Grund führten sie ihre Produkte schrittweise in den Markt ein.

Für den Prozess der Geschäftsmodellinnovation zeigt sich ein breites Spektrum von Möglichkeiten. In großen Firmen variiert der Ansatz von formalen Prozessen (zum Beispiel Dow Corning/XIAMETER) zu weitgehend informellen Prozessen (zum Beispiel Endress + Hauser), in kleineren Firmen scheint das informelle Vorgehen typisch zu sein. In einigen Fällen ist die Identifizierung und Auswahl (zum Beispiel im Falle von Daimler durch eine intranet-basierte Plattform und im Falle von e24 durch regelmäßige Meetings auf verschiedenen hierarchischen Ebenen) stärker formalisiert als spätere Phasen des Prozesses. Für die Zukunft erwarten manche Unternehmen eine stärkere Formalisierung des Prozesses (zum Beispiel Maerki Baumann/InCore Bank, Allianz SE), während andere davon ausgehen, dass die informellen Prozesse erhalten bleiben, da sie die Ansicht vertreten, dass Geschäftsmodellinnovationen sehr selten auftreten (zum Beispiel CelsiusPro, Open Systems). Es bleibt festzuhalten, dass auch die Unternehmen, die keinen formalen Prozess für Geschäftsmodellinnovationen nutzen, dies sehr wohl für Produktinnovationen tun. Dies trifft sowohl auf kleinere (zum Beispiel CelsiusPro, Open Systems) als auch auf größere Firmen (zum Beispiel Endress + Hauser) zu.

In Bezug auf die groben Prozessschritte scheint es eine Ähnlichkeit zwischen Produkt- und Geschäftsmodellinnovationen zu geben. Die Phasen, die für Geschäftsmodellinnovationen genannt wurden, sind vergleichbar mit denen im Produktinnovationsmanagement. Da Geschäftsmodellinnovationen aber auf Veränderungen verschiedener Kernelemente des

Geschäftsmodells basieren können, gibt es signifikante Unterschiede für die Aktivitäten innerhalb dieser Phasen. Wenn beispielsweise die Einflussfaktoren der angestrebten Innovation analysiert werden, machen Geschäftsmodellinnovationen ein wesentlich breiter angelegtes Vorgehen erforderlich. In beiden Bereichen scheint der Innovationsprozess fasst nie linear und sequentiell zu sein, sondern eher chaotisch und iterativ, insbesondere bei disruptiven Innovationen.

Organisatorische Umsetzung

Bezüglich der organisatorischen Umsetzung von Geschäftsmodellinnovationen kann ein grundsätzlicher Unterschied zwischen Geschäftsmodellen, die das vorherige Geschäftsmodell vollständig ersetzen, und solchen, die parallel umgesetzt werden, beobachtet werden. Die parallele Umsetzung erlaubt es Unternehmen das neue Geschäftsmodell zunächst zu testen und somit das Risiko zu begrenzen. Dazu wird das neue Geschäftsmodell nur in einer Geschäftseinheit oder in einem bestimmten Zielmarkt für eine begrenzte Zeit getestet, meist mit der Absicht das alte Modell zu einem späteren Zeitpunkt vollständig zu ersetzen. Falls sich heraus stellt, dass das neue Modell nicht erfolgreich ist, hat das Unternehmen die Möglichkeit zum alten Modell zurückzukehren. Endress + Hauser bietet ein Beispiel für dieses Vorgehen.

In anderen Fällen werden Geschäftsmodelle parallel implementiert, um mehrere Geschäftsmodelle längerfristig parallel zu betreiben, was angemessen sein kann, wenn verschiedene Geschäftseinheiten oder Zielmärkte dedizierte Modelle verlangen. So wurden im Falle von Allianz SE die Mikroversicherungen als eigenständiges Geschäftsmodell aufgesetzt, mit der Absicht zwei verschiedene Zielmärkte längerfristig mit unterschiedlichen Geschäftsmodellen zu adressieren. Parallele Implementierungen setzen bis zu einem gewissen Grad unabhängige Organisationseinheiten voraus. Dabei kann es sich um eigenständige Organisationseinheiten handeln, die weiterhin Synergien mit anderen Organisationseinheiten nutzen oder vollständig unabhängige Einheiten, wie zum Beispiel Spin-offs. Beispiele für ersteres sind Allianz SE und Allianz Suisse; Beispiele für letzteres Maerki Baumann/InCore Bank und Daimler/car2go. Das Ausmaß der Unabhängigkeit ist eher ein Kontinuum als zwei Extreme und Unternehmen können alle Arten von Organisationsformen nutzen, um die Balance zwischen der benötigten Unabhängigkeit und der Nutzung von Synergien zu erreichen.

Hier besteht eine Analogie zum Produktinnovationsmanagement. Wie bereits beschrieben, sind verschiedene Autoren der Ansicht, dass unabhängige Organisationseinheiten zur erfolgreichen Implementierung von Innovationen beitragen, da sie Unternehmen dabei helfen ihre ursprünglichen und neuen oder aufkommenden Märkte gleichzeitig zu bedienen.

Organisatorische Verankerung

Trotz der hohen Bedeutung wird in der Literatur zu Geschäftsmodellinnovation kaum auf deren organisatorische Verankerung im Unternehmen eingegangen.

Nur eines der im Rahmen unserer Fallstudie untersuchten Unternehmen verfügte über eine dedizierte Organisationseinheit für Geschäftsmodellinnovation (Business Innovation innerhalb der Daimler AG). In einigen Fällen gab es eine Organisationseinheit mit teilweiser Verantwortung für Geschäftsmodellinnovationen (wie zum Beispiel das „Market Management" bei Allianz Suisse, das „Business Development" bei Maerki Baumann/InCore Bank, und das „Portfolio Management" bei Open Systems). Diese Abteilungen sind jedoch eher unterstützend und nicht alleinverantwortlich tätig. Es zeigte sich zudem eine klare Tendenz, dass der CEO oder das Topmanagement für die Geschäftsmodellentwicklung zuständig sind. In einigen Fällen sind sie sogar allein für das Thema verantwortlich (zum Beispiel CelsiusPro), werden aber teilweise von Task Forces bei der Umsetzung unterstützt (zum Beispiel Endress + Hauser). Für die Zukunft erwarten einige Unternehmen eine Veränderung hin zu einer stärkeren organisatorischen Verankerung (zum Beispiel Allianz Suisse), zumindest für den Fall, dass das Unternehmen weiter wächst (zum Beispiel CelsiusPro). Andere Unternehmen erwarten eher, dass die derzeitige Organisationsform erhalten bleibt, auch hier vor allem da sie davon ausgehen, dass Geschäftsmodellinnovationen selten auftreten (zum Beispiel Endress + Hauser, Open Systems). Während die meisten Unternehmen eine dedizierte organisatorische Verankerung für Produktinnovation besitzen (hauptsächlich separate F&E Abteilungen) ist ein vergleichbarer Ansatz für Geschäftsmodellinnovation selten.

Die Analyse der Fallstudien zeigt, dass Geschäftsmodellinnovationen sowohl intern als auch extern heftige Widerstände hervorrufen können. Es wurde von Widerständen aufgrund von „Nicht-Wollen" als auch von „Nicht-Wissen" berichtet. Mögliche Gründe für ersteres beinhalten: zusätzliche Aufwände oder neue Prozesse (zum Beispiel Endress + Hauser), die Verlagerung von Ressourcen und Befugnissen innerhalb der Organisation (zum Beispiel Dow Corning/XIAMETER), die Veränderung vollständiger Wertschöpfungsketten (zum Beispiel better place), fehlendes Verständnis für die Überlegenheit des neuen Geschäftsmodells (zum Beispiel Endress + Hauser), der Aufbau von neuen Kompetenzen (zum Beispiel Maerki Baumann/InCore Bank) und den Aufwand neue Konzepte zu verstehen (zum Beispiel Allianz SE). Für Widerstände, die auf fehlendes Wissen zurück zu führen sind, wurden folgende Beispiele genannt: mangelnde Vertrautheit mit neuen Angeboten und deren Nutzen (zum Beispiel CelsiusPro), Unfähigkeit alte Gewohnheiten aufzugeben (zum Beispiel Open Systems) und fehlendes Verständnis für die Spezifika komplett neuer Märkte (zum Beispiel Allianz SE). Diese Hindernisse sind bereits im Bereich des Produktinnovationsmanagement dokumentiert. Folglich berichteten viele Firmen über den Bedarf an Sponsoren oder „Macht-Promotoren" (zum Beispiel Allianz Suisse) und Champions oder „Fach-Promotoren" (zum Beispiel Daimler/car2go), Konzepte, die aus dem Bereich des Produktinnovationsmanagement bekannt sind.

Innovationsgrad

Einige Autoren argumentieren, dass Geschäftsmodellinnovationen tendenziell immer radikal oder disruptiv sind (Markides 2006; Comes und Berniker 2008). Andere berücksichtigen sowohl radikale als auch inkrementelle Geschäftsmodellinnovationen (Zott und Amit 2002; Mitchell und Coles 2004). In keinem der Fälle wird eine präzise Kategorisierung vorgenommen.

Unsere Studie umfasste sowohl inkrementelle als auch radikale Innovationen. Diese betrafen entweder in erster Linie die Industrie oder den Markt der jeweiligen Firma oder beides. Sie ähneln somit der für Produktinnovationen vorliegenden Kategorisierung. Daher kann insbesondere die bewährte Definition von radikalen Produktinnovationen auf radikale Geschäftsmodellinnovationen übertragen werden. Diese können somit definiert werden als Innovationen, die durch eine Diskontinuität entlang der beiden wichtigsten Dimensionen auf einer Makroebene charakterisiert sind. Während diese für Produktinnovationen die Technologie und der Markt sind, können sie für den Geschäftsmodellbereich als die Industrie und der Markt definiert werden. Industrie steht für die Firmenperspektive und muss verstanden werden als die Summe aller Firmen innerhalb einer Industrie; der Markt steht für die Kundenperspektive und muss als Summe der Kunden innerhalb der jeweiligen Industrie verstanden werden. Falls das Unternehmen in eine neue Industrie oder in einen neuen Markt eintritt, ist die Perspektive der neuen Industrie oder des neuen Marktes entscheidend. Die Makroebene kann gemäß der Literatur zu Produktinnovationen als neu für die Industrie/den Markt definiert werden. Da eine Diskontinuität entweder nur die Industrie oder nur den Markt oder beide Dimensionen gleichzeitig betreffen kann, können Geschäftsmodellinnovationen in einer Matrix mit vier Quadranten kategorisiert werden. Inkrementelle Innovation, Industry Breakthrough, Market Breakthrough, Radikale Innovation (vgl. Abbildung 8.3).

Abbildung 8.3 Kategorisierung von Geschäftsmodellinnovationen - Innovationsgrad

Market Breakthrough *Allianz SE* *CelsiusPro*	**Radikale Innovation** *Endress + Hauser* *Maerki Baumann / InCore*
Allianz Suisse *Daimler / car2go* *Dow Corning / Xiameter 2009* *e24* **Inkrementelle Innovation**	*better place* *Dow Corning / Xiameter 2002* *open systems* **Industry Breakthrough**

Inkrementelle Innovationen unterscheiden sich vom vorherigen Geschäftsmodell, es liegt jedoch keine Diskontinuität vor. So ist zum Beispiel der Ansatz von Allianz Suisse für die KFZ-Versicherung als neu für die KFZ-Versicherungsindustrie und für deren Kunden zu betrachten, nichts destotrotz handelt es sich aber nur um eine Anpassung vorheriger Modelle. Industry Breakthroughs konfrontieren die Firmen der betroffenen Industrie mit einer Diskontinuität, während die Änderungen für die Kunden des jeweiligen Marktsegments eher inkrementell sind. Die duale Strategie im neuen Geschäftsmodell von Dow Corning/Xiameter 2002 ist ein Beispiel hierfür. Sie war eine radikale Veränderung für die Silikonindustrie mit einschneidenden Veränderung für Dow Corning; dennoch war das Angebot für die Kunden weiterhin relativ ähnlich. Umgekehrt konfrontieren Market Breakthroughs die Kunden des betroffenen Marktes mit einer Diskontinuität, wobei die Veränderungen für die Firmen der jeweiligen Industrie eher inkrementell sind. Ein Beispiel hierfür sind die Mikroversicherungen von Allianz SE, die zum ersten Mal eine Risikoabsicherung für Kunden erlaubte, denen bisher keine Versicherung zur Verfügung stand. Für die Versicherungsindustrie war dieses Angebot lediglich eine Erweiterung von bestehenden Geschäftsmodellen für ein neues Kundensegment. Radikale Innovationen resultieren in einer Diskontinuität sowohl für die Industrie als auch für den jeweiligen Markt. So brach zum Beispiel das disruptive Geschäftsmodell von Maerki Baumann/InCore Bank mit allen Regeln des traditionellen Geschäftsmodells im Bankenbereich und stellte auch für die Kunden ein völlig neues Angebot dar.

8.4 Was lernen wir daraus?

Unsere Studie legt ein breites Spektrum von Möglichkeiten für Unternehmen offen ihr Geschäftsmodell zu innovieren. Zunächst bestätigt die Analyse, dass Geschäftsmodelle nicht statisch sind sondern dynamische Systeme, die kontinuierliche Anpassungen an interne und externe Veränderungen erfordern. Deshalb sind Geschäftsmodellinnovationen nicht auf Start-ups beschränkt sondern werden oft von bestehenden Firmen hervorgebracht. Ein hervorragendes Beispiel für die dynamische Natur von Geschäftsmodellen und den Bedarf für ihre ständige Weiterentwicklung bietet Dow Corning/Xiameter. Die Lancierung von Xiameter durch Dow Corning im Jahr 2002 und die Neudefinition der Marke im Jahr 2009 dokumentiert die Notwendigkeit für bestehende Unternehmen ihr Geschäftsmodell zu innovieren, wenn sich die Marktverhältnisse verändern. Die Position einiger Autoren, dass Geschäftsmodellinnovationen grundsätzlich radikal sind (Markides 2006; Comes und Berniker 2008) wurde auch als eine verbreitete Annahme in der Praxis identifiziert. Geschäftsmodellinnovationen werden als Ereignisse angesehen, die so selten auftreten, dass sie keine formalen Prozesse oder klar geregelte Verantwortlichkeiten erfordern. Jedoch weist unsere Analyse darauf hin, dass diese Annahme ein grundlegender Irrtum ist und sich inkrementelle und radikale Innovationen die Waage halten.

In Bezug auf die Umsetzung scheint eine parallele Einführung neuer Geschäftsmodelle der verbreitetste Ansatz in der Praxis zu sein, da er es erlaubt, das Risiko zu minimieren. Während die meisten Kunden, die Neupositionierung von Xiameter 2009 akzeptierten, hatte

Open Systems am Anfang mit Problemen zu kämpfen, die sich auf irrationale Kundenreaktionen zurückführen ließen. Sobald jedoch einige neue Kunden das Angebot annahmen, da sie dessen Überlegenheit erkannten, folgten die bestehenden Kunden schrittweise nach. Diese Abfolge scheint für Innovationsprozesse typisch zu sein und wurde im Bereich von Produktinnovationen bereits mehrfach beschrieben (Christensen und Bower, 1996; Paap und Katz 2004).

Insbesondere für Industry Breakthroughs und radikale Innovationen kann eine parallele Implementierung unmöglich sein, falls sie zu Widersprüchen führt. Für Open Systems war es offensichtlich, dass sie nicht gleichzeitig standardisierte Dienstleistungen und in hohem Maße kundenspezifische Projekte verkaufen konnten. Aus diesem Grund wurde eine ersetzende Umsetzung unvermeidlich. Wettbewerber von Open Systems, die versuchten ein ähnliches Modell mittels einer parallelen Umsetzung zu implementieren, scheiterten. Eine Alternative zur ersetzenden Umsetzung ist eine neue, unabhängige Organisation beispielsweise ein Spin-off. Maerki Baumann wählte diesen Weg, um es sowohl der alten als auch der neuen Organisation zu erlauben, sich auf ihre Aufgaben zu fokussieren und die dazu benötigten Kompetenzen aufzubauen.

Bei disruptiven Veränderungen ist die Bereitschaft zur Kannibalisierung häufig ein erfolgsentscheidendes Element. Die Abspaltung der InCore Bank von Maerki Baumann führte zu einer Situation in der bestehende Kompetenzen auf beiden Seiten entwertet wurden, während neue benötigt wurden. Mitarbeiter der bisher internen IT-Abteilung standen plötzlich in direktem Kundenkontakt und konnten sich nicht mehr wie bisher auf die Optimierung interner Prozesse konzentrieren. Dow Corning überließ Teile seines Marktes, insbesondere die preissensiblen Kunden, an Xiameter in der Hoffnung, dass ihre neue Marke und nicht die Wettbewerber Teile des bestehenden Marktes kannibalisieren würde. Der signifikante Einfluss der Bereitschaft der Kannibalisierung auf die Fähigkeit eines bestehenden Unternehmens radikale Innovationen hervorzubringen, wurde im Bereich der Produktinnovationsmanagements bereits aufgezeigt (Chandy und Tellis 1998; Herrmann et al. 2007).

Als weiteres erfolgsentscheidendes Element für das Hervorbringen von Innovationen wurde wiederholt die Unternehmenskultur genannt. Als förderlich für Geschäftsmodellinnovationen wurden bewertet: Offenheit für neue Ideen (zum Beispiel Endress + Hauser), Fehlertoleranz (zum Beispiel Allianz Suisse), Agilität und Reaktionsfähigkeit (zum Beispiel Endress + Hauser), internationale Teams (zum Beispiel Better Place), Manager mit einem breiten Hintergrund und Visionen (zum Beispiel Maerki Baumann/InCore Bank), technologische Innovationsorientierung (zum Beispiel e24), die Verantwortung eines jeden Mitarbeiters für ein gemeinsames Ziel (zum Beispiel Better Place) und die Übereinstimmung zwischen vorgegebenen und gelebten Werten (zum Beispiel Allianz Suisse). Wiewohl Geschäftsmodellinnovation ein eigener Typ von Innovation ist, weisen unsere Fallstudien darauf hin, dass es wichtig ist, Geschäftsmodellinnovationen nicht als eine isolierte Aktivität zu betrachten sondern sie mit der Innovations- und Langzeitstrategie des Unternehmens zu verbinden.

8.5 Ausblick

Unsere Analyse zeigte, dass Gemeinsamkeiten zwischen Produktinnovationsmanagement und Geschäftsmodellinnovationsmanagement bestehen, die das Übertragen von Erkenntnissen aus dem Produktinnovationsmanagement für alle Aspekte unseres Bezugsrahmens erlauben. Der Vergleich zeigt auf, dass Forschung im Bereich Geschäftsmodellinnovation in hohem Maße vom breiten Wissensschatz des Produktinnovationsmanagements profitieren kann. Dort wo starke Übereinstimmungen bestehen, können existierende Konstrukte und Erkenntnisse genutzt werden, um die empirische Forschung zu beschleunigen. Unterschiede hingegen weisen auf den Bedarf weiterer explorativer Forschung hin.

Unsere Studie zeigt die Vielfalt von Geschäftsmodellinnovationen in der Praxis auf. Ein besseres Bewusstsein für die zur Verfügung stehenden Optionen trägt zu einem besseren Verständnis für das Potenzial von Geschäftsmodellinnovationen und die unterschiedlichen Möglichkeiten für deren erfolgreiche Umsetzung bei.

Geschäftsmodellinnovationen können durch interne und externe Bedrohungen und Chancen angestoßen werden. Im Allgemeinen erlaubt ein proaktives Vorgehen Unternehmen Chancen zu nutzen, statt zur Reaktion auf Bedrohungen gezwungen zu sein. In jedem Fall ist das Timing entscheidend, denn externe Faktoren können sich schneller oder langsamer verändern als erwartet. Es ist wichtig zu verstehen, dass neue Angebote in manchen Fällen Zeit benötigen, um vom Markt akzeptiert zu werden. Für bestehende Unternehmen bedeutet dies, dass neue Geschäftsmodelle nicht mit bewährten Geschäftsmodellen gemessen werden sollten, bevor sie ihr volles Potenzial entfalten konnten.

In Bezug auf den Innovationsprozess und die organisatorische Verankerung legt unsere Studie nahe, dass ein strukturierterer und ganzheitlicher Ansatz erfolgsversprechend ist, bei dem Best-Practices aus dem Produktinnovationsmanagement genutzt und erweitert werden. Ein ganzheitlicher Ansatz für das Innovationsmanagement wird benötigt, der verschiedene Typen (Produkt- und Geschäftsmodellinnovationen) und verschiedene Innovationsgrade (inkrementelle und radikale Innovationen) berücksichtigt und integriert. Bis heute folgen nur wenige Unternehmen einem durchgehenden Prozess für Geschäftsmodellinnovationen, während ihre Prozesse für Produktinnovationen häufig auf bewährten Prozessmodellen beruhen. Auch für Geschäftsmodellinnovationen könnten normative Prozessmodelle helfen die Komplexität mittels Abstraktion zu reduzieren und notwendige Aktivitäten und Entscheidungen abzuleiten. Aus diesem Grund wurde kürzlich ein ähnliches Prozessmodell für Geschäftsmodellinnovationen von Bucherer (2011) vorgeschlagen. Um einen ähnlichen Maturitätslevel wie im Produktinnovationsmanagement zu erreichen, müssen solche Prozessmodelle genutzt, bewertet und in der Praxis angepasst werden.

Im Unterschied zu Produktinnovationen, bei denen Prozesse verschiedene hierarchische Ebenen involvieren, werden Geschäftsmodellinnovationen meist mittels eines Top-down Ansatzes durchgeführt. Die derzeitigen Ansätze von Unternehmen, die wir analysiert haben, hängen im hohen Maße vom CEO und vom Topmanagement ab. Obwohl es keinen Zweifel an der Bedeutung ihrer Einbeziehung gibt, könnten viele Aufgaben delegiert werden, damit das Management sich auf Entscheidungen konzentrieren kann. Die organisatorische Verankerung des Prozesses ist in hohem Maße von der Firmengröße abhängig. In jedem Fall ist es wichtig, verantwortliche Personen oder Organisationseinheiten zu benennen. Geschäftsmodellinnovationen sind nicht einmalige Projekte; sie sollten in der Organisationsstruktur verankert werden. Wegen Ihrer Bedeutung für den Geschäftserfolg sollten zumindest größere Unternehmen die Funktion mit einer direkten oder indirekten Berichtslinie zum Topmanagement etablieren.

Unsere Fallstudienanalyse deutet darauf hin, dass Geschäftsmodellinnovationen sehr mächtig sind und eine Vielzahl von Möglichkeiten im Vergleich zu Produkt- und Prozessinnovationen offen legen, da sie eine umfangreichere Abgrenzung vom Wettbewerb und größere Einflüsse auf die Umsätze und Kosten von Unternehmen erlauben. Es ist Zeit für einen systematischen Ansatz in der Generierung von Geschäftsmodellinnovationen. In unserem neuen Buch (Gassmann et al. 2013) stellen wir eine Methodik vor, wie man auf Basis von 55 Grundmustern von Geschäftsmodellen aktiv sein eigenes Geschäftsmodell überdenken und revolutionieren kann. Hierzu haben wir auch zahlreiche Instrumente, wie Kartensets oder interaktive Apps entwickelt, zu deren Nutzung wir einladen möchten (www.bmi-lab.ch). Im Rahmen unserer Forschungskooperation zwischen SAP und der Universität St. Gallen entwickeln wir diese gemeinsam mit zahlreichen Industrieunternehmen weiter. Der zukünftige Wettbewerb findet nicht mehr zwischen Produkten oder Prozessen statt, sondern zwischen Geschäftsmodellen!

Literatur

Afuah, A., Tucci, C. (2000): Internet business models and strategies: text and cases, McGraw-Hill Companies, New York

Amit, R., Zott, C. (2001): Value creation in e-business. Strategic Management Journal, 22(6/7), 493-520

Baker, N., James, S., Rubenstein, A. (1967): Effects of perceived needs on the generation of ideas in R&D labs. IEEE Transactions on Engineering Management, EM-14, 156-163

Bucherer, E. (2011): Business model innovation – guidelines for a structured approach. PhD thesis, University of St. Gallen.

Chandy, R., Tellis, G. (1998): Organizing for radical product innovation: the overlooked role of willingness to cannibalize. Journal of Marketing Research, 35(4), 474-487

Chandy, R., Tellis, G. (2000): The incumbents curse: incumbency, size, und radical product innovation. Journal of Marketing, 64, 1-17

Chesbrough, H. (2007): Business model innovation: it's not just about technology anymore. Strategy & Leadership, 35(6), 12-17

Chesbrough, H. (2009): Business model innovation: opportunities and barriers. Long Range Planning, doi:10.1016/j.lrp.2009.07.010

Christensen, C., Bower, J. (1996): Customer power, strategic investment and the failure of leading firms. Strategic Management Journal, 17, 197-218

Christensen, C., Overdorf, M. (2000): Meeting the challenge of disruptive change. Harvard Business Review, 78(2), 66-77

Comes, S., Berniker, L. (2008): Business model innovation. In Pantaleo, D., Pal, N. (eds.), From strategy to execution: turning accelerated global change into opportunity, Springer, Berlin, 65-86

Cooper, R. (1986): Winning at new products. Addison-Wesley, Reading

Garcia, R., Calantone, R. (2002): A critical look at technological innovation typology and innovativeness terminology: a literature review. The Journal of Product Innovation Management, 19(2), 110-132

Gassmann, O., Frankenberger, K., Csik, M. (2013): Geschäftsmodelle innovieren. Hanser: München/Wien

Hamel, G. (1998): Strategy innovation und the quest for value. Sloan Management Review, 39(2), 7-14

Herrmann, A., Gassmann, O., Eisert, U. (2007): An empirical study of the antecedents for radical product innovations and capabilities for transformation. Journal of Engineering and Technology Management, 24(1-2), 92-120

IBM (2008): IBM global CEO study – the enterprise of the future [WWW document]. URL http://www-935.ibm.com/services/de/bcs/html/ceostudy.html [letzter Zugriff am 15. April 2009]

Kim, W. C., Mauborgne, R. (1999): Creating new market space. Harvard Business Review, 77, 83-93

Linder, J., Cantrell, S. (2000): Changing business models: surveying the landscape. Working Paper. Technical report, Accenture Institute for Strategic Change

Mahadevan, B. (2004): A framework for business model innovation. Working Paper, Indian Institute of Management Bangalore [WWW document]. URL http://www.iimb.ernet.in/mahadev/imrc2004.pdf [letzter Zugriff am 11. Mai 2008]

Markides, C. (2006): Disruptive innovation: in need of better theory. Journal of Product Innovation Management, 23(1), 19

Miller, D. (1981) Toward a new contingency approach: The search for organizational gestalts. Journal of Management Studies, 18, 1-26.

Mitchell, D. W., Coles, C. B. (2004) Business model innovation breakthrough moves. Journal of Business Strategy, 25(1), 16-26.

Moore, G. A. (2004) Darwin und the demon: innovation within established enterprises. Harvard Business Review, 82(7/8), 86-92.

Morris, M., Schindehutte, M., Allen, J. (2005) The entrepreneur's business model: toward a unified perspective. Journal of Business Research, 58(6), 726-735.

O'Connor, G., Rice, M. (2001) Opportunity recognition und breakthrough innovation in large established firms. California Management Review, 43(2), 95-116.

Osterwalder A., Pigneur, Y. (2010) Business Model Generation: A Handbook for Visionaries, Game Changers, und Challengers, Wiley, Hoboken.

Paap, J., Katz, R. (2004) Predicting the 'unpredictable": Anticipating disruptive innovation. Research Technology Management, 47(5), 13-22.

Roberts, E., Fusfeld, A. (1982) Critical functions: needed roles in the innovation process. In Katz, R. (ed.), Career Issues in Human Resource Management, Prentice Hall, Englewood Cliffs, pp. 182-207.

Rogers, E. M. (1983) The Diffusion of innovations. 3rd edition, The Free Press, New York.

Sabisch, H., Zanger, C. (1991) Produktinnovationen, Schäffer-Poeschel, Stuttgart.

Schön, D. (1963) Champions for Radical New Inventions. Harvard Business Review, 41, 77-86.

Schroeder, R., Van de Ven, A., Scudder, G., Polley, D. (1986) Managing innovation und change processes: Findings from the Minnesota innovation research program. Agribusiness, 2, 501–523.

Song, M., Montoya-Weiss, M. (1998) Critical development activities for really new versus incremental products. Journal of Product Innovation Management, 15(2),124-135.

Vahs, D., Burmester, R. (1999) Innovationsmanagement, Schäffer-Poeschel, Stuttgart.

Van de Ven, A., D. E. Polley, R. Garud, Venkataraman, S. (1999) The Innovation Journey. Oxford University Press, New York.

Venkatraman, N., Henderson, J. C. (2008) Four vectors of business model innovation: value capture in a network era. In Pantaleo, D., Pal, N. (eds.), From strategy to execution: turning accelerated global change into opportunity, Springer, Berlin, pp. 65-86.

Veryzer, R. (1998) Key factors affecting customer evaluation of discontinuous new products. Journal of Product Innovation Management, 15(2),136-150.

Witte, E. (1973) Organisation von Innovationsentscheidungen: Das Promotorenmodell, Schwartz, Göttingen.

Zott, C., Amit, R. (2002) Measuring the performance implications of business model design: evidence from emerging growth public firms. INSEAD, Fontainebleau, Working Paper [WWW document]. URL http://knowledge.insead.edu/abstract.cfm?ct=9832 [accessed on December 4, 2008]

9 Erlösmodell als Gestaltungselement bei der Entwicklung von Geschäftsmodellen

Innovationsquelle Erlösmodell

Dr. Peter Affenzeller

Abstract

Geschäftsmodellinnovationen genießen große Aufmerksamkeit und werden als wichtiger Hebel für Wettbewerbsdifferenzierung und damit langfristigen Unternehmenserfolg gesehen. Betrachtet man viele erfolgreiche Geschäftsmodelle, fällt die hohe Bedeutung des Preises bzw. des Erlösmodells für den Erfolg des jeweiligen Geschäftsmodells auf. Gerade produktorientierten Unternehmen fällt es vielfach schwer neue Erlös-/Geschäftsmodelle zu entwickeln. Ziel dieses Beitrags ist es für diese Unternehmen einerseits das Erlösmodell als Teil des Geschäftsmodells zu detaillieren, um Gestaltungsparameter greifbarer zu machen und anderseits die Bedeutung des Erlösmodells als Ausgangspunkt für die Entwicklung von Geschäftsmodellen aufzuzeigen.

Keywords:
Preismodell, Preiseinheit, Erlösmodell, Pricing, Geschäftsmodelle

9.1 Einleitung

Der Preis ist der „Vermittler" zwischen dem Angebot eines Unternehmens einerseits und dem Kunden anderseits. Stimmen der wahrgenommene Wert eines Angebots aus Sicht des Kunden und seine Preis-/Zahlungsbereitschaft überein, ist ein wichtiger Schritt in Richtung eines erfolgreichen Kaufabschlusses vorhanden. Sowohl für den Kunden im Rahmen der Kaufentscheidung als auch für den Anbieter und seinen wirtschaftlichen Erfolg nimmt der Preis eine bedeutende Rolle ein.

Da der Wettbewerb auf reifen Märkten mit geringer bzw. keiner Differenzierung häufig über den Preis geführt wird, steht der Preis in einem solchen Umfeld besonders unter Druck. Der traditionelle Ansatz vor dem beschriebenen Hintergrund ist die Entwicklung einer Wettbewerbsdifferenzierung über das angebotene Produkt. Dabei wird der Beitrag, den das Thema Preis selbst im Wettbewerb leisten kann, nicht genutzt. Öffnet man vorhandene mentale Schranken und verlässt das Verständnis von Preis als eindimensionale Größe im Sinne der Preishöhe eines Produkts, eröffnet sich ein neuer Gestaltungsraum.

Dieser wird im Zusammenhang mit Geschäftsmodellen über eine Komponente, die als Umsatz-, Erlös- oder Ertragsmodell bezeichnet wird, repräsentiert. Viele Konzepte geben Beispiele für diese Komponente, die im Folgenden als Erlösmodell bezeichnet wird, ohne jedoch eine tiefergehende Betrachtung durchzuführen.

Dieser Beitrag möchte hier ansetzen und einen Ansatz zur Detaillierung des Erlösmodells mit dem Ziel Gestaltungsparameter zu identifizieren, vorstellen. Darauf aufbauend werden erfolgreiche Geschäftsmodelle auf Elemente des vorgestellten Ansatzes projiziert und hinsichtlich der jeweiligen Bedeutung analysiert. Als Ergebnis dieser Betrachtung wird das Preismodell als ein wesentliches Gestaltungselement näher beschrieben und abschließend der Ansatz an Hand eines konkreten Beispiels verdeutlicht.

9.2 Gestaltungselement Erlösmodell

Detaillierung des Erlösmodells

Zunächst wird ein gemeinsames Verständnis hinsichtlich des Begriffes Erlösmodells geschaffen. In dem hier verwendeten Ansatz wird die Detaillierung des Erlösmodells wie in Abbildung 9.1 dargestellt in die drei Gestaltungsbereiche Erlösquelle, Preismodell und Preisgestaltung vorgeschlagen. Diese stehen miteinander in Zusammenhang und weisen daher auch Abhängigkeiten zueinander auf. Die Aufspaltung in diese drei Bereiche erleichtert eine differenzierte Betrachtung und Diskussion. Im Folgenden werden die Gestaltungsbereiche näher beschrieben.

Abbildung 9.1   Detaillierung Erlösmodell

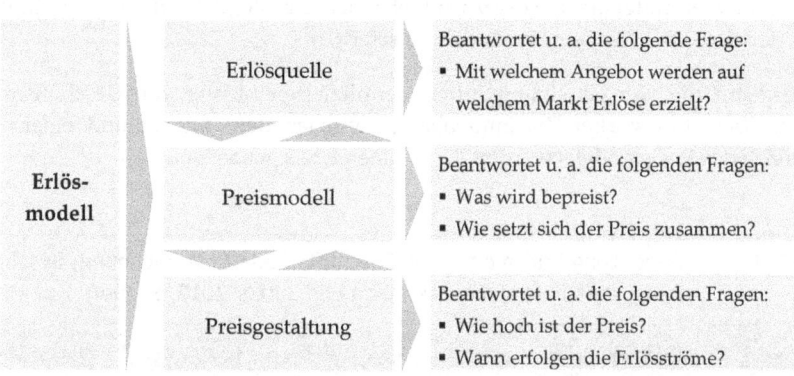

Die Erlösquelle beschreibt, mit welchem Angebot das Unternehmen auf welchem Markt Erlöse erzielt. Damit weist die Erlösquelle einen starken Zusammenhang zum erforderlichen Leistungsumfang/-inhalt und damit zu anderen Gestaltungselementen eines Geschäftsmodells auf. Sie gibt damit einen Gestaltungsrahmen für die Gestaltungsbereiche Preismodell und Preisgestaltung vor.

Das Preismodell gibt Antwort, in welcher Logik die identifizierte Erlösquelle bzw. Erlösquellen preislich umgesetzt werden. Dies umfasst die Festlegung der Bezugsgröße(n) und gibt damit die Struktur des Preises aus Kundensicht vor.

Die Preisgestaltung setzt sich mit der konkreten Preisfestlegung vor dem Hintergrund strategischer und operativer Preisentscheidungen auseinander. Darunter fallen auch, sofern nicht bereits durch das Preismodell vorbestimmt, die Ausgestaltung der Erlösströme und auch die Profitabilität der einzelnen Erlösquellen.

Erlösmodell als Ausgangspunkt für die Gestaltung von Geschäftsmodellen

Viele Konzepte sehen die Aufgabe des Erlösmodells darin, den durch das Geschäftsmodell geschaffenen Wert im Sinne eines „Value Capture" sicherzustellen. So betont Johnson die Wichtigkeit einer kraftvollen Nutzenpositionierung als Ausgangspunkt für die Gestaltung des Erlösmodells (Johnson 2010, S. 31). Diesen Ansatz kann man jedoch analog des Vorgehens bei der Bestimmung von Zielkosten auch umkehren. Dadurch erhält das Erlösmodell eine zusätzliche Aufgabe, da es nun Rahmenbedingungen an die Ausgestaltung der anderen Komponenten des Geschäftsmodells vorgibt. Im Sinne dieses Vorgehens wird die Kreativität an die Ausgestaltung des Geschäftsmodells herausgefordert. Dabei kann der initiale Anstoß von jedem der drei Gestaltungsbereiche des Erlösmodells ausgehen. So kann das Unternehmensziel nach der Erschließung von neuen Marktsegmenten zum Beispiel über den Preis und damit dem Element Preisgestaltung, die Erhöhung der Marktakzeptanz einer Innovation dem Element Preismodell oder die Identifikation einer neuen Erlösquelle dem Element Erlösquelle zugeordnet werden.

Im Folgenden werden die drei vorgestellten Gestaltungselemente des Erlösmodells hinsichtlich ihrer Bedeutung und damit Eignung als Ausgangspunkt für die Gestaltung von Geschäftsmodellen untersucht. Zusätzlich bietet sich die Möglichkeit das Verständnis hinsichtlich der einzelnen Elemente nochmals zu schärfen.

Dazu wird auf die von Gassmann/Sutter identifizierten Muster von Geschäftsmodellen zurückgegriffen. Ein starker Zusammenhang zwischen dem Muster und einem Gestaltungsbereich des Erlösmodells werden durch einen Kreis gekennzeichnet.

Tabelle 9.1 Bedeutung Erlösmodell für Geschäftsmodell (Bezeichnung, Beschreibung, Beispiele siehe Gassmann und Sutter 2010, S. 200ff.)

Bezeichnung Muster	Beschreibung Muster	Erlösquelle	Preismodell	Preisgestaltung	Beispiele
Mieten statt kaufen	Kein Kauf sondern Überlassung		○		z. B. Rolls-Royce (Triebwerke),
Freemium-Angebot	Kostenlose Basisvariante → Erweiterung Funktionalität ist zu bezahlen	○			z. B. Xing, Skype
Aikido-Prinzip	Diametral anderes Angebot				z. B. Universal Studios, Boutique-Hotels
Trennung von Einkunft und Kunde	Trennung von Umsatzquelle und Hauptadressat der Leistung	○			z. B. Google, Gratiszeitungen
Flatrate	Nutzungsunabhängige Preishöhe		○		z. B. Napster, Disney World
Mit Speck fängt man Mäuse	Günstige Einstiegsmöglichkeit und Folgegeschäft im Sinne Verbundgeschäftes			○	z. B. Gilette Rasierer, HP Drucker
Lock-in	Kundenbindung durch hohe Wechselkosten				z. B. Nespresso
Reduktion auf den Kern	Konzentration auf die eigentliche Aufgabe			○	z. B. Billigflieger, Discounter

Hohe Bedeutung des Elements für das Geschäftsmodell ○

Wie ersichtlich, besitzt das Erlösmodell mit den drei vorgestellten Gestaltungselementen gemäß der vorgenommenen Bewertung eine hohe Bedeutung für die betrachteten Geschäftsmodellmuster. Auch ist erkennbar, dass alle drei Gestaltungselemente als Ausgangspunkt für die Konzeption eines Geschäftsmodells in Betracht kommen können.

Für die praktische Entwicklung von Erlösmodellen sind zwei Vorgehensweisen möglich:

- Übertragung von vorhandenen Erlösmodellen und der darin enthaltenen Prinzipien auf die eigene Unternehmenssituation. Darauf aufbauend Evaluierung der unterlegten Prämissen hinsichtlich Unternehmen und Kunde/Markt und Zielpassung.

- Festlegung von Zielen an das Erlösmodell auf Basis der Rahmenbedingungen durch das Unternehmen, den Markt, Kunden und Wettbewerb. Darauf aufbauend die Identifikation von möglichen Erlösmodellen und Übertragung mit den darin enthaltenen Prinzipien auf die eigene Unternehmenssituation. Dieses Vorgehen setzt die Verfügbarkeit der erforderlichen Informationen voraus. Als Nachteil kann die Gefahr des vorzeitigen Ausschlusses von eigentlich potenziellen Alternativen angesehen werden.

Im Rahmen dieses Beitrags wird im Folgenden das Preismodell näher detailliert.

9.3 Preismodell

Das Preismodell gibt Auskunft über die Preisstruktur, das heißt, wie sich der Preis aus Sicht eines Kunden zusammensetzt.

Abbildung 9.2 Allgemeine Darstellung des Preismodells

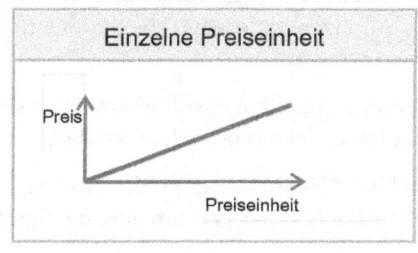
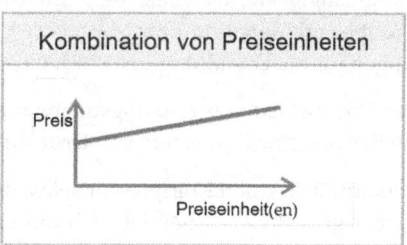

Zentrales Element dabei ist die Preiseinheit die bestimmt, mit welcher Größe die Preisbildung und damit die Verrechnung aus Kundensicht erfolgt. Der prinzipielle Zusammenhang zwischen der Preiseinheit bzw. den Preiseinheiten und dem daraus resultierenden Preis ist in Abbildung 9.2 dargestellt. Aus Gründen der Vereinfachung ist ein linearer Zusammenhang zwischen Preiseinheit und Preis dargestellt.

Zu beachten ist, dass die gewählte Preiseinheit sowohl die Kunden, den Nutzen des Angebots und damit den erreichbaren Markt als auch die daraus resultierenden Kosten beeinflusst (vgl. Nagele und Hogan 2007, S. 97ff. sowie McGrath und MacMillan 2005, S. 77ff.).

Preiseinheit

Allgemein kann sich die Preiseinheit aus Sicht des Anbieters auf das Angebot selbst und damit auf die Verkaufstransaktion, die Nutzung durch den Kunden oder das Ergebnis für den Kunden beziehen. Da die Preiseinheit in vielfältiger direkter oder indirekter Wirkung zu anderen Größen steht, kommt ihrer Festlegung eine besondere Bedeutung zu, wie in Abbildung 9.3 exemplarisch dargestellt.

Abbildung 9.3 Beispiele für direkte und indirekte Wirkungen der Preiseinheit

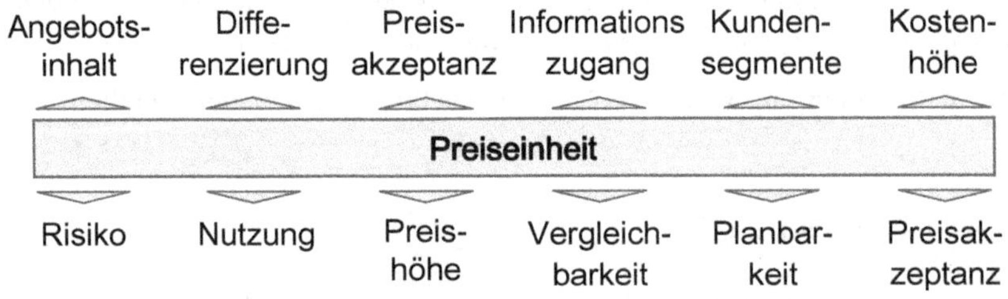

```
Angebots-   Diffe-      Preis-      Informations-  Kunden-     Kosten-
inhalt      renzierung  akzeptanz   zugang         segmente    höhe
                        ┌──────────────────────────────────────┐
                        │            Preiseinheit              │
                        └──────────────────────────────────────┘
Risiko      Nutzung     Preis-      Vergleich-     Planbar-    Preisak-
                        höhe        barkeit        keit        zeptanz
```

Ausgangspunkt für Überlegungen zur Preiseinheit sollte der Aufbau eines umfassenden Verständnisses hinsichtlich der Kunden sein. Dies erfordert die Auseinandersetzung u. a. mit den Werttreibern, dem Nutzungsverhalten, dem Umfeld, Wettbewerbern etc.

In Abhängigkeit der Ziele des Unternehmens einerseits und der vorhandenen Markt-/Wettbewerbssituation bzw. daraus resultierenden Ansätzen anderseits, können Stoßrichtungen für die Gestaltung der Preiseinheit identifiziert werden.

Der Unterschied von nutzungsunabhängigen und nutzungsabhängigen Preiseinheiten soll am Beispiel eines Anbieters von Druckluftkompressoren detailliert betrachtet werden.

Verkauft dieser den Kompressor selbst, ist die gewählte Preiseinheit das Produkt mit einem festgelegten Preis. Es handelt sich um eine einmalige Transaktion und um eine nutzungsunabhängige Preiseinheit.

Überlässt der Anbieter dem Kunden den Kompressor durch eine monatliche Miete, ist die gewählte Preiseinheit ebenfalls unabhängig von der Nutzung und bietet dem Kunden einen Finanzierungsvorteil.

Verrechnet der Anbieter die für den Kunden bereitgestellte Druckluft, die er auch entsprechend messen muss, handelt es sich um eine nutzungsabhängige Preiseinheit. Hier liegt das Risiko auf der Seite des Anbieters, da dieser nur im Fall der tatsächlichen Nutzung Einnahmen erzielt.

Setzt sich der Preis aus einer Kombination aus zwei Preiseinheiten, zum Beispiel einer nutzenunabhängigen und einer nutzenabhängigen Komponente, zusammen, erfolgt eine Teilung des Risikos, da eine Grundeinnahme für den Anbieter über den definierten nutzungsunabhängigen Grundbetrag vorhanden ist.

Der Übergang von einer produktfokussierten zu einer nutzungsabhängigen Preiseinheit hat u. a. folgende Wirkungen aus Kundensicht:

- Verknüpfung mit dem Werttreiber des Kunden
- Senkung des wirtschaftlichen Risikos für den Kunden
- glaubhafte Ausrichtung des Anbieters auf die Ziele des Kunden
- Verbesserung der Preiswahrnehmung bzw. des Preisverständnisses durch den Kunden

Für das Unternehmen können sich u. a. folgende Wirkungen ergeben:

- Differenzierung gegenüber dem Wettbewerb und damit Reduzierung der Preisvergleichbarkeit
- höhere Orientierung am Kundennutzen und damit Akzeptanz des Preises
- Anpassung/Änderung des Leistungsumfangs
- Übernahme von Aufgaben/Umfängen des Kunden
- Verstärkung der Kundenbeziehung bzw. Kundenbindung durch die gemeinsame Zielausrichtung
- Erhöhung bzw. Eröffnung des Zugangs zu Informationen bzgl. der Nutzung mit zeitnaher Verfügbarkeit

Somit sind neben der Auswirkung der Preiseinheit für den Kunden auch die Auswirkung auf die Unternehmensseite im Hinblick auf das Geschäftsmodell, Kundenbindung, Wettbewerbsdifferenzierung etc. zu identifizieren und zu bewerten.

Beispiele für die Umstellung der Preiseinheit

„Power by the Hour" nannte GE Aviation das Programm mit dem es von einer produktorientierten und damit nutzungsunabhängigen auf eine nutzungsabhängige Preiseinheit umstellte. Durch die Koppelung der Preiseinheit, die auch die Wartung inkludiert an den Werttreiber des Kunden nämlich Flugstunden, schaffte das Unternehmen eine Senkung des wirtschaftlichen Risikos für den Kunden und eine glaubwürdige Ausrichtung auf gemeinsame Ziele. Zusätzlich generieren sich auf Basis der Preiseinheit Flugstunden u. a. Informationen hinsichtlich der Einsatzzeiten der Triebwerke, Wartungen etc., die wiederum für die weitere Produktentwicklung und Wettbewerbsdifferenzierung genutzt werden können (vgl. Holden und Burton 2008, S. 121f., und Chesbrough 2011, 118ff.)

Software as a Service oder kurz SaaS ist ebenfalls ein Beispiel für die Umstellung der Preiseinheit mit hoher Umsatzentwicklung. Während Software traditionell über Lizenzen erworben wurde, stellt der Anbieter nun auch die entsprechende Hardware für den Betrieb bereit. Der Kunde benötigt daher nur einen Rechner mit Internetanschluss. Häufig verwendete Preiseinheit ist User pro Zeitraum. Für den Kunden reduziert sich durch das Angebot das Risiko hinsichtlich der Investitionen.

9.4 Beispiel

Das Erlösmodell mit seinen drei Gestaltungselementen soll in einem konkreten Beispiel vertieft werden. Es handelt sich um ein Unternehmen, das ein Medizintechnikprodukt, welches für die Überwachung von Vitalparametern während und nach Operationen eingesetzt wird, entwickelt.

Tabelle 9.2 Beispielhafte Erlösmodelle für ein Medizintechnikprodukt

Gestaltungselement	Variante 1: Produktverkauf	Variante 2: Vermietung	Variante 3: Verbundgeschäft	Variante 4: Nutzungsbezogen	Variante 5: Ergebnisbezogen
Erlösquelle	Produkt	Produkt	Produkt, Verbrauchsmaterial	Produkt, Verbrauchsmaterial	Produkt, Verbrauchsmaterial
Preismodell	Preiseinheit: Produkt	Preiseinheit: Zeitraum	Preiseinheit: Produkt, Verbrauchsmaterial	Preiseinheit: Operation oder Nutzungstag	Preiseinheit: Zielerreichung bei Verwendung
Preisgestaltung	In Abhängigkeit Differenzierung/Wettbewerb	In Abhängigkeit Wettbewerb evtl. kundenspezifisch	Betrachtung als Verbundgeschäft	Kundenspezifisch, Ausrichtung am Nutzen	Ausrichtung am Nutzen des Krankenhauses

Der Einsatz des Produktes verspricht sowohl für den Kunden als auch das Krankenhaus Vorteile. Bereits zu einem frühen Zeitpunkt denkt das Unternehmen über ein passendes Geschäfts-/Erlösmodell nach. Der traditionelle Ansatz lautet: Erlösquelle und darauf basierende Preiseinheit ist das Produkt; somit ist die Bepreisung des Produktes vor dem Hintergrund alternativer Wettbewerbsangebote die Herausforderung. Da dem Unternehmen die Bedeutung des Erlösmodells für den Erfolg des Geschäftsmodells bewusst ist, möchte es zunächst Alternativen hinsichtlich des Erlösmodells entwickeln, um diese in weiterer Folge im Rahmen von Marktforschungsaktivitäten zu evaluieren. In Tabelle 9.2 sind exemplarisch entwickelte Ansätze als Ergebnis einer Übertragung von vorhandenen Erlösmodellen auf den Unternehmenskontext dargestellt. Wie ersichtlich, sind verschiedene Varianten für das Erlösmodell, die ihrerseits auch unterschiedliche Anforderungen an die Ausgestaltung der restlichen Komponenten des Geschäftsmodells erforderlich machen, entwickelt worden. Die im Rahmen der Entwicklung der Erlösmodelle unterstellten Prämissen und Voraussetzungen ergeben einen guten Leitfaden für die Marktanalyse und eine darauf aufbauende Bewertung.

9.5 Praxistipp

Welches Erlösmodell wollen wir für unser Geschäftsmodell nutzen? Diese Frage kann ein vielversprechender Ausgangspunkt bei der Entwicklung von Geschäftsmodellen sein. Die bewusste Beschäftigung mit den Elementen eines Erlösmodells eröffnet einen Gestaltungsraum, der auf Grund mentaler Barrieren oftmals nicht bewusst betrachtet bzw. aktiv genutzt wird. Der Ansatz, vorhandene Erlösmodelle und die darin enthaltenden Prinzipien auf das eigene Unternehmen zu übertragen, ist dabei ein guter Einstieg.

9.6 Zusammenfassung und Ausblick

Im Rahmen der Entwicklung von Geschäftsmodellinnovationen kann die aktive Beschäftigung mit dem Erlösmodell auf Grund der Bedeutung des Preises sowohl für den Kunden als auch den Anbieter ein lohnender Ausgangspunkt sein. So kann das Erlösmodell u. a. dazu beitragen potenzielle Märkte zu erschließen, die Markteinführung von Innovationen zu fördern und die Profitabilität des Anbieters zu erhöhen.

Im Rahmen dieses Beitrags wurde das Erlösmodell durch die Elemente Erlösquelle, Preismodell und Preisgestaltung beschrieben und gezeigt, dass der Impuls für die Gestaltung des Erlös- bzw. Geschäftsmodells von jedem der drei Elemente des Erlösmodells ausgehen kann.

Da die Gestaltung des Erlösmodells selbst einen Ansatz für die Differenzierung im Wettbewerb darstellt ist vor der wachsenden Preisbedeutung davon auszugehen, dass die Relevanz des Erlösmodells und damit die aktiv Entwicklung in den Unternehmen in Zukunft deutlich zunehmen wird.

Literatur

Chesbrough, H. (2011): Open services innovation: rethinking your business to grow and and compete in a new era

Gassmann, O.; Sutter, P. (2010): Praxiswissen Innovationsmanagement: Von der Idee zum Markterfolg, Hanser, München

Holden, R. K.; Burton, M. R. (2008): Pricing with confidence: 10 ways to stop leaving money on the table, John Wiley & Sons

Johnson, M. W. (2010): Seizing the white space: business model innovation for growth and renewal, Harvard Business School Publishing

McGrath, R. G., MacMillan, I. C. (2005): MarketBusters: 40 strategic moves that drive exceptional business growth, Harvard Business School Publishing

Nagle, T., Hogan, J. E. (2007): Strategie und Taktik in der Preispolitik: : profitable Entscheidungen treffen, Pearson Business

10 Woran Geschäftsmodellinnovationen scheitern

Eine Barrieren-orientierte Bestandsaufnahme

Dr. Stephan Friedrich von den Eichen, Univ-Prof. Dr. Kurt Matzler, Prof. Dr. Jörg Freiling, Prof. Dr. Johann Füller

Abstract

Geschäftsmodellinnovationen (GMI) erfreuen sich zunehmender Aufmerksamkeit (vgl. dazu Wirtz 2011, S. 9, der seit 2000 eine stetige Zunahme einschlägiger Wortmeldungen in der Wirtschaftsberichterstattung nachweist). Und das ist auch gut so, weisen GMI – etwa im Vergleich zu „klassischen" Produktinnovationen – Eigenschaften auf, die sich als Vorteil erweisen (können) (vgl. zusammenfassend Matzler et al. 2013): So etwa die Tatsache, dass GMI das Feld für Neues über das „Technische" hinaus erweitern und damit auch dort Raum für Innovationen schaffen, wo technologische Quantensprünge fehlen. Das Zusammenspiel mehrerer Dimensionen – der Kernleistung als solcher, der dahinterstehenden Wertschöpfungslogik, dem gewählte Marktangang und einer dazu stimmigen Erlöslogik – wie es für GMI charakteristisch ist, sorgt zudem für einen ungleich höheren Kopierschutz.

Und doch stellen wir fest, dass den überzeugenden Argumenten für GMI (a) nicht immer entsprechende Initiativen folgen und diese Initiativen (b) auch längst nicht immer zu (Markt-)Erfolgen führen. Grund genug für uns, das wichtige Thema GMI einmal aus einer anderen Perspektive zu beleuchten. Im Mittelpunkt stehen jene Barrieren, an denen GMI vielfach scheitern – konkret die Bewusstseins-, Such-, System-, Logik- und Kulturbarriere – sowie erste Ansatzpunkte wie diese zu überwinden sind.

Keywords:
Geschäftsmodellinnovation, Innovationsbarrieren, Bewusstseinsbarriere, Suchbarriere, Systembarriere, Logikbarriere, Kulturbarriere, Innovationsmanagement

10.1 Einstimmung

Bei der Analyse des Scheiterns von GMI stößt man auf ganz unterschiedliche Barrieren: Mentale Dinge spielen eine Rolle. Aber auch strukturell-prozessuale Aspekte. Etwa die Tatsache, dass die im Unternehmen etablierten Innovationsprozesse und -routinen vielleicht den Produktinnovationen gerecht werden, aber für GMI nicht eben förderlich sind. Und wir stoßen auf kulturelle Hemmnisse: Allen voran auf die „späte" Erkenntnis im Management, dass das Neue in Form der GMI nun so andersartig daher kommt, dass es alsbald gegen Abstoßmechanismen anzukämpfen hat.

Ohne jeden Anspruch auf Vollständigkeit, durchaus subjektiv geprägt, aber dann doch durch reale Projekterfahrungen und stellenweise auch durch empirische Evidenz untermauert, bewegen wir uns im Folgenden entlang eines (gedachten) Zyklus einer GMI – und konzentrieren uns dabei auf Barrieren, die für GMI–gehemmte Unternehmen charakteristisch sind: Die Bewusstseins-, Such-, System-, Logik- und Kulturbarriere.

Insgesamt wollen wir dazu beitragen, das große Potenzial, das GMI bergen, (besser) zu heben. Dafür setzen wir den Hebel bei den Hemmnissen an, die als solche längst nicht immer zu erkennen sind. Jede Organisation weist ihre „blinden Flecken" auf. Unser konkretes Anliegen ist zunächst eine Sensibilisierung. Alsdann geht es uns um Reflektion: Wir beschreiben kurz das Wesen der von uns identifizierten Barrieren, so kann der Leser vor dem Hintergrund seiner Erfahrungen „gegenspiegeln". Schließlich geht es uns um Impulse in Form von (ersten) Ansatzpunkten, wie die einzelnen Barrieren zu überwinden sind.

10.2 Bewusstseinsbarriere

Amazon, Google, Nespresso, Ryanair, Starbucks, Zara, Amazon, Zotter – an beeindruckenden Erfolgsgeschichten mangelt es in Bezug auf GMI nicht. Insgesamt scheinen GMI auf dem Vormarsch (vgl. zum Beispiel Teece 2010 oder McGrath 2011). Zielen vor Jahren lediglich zehn Prozent der F&E-Budgets auf GMI, stellt die IBM CEO Studie 2009 fest, dass praktisch alle CEOs ihre Geschäftsmodelle anpassen. 70 Prozent der Befragten sehen in GMI sogar eine ihrer strategischen Prioritäten. Und doch halten wir die These aufrecht: GMI sind weiterhin unterrepräsentiert – und daran trägt nicht zuletzt die Bewusstseinsbarriere Schuld. Machen Sie dazu einmal die Probe aufs Exempel. Schließen Sie einen Moment die Augen und denken Sie an Innovation... Welche Bilder entstehen? Was sich tagein tagaus – sei es in Gesprächen im Führungskreis, sei es in konkreten Ideationsinitiativen – bestätigt: Wir sind auf *Produkte* geeicht. Einerseits verständlich, denn in Produkten manifestiert sich das Neue; es wird (besser) greifbar. Andererseits unverständlich, denn die Vorteile von GMI liegen auf der Hand. Wir sind einmal mehr Gefangene unserer Denkautobahnen. Unser Betrachtungsfokus ist zu eng – und diese Enge zieht sich durch, beim Portfolio, bei der Reflektion über Suchfelder, bei der Bewertung von Ideen wie auch bei den Anreizen. Die erste Barriere ist unser Denken – insofern bedarf es zunächst also einer Bewusstseinsleistung.

Ein Patentrezept für diese „Bewusstseinserweiterung" haben wir keines. Als Lösungsvorschlag können wir anbieten – alleine oder im Führungskreis –, nochmals die spezifischen Chancen-/Risikoprofile der einzelnen Innovationstypen zu reflektieren:

- Welche Anstrengungen sind heute durch uns/gemeinsam mit Partnern erforderlich, um inkrementelle/radikale Produktinnovationen zu schaffen?

- Was tun, wenn alle technologischen Anstrengungen nicht ausreichen, um eine wirkliche Differenzierung und einen messbaren Kundennutzen zu erzielen?

- Wie sicher können wir sein, sollte die Produktinnovation doch gelingen, auch die Kapitalisierung der Anstrengungen zu realisieren (Stichwort: Kopierschutz)?

Und dort, wo man sich nach wie vor schwer tut, das vertraute Terrain der Produktinnovationen zu verlassen, bewährt sich ein anderer Ansatzpunkt: Weichen Sie die strikte Trennung in Produktinnovationen auf der einen und GMI auf der anderen Seite auf. Was genau verbirgt sich dahinter? Inventionen sind nichts ohne eine entsprechende Geschäftslogik. Gemeint ist ein tragfähiges Konzept, wie eine zunächst technische Lösung den Kunden erreicht, ihm Nutzen stiftet und daraus schließlich ein Geschäft für den Innovator entsteht. Was hindert uns daran, bei der Ausgestaltung dieser Geschäftslogik auch an anderen Stellen – etwa bei der Wertschöpfungslogik, dem Marktangang, der Erlöslogik – „quer" zu denken und dem Neuen auch jenseits der Produkteigenschaften Raum zu geben? Inventionen, denen das Zeug zu einem technologischen Quantensprung fehlt, können auf diese Weise zu erfolgreichen GMI reifen. Nespresso ist nur ein Beispiel dafür, wie sich – ausgehend von einer technischen Lösung (der Kapsel) eine einzigartige und in sich stimmige Geschäftslogik formiert, die gleich bei mehreren Dimensionen (Wertschöpfung, Marktangang, Erlöslogik) auf Innovationen setzt (ausführlich zu GMI Nespresso: Matzler et al. 2013). Das aber, soviel sei vorweg genommen, fordert eine andere Herangehensweise bei Suche, Detaillierung und Bewertung von Innovationen als wir sie gewohnt sind.

10.3 Suchbarriere

Die Suchbarriere resultiert aus einem unklaren „Wo", „Wie & Was" und „durch Wen" gesucht werden soll. Starten wir mit dem „Wo": Hierbei erinnert so manches an die Geschichte von den beiden Arbeitskollegen, die nach einer feuchtfröhlichen Betriebsfeier den Heimweg antreten und einer von ihnen plötzlich seinen Haustürschlüssel vermisst. Der gutgemeinte Rat des Kollegen: „Lass uns dort drüben unter der Laterne suchen, da ist es wenigstens hell." GMI fordern anderes von uns ein, denn man muss auch und ganz besonders an den „dunklen" Stellen suchen. Gemeint sind Stellen, an denen man üblicherweise nicht oder wenn, dann wenig systematisch sucht. Dabei helfen die Stichworte „Over-Engineering" und „Non-Consumer" weiter: Identifiziere das Vakuum, das Branchenführer durch ihre reifen, aber oftmals überdimensionierten Lösungen schaffen und analysiere die Bedürfnisse der Nicht-Käufer, für die die Produkte einfach zu teuer und/oder zu kompliziert sind. Zahlreiche Beispiele belegen, wie GMI ihren Weg gefunden haben, indem sie, als einfache Lösung, „spitz" in eine Nische starteten, die für die Großen der Branche uninteressant war.

Insgesamt darf ein innovatives Unternehmen im Hinblick auf das „Wo" seine relevanten Um- und Inwelten nicht zu eng definieren. Das gilt für GMI in besonderem Maße, denn sie setzen Perspektivenvielfalt voraus. Da ist es zweckmäßig, die Welten als Netzwerke zu denken und von der alten Vorstellung abzurücken, homogene „Segmente" würden die Wirklichkeit am besten „abbilden". Die Schnittstellen zwischen Unternehmen und die zwischen einzelnen Branchen erweisen sich heute als besonders innovationsträchtig. iTunes mag dies veranschaulichen. Hintergrund für diese erfolgreiche GMI ist die Bereitschaft und Offenheit zweier bis dato „getrennter" Branchen – die Musikindustrie auf der einen, die Unterhaltungselektronik auf der anderen Seite – die „Karten" aneinander zu legen, um (so) das Kundenbedürfnis ganzheitlich zu erfassen und (unbeschadet der eigenen Kompetenzen) entsprechende Lösungen zu entwickeln.

Blicken wir auf das „Wie & Was". Die relevanten Welten müssen einem laufenden „Scanning" unterzogen werden. Scanning bedeutet die ungefilterte Aufnahme von Signalen. Dabei sind die Signale sind immer „verrauscht". Dies verleitet zu einer Haltung, auf die „richtigen Informationen" zu warten. Wer auf Informationen, gar auf konkrete Hinweise des Kunden wartet, wartet vergebens. Stichwort Kunde: Richtig ist, Innovationen entstehen beim Kunden – und nur dort! Erst die Akzeptanz des Neuen als brauchbare, als ersehnte oder gar als einzigartige Problemlösung adelt das Neue zu einer Innovation (vgl. Friedrich von den Eichen und Sommerlatte 2007). Und doch ist es mit einer stärkeren Integration des Kunden nicht getan. Echte Innovationen brauchen einen gewissen Abstand zum Kunden und eine Emanzipation von artikulierten Bedürfnissen.

- Die Empirie belegt, dass jene Unternehmen, die auf ihre (Kern-)Kunden hören, in hohem Maße Gefahr laufen, disruptive Chancen zu verpassen bzw. sich disruptiven Angriffen Anderer aussetzen (vgl. ausführlich Christensen et al. 2011).
- Zudem gilt: Orientiert man sich „nur"" am Kunden, engt dies den Korridor stark ein. Am Ende beschränkt sich das „Neue" auf eine Fortschreibung des Bestehenden.

Bei Innovation kommt es darauf an, Signale aufzunehmen. Von innen und von außen – und das möglichst ungefiltert, um daraus ein gemeinsames Bild der Zukunft zu erzeugen (zum Umgang mit der Zukunft siehe auch Friedrich von den Eichen 2010 b). Innovationen im Allgemeinen und GMI im Besonderen setzen „Deutungsgemeinschaften" voraus. Die Vielfalt der Deutungsmöglichkeiten erklärt die Einzigartigkeit der Lösung und letztlich den Unternehmenserfolg. Die Deutungsleistung weist im Umkehrschluss darauf hin, wie sehr das Unternehmensschicksal davon abhängt, dass die Suche „offen" angelegt ist. Die Bereitschaft, mit Mehrdeutigkeit umzugehen, die Akzeptanz von Vielfalt und ein Bejahen von Komplexität stehen in einem direkten und positiven Verhältnis zur Deutungsleistung der Unternehmung. Allerdings steht dies nicht selten in direktem, negativen Verhältnis zu jenen „Werten", die unter dem Schlagwort „effizientes Innovationsmanagement" propagiert werden: Beschleunigung, Radikalität und Vereinfachung (vgl. Friedrich von den Eichen und Stahl 2006). Wir kommen darauf bei der „Systembarriere" nochmals zurück.

Das „Wie & Was" spiegelt sich in dem „durch Wen" wider: Früher waren Innovationen untrennbar mit der Person des Tüftlers verbunden. Später gab's dafür Spezialisten und Abteilungen. Innovationen entstanden aber *innerhalb* der Branche, *innerhalb* des Unternehmens und (größtenteils) auch *innerhalb* einer Abteilung – der Forschung & Entwicklung. Dort, wo Innovation immer stärker zu Transformationsleistungen werden, indem Lösungen von einem in einen anderen Kontext übertragen werden – und das ist bei GMI häufig der Fall – kann dies nicht mehr im Unternehmen und nur bedingt in der eigenen Branche erfolgen. Und dort, wo Innovationen viele Perspektiven benötigen – und auch das ist GMI systemimmanent – darf dies nicht mehr an einzelne Abteilungen gebunden sein.

Zusammenfassend hat die Überwindung der Suchbarriere viel mit „Öffnung" (und deren „Schwesterdisziplin" Vernetzung) zu tun. Das führt unweigerlich zum Schlagwort „Open Innovation", was für uns weit über die Integration des Kunden in den Entwicklungsprozess hinaus geht. Die Herausforderungen sehen wir darin,

- die Suche über Unternehmens- und über Branchengrenzen hinweg zu vernetzen, um Kundenbedürfnisse „richtig", im Sinne von ganzheitlich, zu erfassen. Leider ähneln viele Unternehmen noch immer Festungen. Die Durchlässigkeit der Branchen-/Unternehmensgrenzen ist niedrig, eine gemeinsame Deutung der Zukunft fehlt, Informationen werden nur schrittweise preisgegeben und artifizielle, aus marketingtaktischen Erwägungen getroffene Segmentierungen verengen den Blick;

- möglichst das ganze Unternehmen (und nicht nur die F&E Abteilung) in aktive Sucharbeit zu bringen – und dabei die bekannten Schnittstellen zu Nahtstellen zu machen Eine zuletzt oftmals vernachlässigte Nahtstelle im Unternehmen, ist die zwischen Produktion und Entwicklung. Besonders erstere wurde als Randkompetenz leichtfertig ausgelagert. Dabei tragen Produktionsleute sehr oft wertvolle Ideen in embryonaler Form mit sich, die im Dialog mit Entwicklern zu handfesten GMI reifen können. Dasselbe gilt für die Nahtstelle zwischen Kundenservice und Entwicklung, die schon durch die unterschiedlichen Kulturen der beiden Funktionen als solche gar nicht erkannt wird. Selbst Logistiker und Entwickler können viel zum positiven Aufschaukeln der Ideen beitragen (vgl. Friedrich von den Eichen und Stahl 2006). Zu welchem positiven Ergebnis eine solche Öffnung führen kann, belegt ein Beispiel aus der Prozessindustrie: Der entscheidende Durchbruch in Richtung GMI für das Recyclinggeschäft kam nicht aus der F&E und auch nicht von den „Supply-Chain"-Kollegen, sondern aus der „allgemeinen Administration", die erstmals mit in die Suche eingebunden war;

- bei der der Suche (aber auch entlang des weiteren Prozesses) neben dem internen auch externes Wissen und Kreativität systematisch zu nutzen, um die Endlichkeit der „eigenen" Ressourcen zu überwinden („making the smartest people working for us").

Bleibt die Frage, wie diese Öffnung erreicht werden kann? Eine der Vorsteuergrößen erfolgreicher Öffnung ist die Überwindung (besser gleich das Ausmerzen) des „not-invented-here"-Syndroms, verstanden als die unreflektierte Ablehnung all jener Ideen, die von „außen" kommen – sei es von anderen Abteilungen, anderen Unternehmen, oder gar aus anderen Branchen. Das NIH-Syndrom liegt gewissermaßen „quer" zu den uns identifizierten GMI-Barrieren, denn es spielt bei der Such-, der System- wie auch bei der Kulturbarriere seine Rolle. Entsprechende Strukturen, insbesondere der Aufbau von „Innovation Communities", die das „Aufschaukeln" der Suche („build on the ideas of others") positiv beeinflussen, passende Anreize bis hin zu einer Steuerungslogik, die eine „gekapselte" Ideenarbeit sanktioniert – das alles mag helfen. Letztlich ist Öffnung aber stets eine Sache der generellen Einstellungen im Unternehmen und den Werten, die man von der Spitze vorgibt (und vor allem vorlebt!). Wie erfolgreich der Wandel von einem ausgeprägten „not invented here" zu „proudly found elsewhere" gelingen kann, zeigt Procter & Gamble mit seiner Initiative „Connect & Develop" (vgl. ausführlich Huston und Sakkab 2006). Dahinter steht die radikale Öffnung der Suche (wie der Innovationsarbeit insgesamt), die dazu führt, das heute bei der Hälfte aller P&G-Innovationen die wesentlichen Impulse von außen kommen.

10.4 Systembarriere

Das Innovationssystem – oder enger gefasst der jeweilige Innovationsprozess – kann sich durchaus als innovationshemmend erweisen. Da sind zunächst die „klassischen" Dysfunktionalitäten zu nennen, wie unklare Zuständigkeiten („Wohin mit meiner Idee?"), bürokratische Abläufe, „schwierige" Formularwelten oder verstopfte Instanzenwege, die Ideenfinder zu resignierenden Antragstellern werden lassen. Gefolgt von Intransparenz und fehlendem Feedback („Was ist mit meiner Idee? Nach welchen Kriterien wird hier eigentlich entschieden?") sowie falsche Anreize, die Neues eher ersticken, denn fördern.

Unter dem GMI-Betrachtungswinkel wollen wir den Blick stärker auf jene Hemmnisse lenken, die nicht aus generellen Dysfunktionalitäten des Prozesses resultieren, sondern gewissermaßen aus seiner „Übereffizienz". Wir fassen sie unter dem Begriff „Systembarriere" zusammen. Unternehmen – so unsere These –, die über (zu) wenige GMI verfügen, weisen diesen Mangel nicht deshalb auf, weil ihnen entsprechende Ansatzpunkte per se fehlen. Grund für diesen Mangel ist ihr Innovationsprozess, der GMI systematisch aussortiert – oder GMI erst gar nicht als „verfolgungswürdige" Idee erkennt. Das wirft die Frage auf, woran GMI systembedingt scheitern?

- Der Innovationsprozess ist am „Entry Gate" nicht in der Lage, GMI als solche zu erkennen. Der Blickwinkel ist zu eng und es werden klassische, auf Produktinnovationen ausgerichtete Kriterien angelegt.

- Obgleich GMI-Ideen weitergeleitet werden, stellt der Prozess zu früh die (für GMI) falschen Fragen. Dahinter steht etwa eine zu zahlengläubige Unternehmensführung, die alles von Anfang an „rechnen" möchte und dabei sogar das eigentliche Wesen von Investitionen verkennt: anfängliche Auszahlungen kommen deutlich vor späteren Einzahlungsüberschüssen. Dahinter stehen zu ehrgeizige Zeitziele, die den für GMI so wichtigen Kreislauf zwischen Erproben und Lernen entlang der relevanten GMI-Dimensionen zu früh abwürgt. Mit diesem verbindet sich wiederum eine zu enge Anbindung an die Bedürfnisse der (Kern-)Kunden, die insbesondere „radikale" GMI benachteiligt.

So wird die Luft für GMI – systembedingt – bisweilen recht dünn. Die logische Konsequenz: Der Anteil erfolgreicher GMI an der Innovationsleistung der Unternehmen verharrt vielfach auf niedrigem Niveau. Um Missverständnissen vorzubeugen: Wir reden nicht einem Protegé von GMI das Wort. Auch sie müssen einem genauso effizienten, wie transparenten Evaluationsprozess unterliegen, der aber Ideen inhalts- und nicht systemgetrieben selektioniert. Wie lässt sich hier Abhilfe schaffen? Einmal mehr fehlen uns die Patentrezepte – und doch kann man für GMI im Sinne eines „fairen Verfahrens" einiges tun:

- Stichwort „Hürden-Check": Um das Problem als solches greifbar zu machen, empfehlen wir, erfolgreiche GMI probeweise durch die eigene Analyse-/Bewertungslogik zu schleusen, um diese auf ihre Selektionsleistung und insbesondere auf spezifische Klippen hin zu durchleuchten.

- Stichwort „Evidenz-Zentrale": In der frühen Phase braucht es Klarheit über Art und Wesen einer Idee, um dann die richtigen Kriterien anzulegen und eine GMI nicht deshalb zu verwerfen, weil sie etwa einen bestimmten, technologischen Neuigkeitsgrad nicht erreicht.

- Stichwort „Wild Cards": Wer sicherstellen will, dass GMI – zumindest in der frühen Phase – ihren Platz in der Innovationslandschaft einnehmen, kann „feste" Projektplätze vergeben (ganz im Sinne von „Wild Cards"), die ausschließlich von GMI einzunehmen sind.

- Stichwort „Steuerungslogik": Insbesondere radikale GMI scheitern an Bedingungen, die einen Erfolg nahezu unmöglich machen. Wo es um evolutionäre GMI geht, braucht es intensive Vernetzung – und zwar nach innen über alle betrieblichen Funktionen hinweg. Je radikaler die GMI, desto wichtiger wird die Vernetzung nach außen. Perspektivenvielfalt spielt für GMI eine entscheidende Rolle. Insofern muss das System „offen" ausgelegt sein und sollt genügend Raum für Entschleunigung bieten. Evolutionäres braucht klar definierte Ziele, Abbruchkriterien und Meilensteine. Disruptive GMI brauchen einen eher „weichen" Ansatz für die Planung. Der Fortschritt beruht hier auf „Trial & Error". Feste Orientierungsgrößen, gar Vorgaben gibt es zunächst keine. Die eigentliche Lösung und der zu schaffende Kundennutzen muss schrittweise geschärft werden. Zusammenfassend dürfen disruptive GMI nicht der gleichen Ertrags- und Steuerungslogik unterworfen sein wie die sonstigen Investments (Stichwort „Welpenschutz").

- Stichwort „Separation": Wirklich Neues wird im Rahmen der bestehenden Operationen nicht gelingen. Wo es darum geht, bestehende Technologien, heutige Kunden und angestammte Märkte zu kannibalisieren, dort bedarf es eigener, unabhängiger Organisationseinheiten. Sie sollten sich ausschließlich um das Neue kümmern. Das entlastet zunächst die Innovatoren von all den gut gemeinten Ratschlägen aus dem Kollegenkreis, warum das Angestrebte nicht funktionieren wird. Es geht aber auch um Agilität. Auf diese Weise erlangen auch große Unternehmen jene Fähigkeit zurück, sich mit GMI in kleinen Märkten zu bewegen, die sie aufgrund des Wachstumshungers und der Renditevorgaben verloren haben. Und es geht um Motivation. Setzen Sie deshalb die Einheit anfangs nicht zu groß auf – auch BMW hat sein" i-Project" zunächst nur mit einer Handvoll Leute gestartet –, sodass bereits kleine Fortschritte als Erfolge gefeiert werden können.

Zusammenfassend hat die Überwindung der Systembarriere viel mit Komplexitätsmanagement zu tun – verstanden als bewusstes Bejahen und Meistern von Komplexität. Und dabei ist an dieser Stelle nicht die Komplexität gemeint, die GMI aufgrund ihrer Mehrdimensionalität immanent ist (wir kommen darauf bei der Logikbarriere gleich noch zu sprechen). Gemeint ist vielmehr jene Mehrgleisigkeit, der es bedarf, um das Neue im Spannungsfeld von evolutionär und disruptiv sowie von Prozess-, Produkt- und Geschäftsmodellinnovationen richtig und gut zu managen. Damit drängt sich die Frage auf, inwieweit ein einziger Innovationsprozess dem überhaupt gerecht werden kann – aber das ist wieder ein anderes Thema.

10.5 Logikbarriere

Kommen wir zur Logikbarriere. Wie oben bereits angemerkt: Der Innovationserfolg braucht beides: die Idee bzw. die Erfindung und eine entsprechende Logik, wie die Idee zum Kunden findet. Das gilt für GMI in besonderem Maße, weil sie ihre Innovationskraft aus der innovativen Gestaltung der einzelnen Dimensionen der Geschäftslogik zieht. Das Beispiel *Zotter Schokoladen Manufaktur* mag dies veranschaulichen: Der Erfolg basiert auf einer Reihe „unkonventioneller" Lösungen entlang der Dimensionen „Positionierung & Produktlogik" (Differenzierung durch Vielfalt & Eigenart), der Wertschöpfungslogik (hohe Wertschöpfungstiefe im Sinne eines „Bean to Bar"), der Marktangangslogik (eigene „Schoko-Läden") und einer eigenen Erlöslogik, was sich insgesamt zu einer einzigartigen und stimmigen Geschäftslogik addiert. Vielfach – und darin spüren wir die Logikbarriere – fehlen Antrieb, Anleitung und Anreize, jenseits von „bloßen" Ideen, stärker in Geschäftslogiken zu denken.

Woran Geschäftsmodellinnovationen scheitern

Abbildung 10.1 Matrix Value Capture/Value Creation

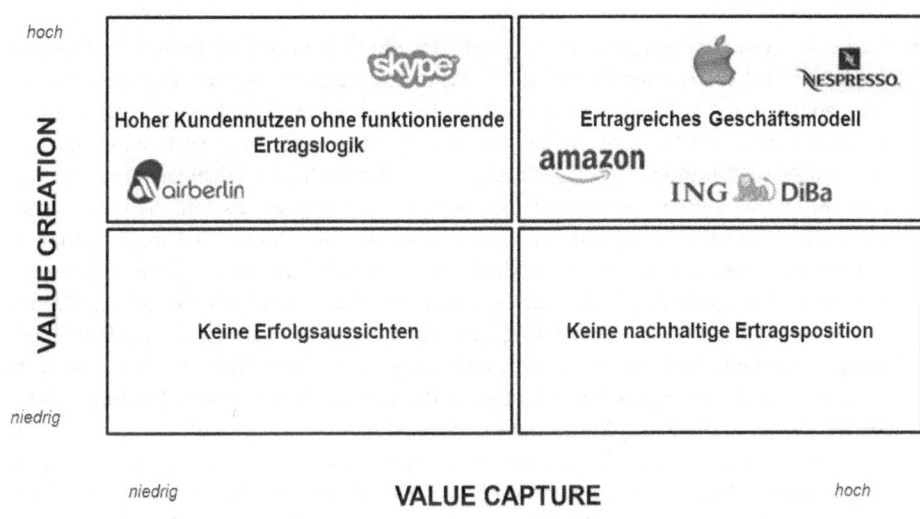

Der GMI-Betrachtungswinkel legt noch eine weitere Ausprägung dieser Barriere frei: Die Geschäftslogik als solche erweist sich als „un-logisch". Um diese Barriere besser greifen zu können, führen wir die Aspekte „Creating Value" und „Capturing Value" ein (vgl. Bowman und Ambrosini 2000). Generell beschreibt die Geschäftslogik die Art und Weise, wie ein Unternehmen sowohl Wert für seine Kunden schafft (Creating Value) und diesen Wert (zumindest teilweise) „monetarisiert" (Capturing Value), also in Gewinn umwandelt. Liegt der Kundennutzen über dem Preis entsteht Mehrwert für den Kunden. Liegen die Kosten unter dem Preis, entsteht (zudem) Gewinn für das Unternehmen. Beides, Creating Value und Capturing Value sind Messlatten für den Erfolg einer GMI. Die Praxis kennt dabei verschiedene Konstellationen: GMI im oberen linken Quadraten schaffen zwar Mehrwert für den Kunden, sind aber nicht in der Lage, den Kundennutzen in Gewinne umzuwandeln. Infolgedessen fällt der Mehrwert alleine dem Kunden zu. Das mag, wie im Fall *Skype* unmittelbar in der Erlöslogik begründet sein. Mit mehr als 660 Millionen Kunden weltweit, aber nur ca. acht Millionen Zahlenden, ist es *Skype* bislang nicht gelungen, ein tragfähiges Geschäft zu formen. Bisweilen verhindern aber auch andere Dimensionen – etwa die Wertschöpfungslogik – einen Gewinn. So etwa bei *Air Berlin*: Die Fluglinie wächst über Jahre, was auf Kundennutzen hindeutet. Und doch ist das Unternehmen stetig in der Verlustzone. Dem hybriden Geschäftsmodell zwischen klassischem Linienanbieter und „Low Cost Carrier" fehlt offenbar die Stimmigkeit. Wo lässt sich ansetzen, um diese Barriere zu entschärfen?

- Stichwort „ganzheitlich Denken": Ideenwettbewerbe fragen nach Ideen – und liefern (bei günstigem Ausgang) auch welche. Die gern postulierte „Ganzheitlichkeit" beschränkt sich auf ein Hinterfragen des Kundennutzens, auf ein Abschätzen möglicher

Marktpotenziale und auf das Rechnen eines „Businessplans". Fordern Sie also nicht (nur) Ideen, sondern Ganzheitlichkeit in Form eines Denkens und Handelns in Geschäftslogiken.

- Stichwort „Einzigartigkeit & Stimmigkeit": Es gibt gute und es gibt schlechte Geschäftslogiken. Mit den Kriterien Stimmigkeit und Einzigartigkeit lässt sich die Spreu vom Weizen trennen (ausführlich zu den Erfolgsfaktoren einer Geschäftslogik vgl. Friedrich von den Eichen 2010 a). Stimmigkeit steht für den Übergang vom Systematischen zum Systemischen. Stimmige Geschäftslogiken begreifen nicht nur die einzelnen Dimensionen, um diese innovativ auszugestalten und gut zu managen. Es geht vielmehr darum, diese Dimensionen auf ein gemeinsames Ziel – etwa die mit der GMI angestrebte Positionierung – auszurichten. Je besser die Dimensionen balanciert und je stringenter sie auf das Ziel ausgerichtet sind, desto höher die Kohärenz. Und je höher die Kohärenz eines Systems, desto höher seine Erfolgsaussichten. Eine unserer Studien bei über 100 Unternehmen zeigt: Dort, wo es Führungskräften gelingt, die strategische Rolle des Unternehmens mit der Komplexität (etwa bei Produkten, Varianten, Wertschöpfung oder Strukturen) und die Komplexität mit den Innovationsinitiativen zu balancieren, erwirtschaften Unternehmen einen Gewinn, der durchschnittlich sechsmal höher liegt als bei den „nicht-kohärenten" Unternehmen (vgl. Friedrich von den Eichen et al. 2007). Einzigartigkeit bezieht sich auf den Kundenwert, den eine GMI schafft: Entweder es gelingt, ein neues, bislang unbefriedigtes Bedürfnis zu decken oder es gelingt, ein bestehendes Bedürfnis auf eine andere Weise zu erfüllen – möglicherweise sogar beides. Je klarer das Verständnis über die Einzigartigkeit der Bedürfniserfüllung und je genauer die eigene Positionierung diese Einzigartigkeit transportiert, desto mehr kommt die Stimmigkeit zum Tragen.

- Stichwort „Erlöslogik": Besonderes Augenmerk sollte schließlich der Erlöslogik gelten. Sie bietet durchaus Ansatzpunkte für Innovation – etwa in Form von „Razor-Blade-Lösungen" à la *Gillette*. Dort hatte man seinerzeit die Rasierapparate ohne Marge (und am Ende ganz kostenlos) abgegeben, um Kaufanreize zu bieten und die Produktbasis im Markt zu verbreitern. Verdienen wollte man über die Gerätenutzung in Form der margenträchtigen Ersatzklingen. Diese Logik lässt sich auf andere Gebiete übertragen – von Kaffeekapseln bis hin zu Chemikalien zum Betrieb von automatisierten Waschanlagen. Vielfach vermissen wir bei Unternehmen in puncto Erlöslogik noch etwas die Kreativität; aber was gibt es schöneres, als darüber nachzudenken, wie man am geschaffenen Kundennutzen in fairer Weise partizipiert?

Zusammenfassend hat die Überwindung der Logikbarriere viel mit einem Denken (und Handeln) in Ganzheiten zu tun. Es geht darum, die GMI als System zu begreifen und das Zusammenspiel aus Positionierung, Angebots-, Wertschöpfungs-, Vermarktungs- und Erlöslogik mit Hingabe in der notwendigen Tiefe zu durchdringen. Das kostet Zeit und das kostet Kraft, aber es zahlt sich am Ende aus!

10.6 Kulturbarriere

Kultur ist ein mächtiges Wort. Wenn wir hier von Kulturbarrieren sprechen, dann beziehen wir uns auf einen kleinen Ausschnitt der generellen Problematik, dass nicht jeder dem Neuen gegenüber aufgeschlossen ist. Neues wird nicht unbedingt als Bereicherung gesehen – schon gar nicht, wenn es von außen kommt. Das NIH-Syndrom lässt grüßen. Von Jobunsicherheit bis zu einem verletzten Selbstwertgefühl reichen die Treiber, die Verteidigungsroutinen mobilisieren und den gesamten Innovationsprozess lahmlegen können. Ökonomische Vernunft taugt dabei selten als Gegenargument.

Was wir konkret unter Kulturbarriere verstehen, lässt sich am Beispiel *Hilti* beschreiben: Das Geschäft, das *Hilti* lange und erfolgreich betreibt, ist der Verkauf von Industrie- und Profielektrowerkzeug, als klassisches Transaktionsgeschäft. Es folgt der Schritt ins Flottengeschäft: Die Vermietung von Werkzeugen verspricht höhere Margen, trägt aber zusätzliche Komplexität ins Unternehmen. Die Geschäfte „ticken" in vielerlei Hinsicht anders. Diese Unterschiedlichkeit bekommt schließlich mit *Hilti Energy & Industry* nochmals neue Dimensionen. Mit dieser GMI will *Hilti* – über den Aufbau langfristiger Kundenbeziehungen – den Weg ins globale Projektgeschäft finden. Angesichts erster Erfolge „spürt" man die neue Geschäftslogik im Unternehmen, aber eben auch deren Andersartigkeit, die sich – bisweilen heftig – an den traditionellen Kraftlinien reibt. Die Kulturbarriere greift insofern „spät"; dann, wenn eine GMI ihren Markt, ihre Kunden und damit ihren Erfolg gefunden hat. Die Andersartigkeit wird offenbar. Es kommt zu Reibungen, die so stark werden können, dass sie das Unternehmen einer kulturellen Zerreißprobe aussetzen.

Was können wir dem Leser zum Umgang mit der Kulturbarriere mit auf den Weg geben?

- Stichwort „Start with the end in mind": Wer Neues fordert, gar radikale Innovationen beschwört, der muss sich darüber im Klaren sein, dass entsprechende GMI möglicherweise nach einem erheblich anderem Muster funktionieren als das bisherige Kerngeschäft, was andere Führung und andere Leute braucht und auch solche anzieht. GMI fordern, heißt Andersartigkeit akzeptieren – und das schließt kulturelle Andersartigkeit mit ein. Ein spätes Zurückrudern kostet Glaubwürdigkeit und konterkariert die Mobilisierung der Organisation, womöglich für immer! Allerdings sind uns nur wenige Fälle bekannt, bei denen das klassische Kerngeschäft und eine kulturell stark abweichende GMI unter einem (kulturellen) Dach erfolgreich sind. Als Ausweg bleibt, (a) die Erwartungen an und die Grenzen von Innovation gemeinsam zu erarbeiten und verständlich zu kommunizieren oder (b) der GMI kulturelle Autonomie zuzugestehen.

- Stichwort „kulturelle Autonomie": Wer an radikalen GMI festhalten, zugleich aber erkennbare, kraftzehrende Friktionen mit dem Kerngeschäft vermeiden will, der muss Bereichskulturen dulden – ja, solche fördern. Und dort, wo es darum geht, bestehende Technologien, heutige Kunden und angestammte Märkte zu kanibalisieren, dort empfehlen wir nicht nur unter dem Aspekt der Steuerung (siehe oben), sondern eben auch aus kultureller Sicht, die Separation und das Schaffen eigener, unabhängiger Organisationseinheiten mit eigenen Bereichskulturen.

Die Überwindung der Kulturbarriere hat viel mit Antizipation und Souveränität zu tun. Wo es notwendig ist, sind (kulturelle) Eigenständigkeit zu erhalten bzw. zu schaffen. Kulturelle „Gleichschaltung" mag oberflächlich für Ruhe sorgen. Aber diese Ruhe ist trügerisch, denn sie beschneidet das gedeihliche Fortkommen der GMI und das Thema bricht erfahrungsgemäß bei nächster Gelegenheit wieder auf.

10.7 Fazit

Barrieren für Neues gibt es viele. Wir haben hier den Betrachtungsausschnitt GMI gewählt – und uns dabei auf Hemmnisse konzentriert, die wir täglich spüren. Reflektieren und Hinterfragen bringt uns von den Symptomen zu den Treibern der Hemmnisse, die wir schließlich zu Barrieren zusammenführen. Das alles ist getragen von der Absicht, ein anschlussfähiges Bild zu erzeugen, das der Leser auf „sein" Unternehmen" projizieren und weiter verfeinern kann.

Die Überwindung der identifizierten Barrieren hat viel mit Offenheit, mit Öffnung, mit Vernetzung, mit dem Bejahen (und Meistern) von Komplexität und dem Denken und Handeln in Ganzheiten zu tun. Im Sinne eines ersten Fazits halten wir fest: Unser Innovationsmanagement reicht für Innovation nicht immer aus! Das haben wir mit Blick auf Disruptionen problematisiert (vgl. Christensen et al. 2011), verdient aber im Hinblick auf GMI nochmals gesonderte Erwähnung. Die über Jahre ausgegebene Maxime des „schneller, besser, billiger" setzt in den Unternehmen stillschweigend ein hohes Maß an Kreativität voraus, entzieht dieser aber gleichzeitig die Grundlage. Je effizienter die Prozesse, umso schneller tragen sie vorhandene Ideen in den Markt. Dieses „schneller und effizienter" führt vielerorts aber zugleich zu einem Austrocknen der Ideen. Die Beziehung zwischen Innovationsmanagement und GMI ist diffuser und diffiziler, als vielerorts dargestellt. Mehr „Management" sorgt nicht unbedingt für mehr GMI. Das Wesen der GMI und die Art der Barrieren stellen vielmehr manches in Frage, was im Zuge eines effizienten Innovationsmanagements postuliert und praktiziert wird. Hier ist noch einiges an Arbeit zu leisten, um die Unternehmen im Sinne der GMI zu mobilisieren – aber die Mühe lohnt, angesichts der großen Potenziale, die mit GMI verbunden sind.

Literatur

Bowman, C., Ambrosini, V. (2000): Value creation versus value capture: Towards a coherent definition of value in strategy, British Journal of Management, 11: 1-15

Christensen, C. M., Matzler, K., Friedrich von den Eichen, S. (2011): Innovator's Dilemma: Warum etablierte Unternehmen den Wettbewerb um bahnbrechende Innovationen verlieren. Vahlen Verlag, München

Friedrich von den Eichen, S. (2010 a): Geschäftslogik als Bezugspunkt der Strategiearbeit, IMP Perspectives, 2: 35-51

Friedrich von den Eichen, S. (2010 b): Zum (richtigen) Umgang mit dem Kommenden, Interview mit Tom Sommerlatte, in: IMP Perspectives, 2: 19-26

Friedrich von den Eichen, S. (2010 c): Vom prozesszentrierten zum systemischen Innovationsmanagement, in Handbuch der Unternehmensberatung, 12. Erg.-Lfg. IX/10; Erich Schmidt Verlag, Berlin

Friedrich von den Eichen, S., Matzler, K. (2012): Disruptive Innovationen erfolgreich managen, Symposion Publishing, Düsseldorf

Friedrich von den Eichen, S., Labriola, F., Wasner, R. (2007): Wann sich Innovationen lohnen, Harvard Business Manager, Dezember: 44–55

Friedrich von den Eichen, S., Sommerlatte, T. (2007): Innovation: Kundennutzen als Maß, Frankfurter Allgemeine Zeitung, 23.07.2007: 18.

Friedrich von den Eichen, S., Stahl, H. K. (2006): Der Ruf nach Innovationen. Die vernachlässigten Vorsteuergrößen des Neuen. In: Sommerlatte, T. et al.: Handbuch der Unternehmensberatung. Berlin; Erich Schmitt, 3530, S. 1-11.

Huston, L., Sakkab, N. (2006), Connect and Develop: Inside Procter & Gamble's New Model for Innovation, Harvard Business Review, 84(3): 58-66

Matzler, K. Bailom, F., Friedrich von den Eichen, S., Thomas Kohler (2013): Business Model Innovation: Coffee Triumphs for Nespresso, in: Journal of Business Strategy (in Druck)

McGrath, R. G. (2011): When your business model is in trouble, Harvard Business Review, 89(1): 96-98.

Teece, D. J. (2010): Business models, business strategy and innovation, Long Range Planning, 43(2-3): 172-194.

Wirtz, B. (2011): Business Model Management, 2. Auflage; Springer Gabler Verlag, Berlin

11 Innovation System Design Modell

DI Dr. Manfred Peritsch, DI Dr. Hans Lercher

Abstract

Für das Thema Innovation verantwortliche ManagerInnen stehen vor komplexen Herausforderungen, die Innovationsleistungen ihrer Unternehmen ständig zu steigern. DI Dr. Manfred Peritsch und DI Dr. Hans Lercher stellen mit dem Innovation System Design Modell einen praxistauglichen Orientierungsrahmen vor, der InnovationsmanagerInnen unterstützt, den Reifegrad und die Komplexität eines Innovationsmanagementsystems zu analysieren, klare Ziele zur Gestaltung des Innovationssystems zu definieren und Maßnahmen zur Steigerung der Innovationsleistung abzuleiten.

Die Praxiserfahrungen mit dem Innovation System Design Modell zeigen, dass Unternehmen diese Mischung aus zeitlicher und systemtheoretischer Perspektive des Innovationsmanagements als sehr hilfreich empfinden, wenn es darum geht, die strategische Rolle von Innovation für das betreffende Unternehmen zu klären, mit einer Ist-Analyse das Innovationssystem besser zu verstehen, die aktuelle Innovationsfähigkeit zu bestimmen, Ziele für die Innovationssystemgestaltung zu definieren und Schwerpunkte für die Innovationsleistungssteigerung zu setzen. Die Autoren betreiben ein umfangreiches Forschungsprogramm, um rund um das Innovation System Design Modell eine Gestaltungsmethodik für das Innovationsmanagement weiterzuentwickeln und zu verfeinern, die InnovationsmanagerInnen dabei unterstützen soll, ihre Unternehmen methodisch fundiert in Richtung Innovation Excellence zu entwickeln.

Keywords:
Strategie, Innovationssystem, Leistungssteigerung, Systemdesign

11.1 Einleitung

Das Erreichen von Innovation Excellence wird immer wichtiger für nachhaltige Wertsteigerung und zu einem zentralen Bestandteil der Strategie (Hinterhuber 2012). Galt das noch vor einiger Zeit eher für große Technologieunternehmen im globalen Wettbewerb, so ist das erfolgreiche Implementieren neuer Leistungsangebote am Markt in allen Wirtschaftssektoren – von der Rohstoffgewinnung über Industriegüter- und Konsumgüterproduktion bis hinein in den Handel- und Dienstleistungsbereich – geradezu ein Muss, um längerfristig bestehen zu können. Mittlerweile ist der Innovationsdruck auch in kleinen und mittleren Unternehmen so groß, dass dort ein zielgerichtetes Innovationsmanagement gefragt ist. In den letzten Jahren ist auf der Grundlage dieser Entwicklungen ein neues Berufsbild – „InnovationsmanagerIn" – entstanden. Das Aufgabenfeld von InnovationsmanagerInnen ist umfangreich und in der Praxis sehr unternehmensspezifisch ausgestaltet. Es reicht von operativen Assistenzleistungen und Projektmanagementaufgaben in der Forschung & Entwicklung, über Implementierung von Ideenmanagement-Initiativen, Organisationsentwicklungsmaßnahmen zur Verbesserung von Innovationsprozessen, strategischen Aufgaben im Bereich Marktforschung, Trendscouting, Portfoliomanagement und Business Development, bis hin zu Initiativen zur Förderung der Innovationskultur, wie die Ergebnisse einer Umfrage unter 20 InnovationsmanagerInnen im deutschsprachigen Raum zeigen (Abbildung 11.1) (Inknowaction 2011).

Abbildung 11.1   Kurzstudie Berufsbild Innovationsmanager (n=20)

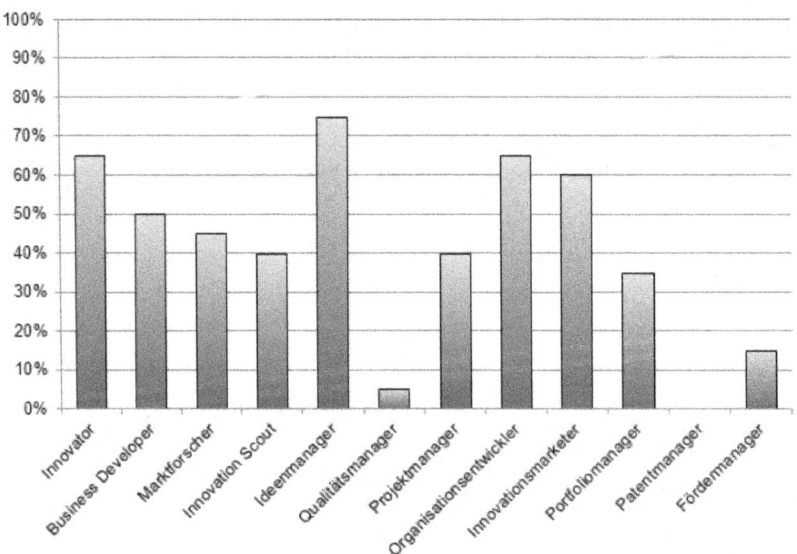

Obwohl das Aufgabenfeld von InnovationsmanagerInnen sehr heterogen ist, ist die Grundmotivation der Unternehmen, die derartige Stellen etablieren, sehr ähnlich. Es geht ihnen darum, die Innovationsleistung des Unternehmens voranzutreiben. InnovationsmanagerInnen sind daher gefordert, Initiativen in ihrem Tätigkeitsbereich zu setzen, die diesem übergeordneten Ziel – Steigerung der Innovationsleistung – gerecht werden. In der betrieblichen Praxis gestaltet sich das Identifizieren und Umsetzen von Maßnahmen zur Steigerung der Innovationsleistung oftmals als sehr schwierig und häufig bleibt die Hebelwirkung von InnovationsmanagerInnen gering.

11.2   Kurzer Überblick zur Innovation Excellence Forschung

Es ist daher nicht verwunderlich, dass sich eine große Anzahl von Autoren weltweit dem Thema Innovation Excellence annehmen, Modelle, Werkzeuge und Vorgehen entwickeln, Erfolgsfaktoren empirisch untersuchen und Best Practice Beispiele dokumentieren, um das notwendige Orientierungswissen für die Bewältigung dieser komplexen Gestaltungsaufgabe zu schaffen.

Innovation Excellence Modelle

Exzellenzmodelle sind in der Managementliteratur vor allem im Bereich Qualität verbreitet. Das Excellence Model der European Foundation for Quality Management (EFQM) zählt zu den in der Praxis am weitest verbreiteten Modellen (Abbildung 11.2) (EFQM 2012). Es bildet die Grundlage für das Total Quality Management (TQM) und unterstützt Unternehmen bei der Messung und Verbesserung ihrer qualitätsbezogenen Leistungen.

Abbildung 11.2   EFQM-Modell 2013

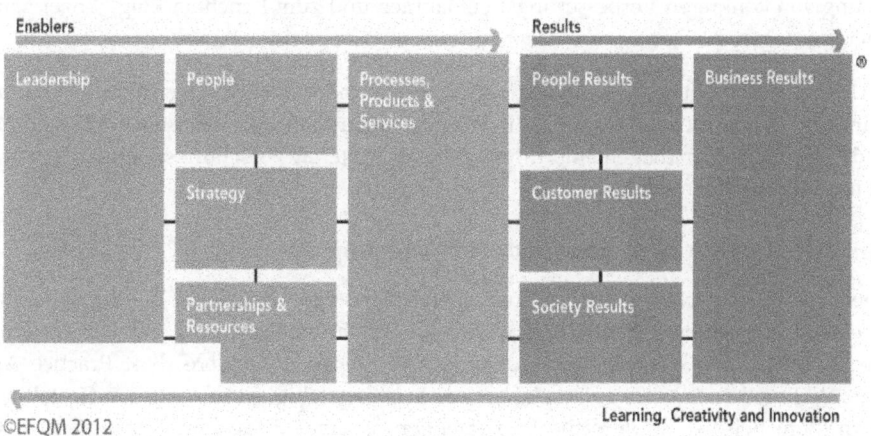

Das EFQM Modell vereint die leistungsbeeinflussenden Elemente (Befähiger) mit der mehrdimensionalen Ergebnismessung und einem Optimierungsprozess, der auf der regelmäßigen Analyse der Leistungsbeeinflusser und der erzielten Qualitätsergebnisse beruht und auf diese Weise kreative Lösungen zur Qualitätssteigerung stimuliert (Innovation und Lernen). Durch konsequente Anwendung dieses Modells erreicht man über die Zeit exzellente Qualität. Angelehnt an derartige Exzellenzmodelle haben Management-Beratungsunternehmen und akademische Innovationsforscher Innovation Excellence Modelle zur Beschreibung der Gestaltungsfelder und der wichtigsten Erfolgsfaktoren im Innovationsmanagement entwickelt (Hinterhuber 2012, A. T. Kearney 2005, Fraunhofer IAO 2005, Kirchgeorg et al. 2010, Plattform für Innovationsmanagement Austria o. J.) und als Grundlage für die Messbarkeit von Innovation Excellence herangezogen. Abgesehen von den unterschiedlich gewählten Darstellungsformen herrscht in diesen Modellen große Übereinstimmung bezüglich der erfolgskritischen Gestaltungsfelder – Innovationskultur – Strategie – Prozesse – Struktur – Kompetenzen – Ressourcen, die einen wesentlichen Einfluss auf die Innovationsleistung haben.

Innovationsaudits

Auf Basis der Innovation Excellence Modelle haben Innovationsforscher umfangreiche Assessment-Werkzeuge zur Beurteilung der Innovationsfähigkeit von Unternehmen entwickelt (Hinterhuber 2012, Braun 2001, Diedrichs und Brunswicker 2010, Kirner et al 2007). Diese Innovationsaudits bestehen vielfach aus standardisierten Fragen zu einzelnen Gestaltungsfeldern des Innovationsmanagements und einer dahinter liegenden Skala zur Einschätzung des jeweiligen Befragungspunktes. Gerade die Beurteilungskriterien und -skalen stellen eine methodische Herausforderung dar, weil einerseits Kriterien oftmals nicht leicht operationalisierbar sind und andererseits eine objektive Bewertung anhand eines klar definierten Bezugspunktes in vielen Fällen kaum möglich ist. Trotz aller Messproblematik werden Innovationsaudits in der Praxis vermehrt zur detaillierten Analyse der aktuellen Situation des Innovationsmanagements eines Unternehmens, zur Feststellung der konkreten Leistungsfähigkeit in einzelnen Gestaltungsfeldern, zur Ableitung und zur Wirkungsmessung von konkreten Verbesserungsmaßnahmen und zum Benchmarking ganzer Samples herangezogen.

Die Untersuchung einer größeren Anzahl an Firmen oder auch ganzer Sektoren in Bezug auf ihre Innovationsleistungen und die Analyse unternehmensspezifischer Ausgestaltungen des Innovationsmanagements führt zu einer weiteren Forschungsrichtung, die weltweit intensiv betrieben wird.

Empirische Innovationserfolgsfaktorenforschung

Sie geht der Frage nach, welche Faktoren einen besonderen Einfluss auf den Innovationserfolg eines Unternehmens haben und sucht nach Erklärungen, warum manche Unternehmen in Sachen Innovation bessere Leistungen erbringen als andere (Best Practice Approach). Während noch vor wenigen Jahren die Leistungsfähigkeit in einzelnen Gestaltungsfeldern (zum Beispiel Erfolgreiche Implementierung eines Stage-Gate-Konzeptes zur Gestaltung des Innovationsprozesses; Cooper 2002) besonders hervorgehoben wurde, um außergewöhnliche Innovationsleistungen zu erklären, gehen jüngere Publikationen mehr und mehr davon aus, dass Spitzenleistungen aus einem konsistenten Zusammenspiel verschiedener Gestaltungselemente resultieren, die in eine entsprechend leistungsfördernde Innovationskultur eingebettet sind (Kirchgeorg et al. 2010, Kirner et al. 2007, Jaruzelski et al. 2011, Thuriaux-Aleman et al. 2013; Meyer 2011). Vielfältige unternehmensinterne Einflüsse wie Führungsstil, Unternehmenskultur, Kernkompetenzen, Ertragssituation, Unternehmenshistorie und Wachstumsstrategie, sowie unternehmensexterne Faktoren wie Wettbewerbsintensität, Kundenverhalten und Marktlebenszyklus beeinflussen die Bedeutung und das Zusammenspiel erfolgskritischer Faktoren im Innovationsmanagement und damit das Zustandekommen von Innovation Excellence.

Bezieht man diese situativen Faktoren mit ein, deutet vieles darauf hin, dass es verschiedene Erfolgsmuster gibt, die zu Innovation Excellence führen können. Daher rückt das Zusammenspiel und die Ausgewogenheit verschiedener Gestaltungsmaßnahmen verstärkt in den Mittelpunkt des Interesses. Es stellt sich die Frage, welchen Reifegrad ein Unternehmen bei der Gestaltung von bestimmten Faktoren bereits erreicht hat und wie diese sich wechselseitig beeinflussen, um eine innovationssteigernde Wirkung zu entfalten.

Die Beschäftigung mit dieser Fragestellung führt zu einem noch sehr jungen Innovationsforschungsfeld, das sich mit der Reifegradbestimmung von Innovationssystemen und der reifegradspezifischen Gestaltung auseinandersetzt.

Innovationsreifegrad-Modelle

Reifegradmodelle haben ihren Ursprung in der Softwareentwicklung. Das bekannteste Modell ist das Capability Maturity Model Integration – Modell (CMMI), das seinen Ursprung am Software Engineering Institute (SEI) an der Carnegie Mellon University/Pittsburgh hat. Die Grundintention zur Entwicklung des CMMI-Konzeptes war, einen Überblick über bewährte Praktiken (zum Beispiel bei der Projektplanung) zu bekommen, die Stärken und Schwächen einer Organisation in Bezug auf ihre Softwareentwicklungsfähigkeiten objektiv zu analysieren, Verbesserungsmaßnahmen zu bestimmen und in eine sinnvolle Reihenfolge zu bringen (SEI 2011).

Diesen Gedanken greifen auch Innovationsreifegradmodelle auf. Sie versuchen ebenfalls eine Ordnungssystematik für bewährte Praktiken in wesentlichen Gestaltungsfeldern des Innovationsmanagements zu schaffen und für diese Gestaltungsfelder verschiedene Reifegrade zu definieren (Bürgin 2007, Essmann und du Perez 2009). Dabei werden Erkenntnisse aus den oben dargestellten Forschungsrichtungen aktiv aufgegriffen und den aus dem Ordnungsrahmen der Reifegradmodelle abgeleiteten Bausteinen zugeordnet. Zur Bestimmung von Reifegraden in einzelnen Bausteinen werden speziell abgestimmte Innovationsaudits durchgeführt.

Mit Hilfe dieser Reifegrad-Modelle lassen sich nun detaillierte Analysen mit den am Innovationsgeschehen Beteiligten bezüglich der Stärken und Schwächen des Innovationssystems realisieren und Handlungsbedarfe und Prioritätensetzung für konkrete Verbesserungsmaßnahmen zielgerichtet und systematisch ableiten.

11.3 Grundlagen der Modellbildung

Das in diesem Beitrag vorgestellte Modell baut auf den oben dargestellten Forschungsrichtungen im Innovationsmanagement auf und kombiniert die Erkenntnisse aus der Innovationsforschung mit Erfahrungen der Autoren aus einer Vielzahl von Projekten zur Leistungssteigerung von Innovationssystemen in technologieorientierten Unternehmen. Das vorliegende Modell ist daher auch auf die Steigerung der Innovationsleistung von technologieorientierten Unternehmen, die im weitesten Sinn dem produzierenden Sektor zuzurechnen sind, ausgerichtet.

Zeitliche Perspektive

Eine wesentliche Beobachtung, die im vorliegenden Modell Berücksichtigung findet, ist, dass Unternehmen unterschiedliche Ziele mit Innovationen verfolgen. Auf die Frage „Welchen Beitrag liefern Innovationen zum Erfolg ihres Unternehmens?", die wir Managern immer wieder stellen, antworten diese höchst unterschiedlich, zum Beispiel:

- „Bei uns bekommen anspruchsvolle Kunden die maßgeschneiderten Lösungen, die sie brauchen und sonst nirgendwo bekommen, das hat uns in den letzten Jahren einen sehr guten Ruf eingebracht."

- „Ich sehe eine Marktchance, die wir im kleinen Kreis besprechen und dann wird diese Idee so rasch wie möglich umgesetzt, damit ist es uns gelungen, mehrere neue Produkte in den Handel zu bringen."

- „Wir sehen Probleme bei Kunden, für die es am Markt noch keine Lösung gibt, die kommt dann von uns."

- „Innovationen sind unser Instrument, um unsere Produkte vom Mitbewerb abzuheben."

- „Wir brauchen organisches Wachstum, Innovationen eröffnen uns neue Kundensegmente und Märkte."

- „Unsere Wettbewerbsstrategie ist es, Pionier zu sein, das hat uns zum Marktführer gemacht und diese Position müssen wir uns durch einen ständigen Strom an Innovationen erhalten."

- „Innovation ist bei uns im Unternehmen tief verankert, die Mitarbeiter kommen immer wieder mit den tollsten Ideen, unsere Aufgabe ist es, daraus die erfolgreichen Geschäfte für morgen und übermorgen zu gestalten."

Eine mögliche Erklärung für diese große Bandbreite an Aussagen zur Bedeutung von Innovationen ist, dass sich die Ziele, die Unternehmen mit ihrem Innovationsmanagement verfolgen, über die Zeit und den Unternehmenslebenszyklus ändern können.

Ein wesentlicher Einflussfaktor, der auf die Ziele im Innovationsmanagement einwirkt, ist die Finanzkraft des Unternehmens. Unternehmen müssen sich Innovationsmanagement leisten können, denn jede Innovation beginnt mit einer Investition, um eine Idee so weit auszufeilen, dass daraus eine marktfähige Leistung wird. Hervorragende Innovationsleistungen erfordern daher einen entsprechenden finanziellen Spielraum (Hinterhuber 2012). Bereits am Beginn jedes Unternehmens muss dies gewährleistet werden. Vor allem technologieorientierte Start ups stehen hier vor besonderen Herausforderungen, weil in der Gründungsidee zumeist ein hohes Innovationsrisiko steckt, das einen großen finanziellen Spielraum erfordert, den diese Unternehmen sehr oft nicht haben. Dementsprechend groß ist auch die Scheiterrate bei jungen Technologieunternehmen. Unternehmen, die es geschafft haben, über diese erste Brandungswelle hinweg zu kommen, haben die Möglichkeit, sich aus dem laufenden Geschäft einen finanziellen Freiraum für neue Innovationsvorhaben zu schaffen. Über einen langen Zeitraum erfolgreiche Unternehmen haben ihr Risikoverhalten an die zum jeweiligen Zeitpunkt gegebenen finanziellen Möglichkeiten angepasst und daraus ergibt sich ein vielfach in der Praxis beobachtbares Muster sich verändernder Innovationsziele über die Zeit.

Bei Unternehmen, die im Laufe ihrer Unternehmensentwicklung anspruchsvoller werdende Innovationsziele verfolgen, ist auch eine Zunahme des Aufgabenumfangs im Innovationsmanagement zu beobachten.

In diesem Zusammenhang spielt ein weiterer Einflussfaktor für die Steigerung der Innovationsleistung eines Unternehmens eine bedeutende Rolle, das Innovationsbewusstsein des Topmanagements. Je bewusster sich Unternehmensverantwortliche sind, was sie mit dem Innovationsmanagement ihres Unternehmens bezwecken, desto zielgerichteter kann dessen Gestaltung erfolgen.

In der Praxis ist zu bemerken, dass viele Führungskräfte mit dem Thema Innovation sehr intuitiv umgehen. Eine Sensibilisierung des Managements bezüglich der Merkmale unterschiedlicher Innovationsaufgaben ist oftmals ein wesentlicher Grundstein, um ein Unternehmen auf ambitiösere Innovationsziele und neue Innovationsaufgaben vorzubereiten. Es macht einen Unterschied in der Gestaltung des Innovationsmanagements, ob ein Unternehmen in enger Kooperation mit Kunden innovative Einzellösungen realisiert, oder in der Lage ist, Branchenentwicklungen frühzeitig zu erkennen, um Produktinnovationen hervorzubringen, die eine Differenzierung gegenüber Mitbewerbern erlaubt. Je bewusster dem Topmanagement die Unterschiede verschiedener Innovationsaufgaben sind, und wie die Zusammenhänge zwischen den Innovationszielen, der gewählten Strategien und der Beherrschung der damit verbundenen Innovationsaufgaben sind, desto größer ist die Wahrscheinlichkeit hervorragende Innovationsleistungen hervorzubringen.

In Abbildung 11.3 sind die Entwicklung des Aufgabenumfangs im Innovationsmanagement und die sukzessive ambitionierter werdenden Innovationsziele über die Zeit dargestellt. Mit jeder Veränderung des Innovationszieles, ist ein Unternehmen gefordert, eine neue Innovationsaufgabe zu erlernen. Mit der Ausweitung des Aufgabenfeldes geht auch eine Neugewichtung des Innovationsaufgabenportfolios einher. Das Topmanagement muss sich intensiv damit auseinandersetzen, welche Bedeutung welchem Aufgabentyp beigemessen wird, welche Innovationsergebnisse mit welchen Aufgabentypen erreicht werden sollen und welche Ressourcen in welche Aufgabenfelder fließen.

Abbildung 11.3 Zeitliche Entwicklung von Innovationszielen und des zu beherrschenden Umfanges an Innovationsaufgaben (eigene Darstellung)

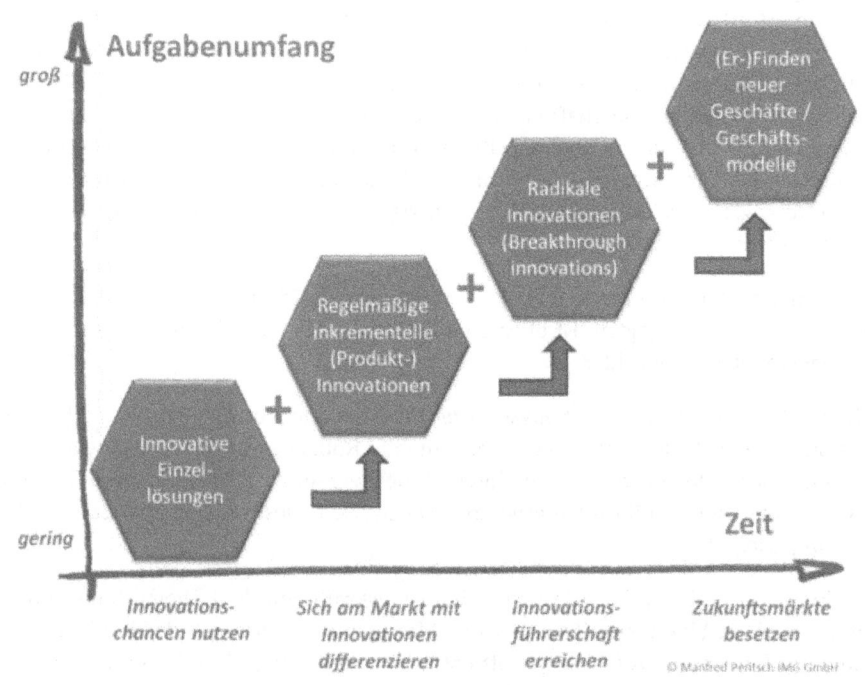

Am Beginn jeder erfolgreichen Innovationsgeschichte von Unternehmen oder neuer Geschäftseinheiten von Unternehmen steht ein erstes erfolgreiches Projekt, in dem auf neuartige Weise ein konkretes Kundenproblem gelöst wurde. Der Anstoß zu dieser realisierten Idee und der unternehmerische Kontext kann sehr unterschiedlich sein, beispielsweise die Gründungsidee eines angehenden Unternehmers, der dringende Wunsch eines wichtigen Kunden, den man mit dem bestehenden Leistungsangebot nicht erfüllen kann, die Beobachtung eines Managers, dass es für ein bestimmtes Problem noch keine Lösung gibt.

Es gibt viele in der Regel kleinere Unternehmen(seinheiten), die sich über lange Jahre auf das Nutzen von Innovationschancen fokussieren und mit hoher Kreativität und unter intensiver Kundeneinbindung und in möglichst kurzer Entwicklungszeit Einzelprobleme lösen. Unternehmen, die dieses Innovationsziel bewusst oder unbewusst verfolgen, findet man quer durch alle Branchen, darunter viele Sondermaschinen- und Sonderanlagenbauer, genauso wie Komponenten- und Teilefertiger, die sich als Entwicklungspartner für OEM positionieren, Softwareunternehmen, die kundenspezifische Lösungen anbieten oder Geschäftseinheiten des produzierenden Sektors, die neben ihrem Standardprogramm ein offenes Ohr für Sonderwünsche wichtiger Kunden haben. Einige Unternehmen, die die Innovationsaufgabe „Innovative Einzellösungen" perfektionieren, können sich auf diese Weise in ihrem Wettbewerbsumfeld dank der Innovationsleistungen einiger weniger Personen höchst erfolgreich und langfristig behaupten, ohne ihre Innovationsziele zu verändern.

Andere Unternehmen sind jedoch bedingt durch unternehmensinterne oder externe Faktoren gefordert, aufbauend auf ihren Erfolgen beim gelegenheitsgetriebenen Innovieren, eine Kontinuität beim Weiterentwickeln der aus einzelnen Innovationsvorhaben hervorgebrachten Produkte zu entwickeln, um sich von Mitbewerbern dauerhaft differenzieren zu können. Sie erweitern das Innovationsaufgabenportfolio um regelmäßige inkrementelle Produktinnovationen.

Auch auf dieser Stufe gibt es eine Vielzahl von Unternehmen, die in Sachen Innovation höchst erfolgreiche Strategien realisieren und mit knapp dotierten F&E Mitteln überdurchschnittlich pfiffige Lösungen generieren, die ihnen einen dauerhaften Differenzierungsvorteil gegenüber Mitbewerbern sichern und einen wahrnehmbaren Kundennutzen produzieren.

Manchen Unternehmen genügt es nicht, innovative Einzellösungen und inkrementelle Produktinnovationen zu realisieren. Sie streben an die Spitze. Sie definieren ihr Innovationsziel neu und wollen „Innovationsführerschaft erreichen". Die Innovationsaufgabe „Radikale Innovationen" zu erlernen, ohne an Leistungsfähigkeit im Bereich der regelmäßigen inkrementellen Produktinnovationen und an Agilität bei der Nutzung sich kurzfristig ergebender Innovationschancen zu verlieren, stellt an diesem Punkt der Unternehmensentwicklung eine große Herausforderung dar.

SIMON beschreibt diese Kategorie von Unternehmen, die es aus eigener Kraft zur internationalen Marktführerschaft in einem definierten (Nischen-)Markt gebracht haben, als hidden champions. Die allermeisten dieser Unternehmen haben sehr erfolgreiche Innovationsstrategien umgesetzt, die ihre Wachstumsdynamik und ihren Anspruch auf Marktführerschaft sicherstellen (Simon 2007).

Einige Unternehmen, die es zu Marktführern geschafft haben und diese Position auch dauerhaft verteidigen können, sind in der Lage, mittels ihrer über Jahre erworbenen Innovationskompetenz und der erlangten wirtschaftlichen Potenz in die „Königsklasse" der Innovationsaufgaben vorzudringen. Sie beschäftigen sich mit der systematischen (Er-)findung neuer Geschäftsfelder oder auch der Umsetzung revolutionärer Geschäftsmodelle. Sie sind von dem Ziel geleitet, aufkommende Zukunftsmärkte zu erkennen und sich dort rechtzeitig in Position zu bringen. Ist man in diesem Aufgabenfeld erfolgreich, bringt dies nochmals einen zusätzlichen Wachstumsschub und eine erfolgreiche Diversifikation der Unternehmensaktivitäten.

Das Erlernen der Innovationsaufgabe über bestehende Märkte, Geschäftsfelder und Branchenregeln und -grenzen hinauszudenken und Zukunftswissen in neue Geschäftsfeldideen und innovative, funktionierende Geschäftsmodelle zu verwandeln, steht in dieser Phase der Innovationsgeschichte eines Unternehmens im Brennpunkt. Obwohl die Themen Geschäftsmodellinnovation und Schaffen von Blue Oceans als neue Stars am Innovationstheoriehimmel schon seit geraumer Zeit funkeln, gibt es in der Realität nur ganz wenige Unternehmen, die diese Innovationsarten schon exzellent beherrschen.

Aus der zeitlichen Perspektive kann zusammengefasst gesagt werden, dass das Erreichen von Innovation Excellence in vielen Fällen einen Reife- und Wachstumsprozess über einen langjährigen Zeitraum bedingt, in dem sukzessive verschiedene Innovationsaufgaben erlernt und perfektioniert werden müssen. Unternehmensinterne als auch –externe Faktoren erfordern das Erlernen neuer Innovationsaufgaben und –arten im Laufe einer erfolgreichen Unternehmensentwicklung. Für jeden Aufgabentypus kann man eine herausragende Leistungsfähigkeit erreichen. Auf Grund der Unterschiedlichkeit der beschriebenen Innovationsaufgaben sind dazu jedoch unterschiedliche Gestaltungshebel wirksam.

Das vorliegende Innovation System Design Modell unterstützt die Analyse unterschiedlicher Innovationsziele und der relevanten, zu erfüllenden Aufgaben des Innovationsmanagements im Laufe der Unternehmensentwicklung und schafft damit die Voraussetzung für eine nach Aufgabentypus differenzierte Analyse des jeweiligen Exzellenzniveaus. Damit wird das Verständnis für die Zusammenhänge zwischen Innovationszielen, Strategien zur Zielerreichung und unterschiedlichen Innovationsaufgaben vertieft und das Ableiten von Gestaltungsmaßnahmen zur Leistungssteigerung erleichtert.

Systemperspektive

Ein weiteres Fundament des Innovation System Design Modell ist die Betrachtung von Innovationsmanagement als Systemgestaltungsaufgabe und die dahinter liegende Theorie adaptiver, komplexer Systeme und ihrer Anwendung in der Managementtheorie.

Die Berücksichtigung einer systemtheoretischen Perspektive bei der Modellbildung ist durch Beobachtungen in der Praxis begründet, dass in vielen Unternehmen die reduktionistische Betrachtung einzelner Gestaltungsansätze im Innovationsmanagement nur geringe Erfolge in Bezug auf die Steigerung der Innovationsleistung gebracht haben. Seit den 90-iger Jahren liegt beispielsweise ein zentraler Fokus vieler Unternehmen, bestärkt durch Studien und Bücher vieler Managementforscher und –berater, in der Implementierung von Innovationsprozessen. In der Praxis hat diese Maßnahme sicher einige Erfolge in der Aufgabenbewältigung bei regelmäßigen inkrementellen Produkt- und Prozessentwicklungen gebracht. Wenn es um die Nutzung von kurzfristigen Innovationschancen oder auch von strategisch notwendigen radikalen Innovationsvorhaben geht, hat diese starke Prozessorientierung aber kontraproduktive Effekte mit sich gebracht. Ein starres im jeweiligen Branchentakt sich vollziehendes Innovieren mit starker Vollkaskomentalität hat sich etabliert, die die Agilität für das schnelle Nutzen von Gelegenheiten oder den Mut für strategisch gewollte radikale Sprünge negativ beeinflusst (Meyer 2011).

Eine ganzheitliche und vernetzte Betrachtung des Innovationsmanagements unter Berücksichtigung harter Faktoren wie Erfolgsmessung, Strategien, Strukturen, Ressourcen und Prozesse aber auch weicher Faktoren wie Kultur, Kompetenzen und organisationales Lernen scheint Erfolg versprechender zu sein, wie zahlreiche mit Innovationen sehr erfolgreiche Unternehmen aus dem Kundenkreis der Autoren zeigen.

Diese Unternehmen haben bewusst oder vielfach auch unbewusst einen tendenziell evolutionären Umgang mit den Gestaltungsaufgaben im Innovationsmanagement, der den Eigenschaften komplexer, adaptiver Systeme eher gerecht wird. In der Praxis bedeutet dies, dass ManagerInnen oder EigentümerInnen kein Innovationsmanagement am Reißbrett konstruieren, das sie dann mit Schritt 1-2-3 Vorgehen umzusetzen versuchen, sondern tief mit der Nase in der täglichen Innovationspraxis steckend, in vielen kleinen und einigen großen Schritten am Innovationssystem arbeiten, meist mit einem visionären Ziel vor Augen.

HOLLAND definiert solche Systeme folgendermaßen:

> „Cas [complex adaptive systems] are systems that have a large numbers of components, often called agents, that interact and adapt or learn." (Holland 2006)

Für Innovationsverantwortliche lohnt es sich, für die Entwicklung eines gesamthaften Verständnisses in Bezug auf die Gestaltung von Innovationssystemen, sich mit deren Eigenschaften ein wenig zu beschäftigen.

Systemeigenschaft Komplexität

Komplexität wird dabei als eine Systemeigenschaft verstanden, deren Grad von der Anzahl der Systemelemente, der Vielzahl der Beziehungen zwischen den Elementen sowie der Anzahl möglicher Systemzustände abhängt (Schwenk-Willi 2001). Überträgt man diese Definition auf das Innovationsmanagement von Unternehmen besteht dieses System einerseits aus Personen (Agents), die in die Erfüllung der Innovationsaufgaben einbezogen sind, andererseits aus den für das Hervorbringen technologischer Innovationen notwendigen Hilfsmittel (components), wie zum Beispiel F&E – Infrastruktur, Informations- und Kommunikationsmittel, Dokumente, finanzielle Mittel, Schutzrechte u. a.m.. Die genannten Systemelemente interagieren auf vielfältige Art und Weise und Agents lernen mittels Versuchs- und Irrtumsprozessen wie man das System dazu bringt, einen gewünschten Output zu erzielen.

Systemeigenschaft Offenheit

Innovationssysteme sind offene Systeme, das heißt, sie stehen in Austauschbeziehungen mit umgebenden Systemen. Der Systemzweck ist es, die dem System von außen zugeführten Ressourcen (Finanzielle Mittel, Humanressourcen, im Unternehmen verfügbares Wissen, F&E Infrastruktur) in einen erfolgreichen Output in Form neuer Produkte, Prozesse, Leistungen bzw. Geschäftsbereiche und –modelle zu verwandeln, die ihre Wirkung im Markt entfalten.

Innovation Excellence kann aus dieser Systemperspektive demgemäß als überragende Systemleistung mit dem besten Input-/Outputverhältnis definiert werden. Im Sinne von Benchmarking zwischen einzelnen Unternehmen macht es aber nur Sinn, Innovationsleistungen von Unternehmen mit ähnlichen Systemzielen bzw. Innovationsaufgaben zu vergleichen. Eine Steigerung der Innovationsleistung erzielt ein Unternehmen entweder wenn bei gleich bleibendem oder geringerem Input über einen Messzeitraum ein höherer Output erzielt wird oder bei gleich bleibendem Output ein geringerer Input benötigt wird.

Abbildung 11.4 Steigerung der Innovationsleistung aus der Systemperspektive

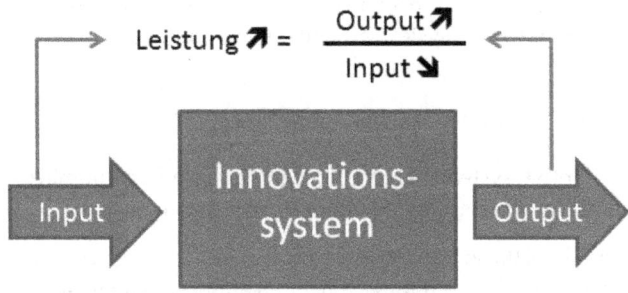

In der Praxis erweist sich die Bestimmung der Innovationsleistung durchaus als eine Herausforderung, da die Operationalisierung der Input- und Outputindikatoren schwierig ist. Mehrdimensionale Kennzahlensysteme, die sowohl Input-, System- und Outputelemente zur Messung der Innovationsleistung enthalten, sind gegenwärtig Stand der Forschung und halten vermehrt Einzug in die Praxis. Ein weiterer wichtiger Befund aus der empirischen Erfolgsfaktorenforschung, der sehr eindringlich darauf hinweist, dass einseitige Gestaltungsansätze im Innovationsmanagement offensichtlich zu kurz greifen, ist, dass es keine Korrelation zwischen der Höhe der eingesetzten F&E Mittel und dem Innovationserfolg gibt. Das heißt, dass eine Erhöhung von Inputfaktoren (mehr F&E Personal, mehr F&E Budget) nicht automatisch einen höheren Output (mehr Umsatz mit neuen Produkten) erzeugen, sondern das Systemverhalten einen maßgeblichen Einfluss hat.

Systemeigenschaft Adaptivität

Adaptivität beschreibt eine weitere Fähigkeit derartiger Systeme. Sie können die innere Struktur bzw. Beziehungen zwischen Systemelementen verändern und ihr Systemverhalten anpassen, wenn dies entweder durch Veränderungen im Systemumfeld notwendig wird oder sich durch systeminterne Versuchs-Irrtumsprozesse als vorteilhaft herausstellt. Adaptive Prozesse können sich in unterschiedlichen Geschwindigkeiten vollziehen und sowohl kleinere als auch große Strukturveränderungen bewirken, um die Systemstabilität als Grundvoraussetzung der Überlebensfähigkeit des Systems zu erhalten.

Innovation System Design Modell

Abbildung 11.5 Wechselwirkungen zwischen Innovationssystem und Umgebungssysteme und Komplexitätssprünge

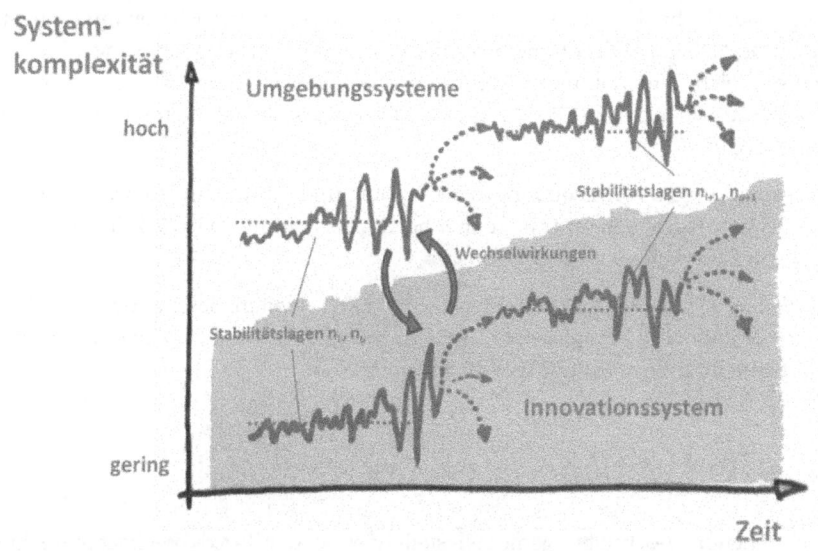

Ein Innovationssystem steht in ständiger Wechselwirkung mit seinen Umgebungssystemen, welche die jeweiligen Instabilitäten zu gewissen Zeiten dämpfen und zu anderen Zeiten verstärken. Erreicht die Instabilität eine kritische Größe führt dies zu massiven Veränderungen im jeweiligen System, im schlechtesten Fall zu dessen Zusammenbruch. Kann das Innovationssystem seine adaptiven Fähigkeiten in einer derartigen Situation aber richtig nutzen und die Phase der kritischen Instabilität überwinden, macht es einen Sprung auf eine höhere Ordnungsebene und erreicht eine neue Stabilitätslage (Abbildung 11.5) (Laszlo 1992). Mit diesem Sprung in der Systemkomplexität geht in der Regel auch eine Zunahme der Leistungsfähigkeit des Innovationssystems einher.

Die oben beschriebenen Eigenschaften von komplexen, adaptiven, offenen Systemen treffen auf das Innovationsmanagement von Unternehmen im besonderen Maß zu. In der Praxis lässt sich die hohe Varietät an Innovationssystemen sehr gut beobachten. Nicht umsonst ist das Hervorbringen von Innovationen zu einem Schlüsselfaktor im globalen Wettbewerb geworden, weil sich Unternehmen sehr unternehmensspezifische Fähigkeiten aneignen können, die einen großen Beitrag zum Schaffen von Kundennutzen leisten, die ein nachhaltiges Differenzierungspotenzial gegenüber Mitbewerbern sicherstellen und die ein Unternehmen auf neue Geschäftsfelder und Märkte übertragen kann. Leistungsfähige Innovationssysteme erfüllen damit alle Kriterien, die Kernkompetenzen charakterisieren. Für ein zielgerichtetes Gestalten der Kernkompetenz „Innovationen hervorbringen" ist es daher von großem Vorteil, ein tiefgreifendes Verständnis des Systemverhaltens und der Varietäten in den Systemzuständen zu erlangen

Drei wesentliche Erkenntnisse, die auch in die nachfolgende Modellbildung eingeflossen sind, lassen sich aus den bisherigen Überlegungen ableiten:

- Die Komplexität von Innovationsmanagementsystemen in einer erfolgreichen Unternehmensgeschichte ist abhängig von den Zielen, die ein Unternehmen mit Innovationen verfolgt und steigt bei Erhöhung des Aufgabenumfangs sprunghaft an. Mit Innovationen erfolgreiche Unternehmen erweitern ihre Innovationsaufgaben in einer bestimmten Abfolge, die sich aus der Höhe des Innovationsrisikos und der Komplexität der Innovationsart ergibt.

- Wechselwirkungen zwischen Innovationssystem und Systemumfeld beeinflussen massiv das Systemverhalten und sind daher bei der Gestaltung zu berücksichtigen, um die adaptiven Fähigkeiten optimal zu nutzen.

- Des Weiteren lässt sich aus der Systemtheorie auch ableiten, dass Innovationssysteme sowohl evolutionäre Lernprozesse als auch sprunghafte, radikale Adaptierungsprozesse im Laufe ihrer Entwicklungsgeschichte vollziehen.

11.4 Innovation System Design Modell

Das nachstehende Beschreibungsmodell stellt vier in der Praxis beobachtbare Entwicklungsstufen von Innovationsmanagementsystemen im produzierenden Sektor dar, aufgetragen über die Zeit und den Systemreifegrad.

Das Innovation System Design Modell bringt zum Ausdruck, dass sich der Wandel vom gelegenheitsgetriebenen Innovator zum Zukunftsgestalter in vier Evolutionsstufen vollzieht und drei mehr oder weniger radikale Transformationsphasen beinhaltet. Innerhalb einer Evolutionsstufe vollzieht sich die Leistungssteigerung auf Basis inkrementeller Lernschritte ähnlich des aus dem Technologiemanagement bekannten S-Kurvenkonzeptes (Gabler Wirtschaftslexikon). Für das Bestehen im Innovationswettbewerb innerhalb einer Innovationsevolutionsstufe ist die Lerngeschwindigkeit entscheidend, mit der sich die Leistungssteigerung vollzieht.

Abbildung 11.6 Evolutionsstufenmodell (eigene Darstellung)

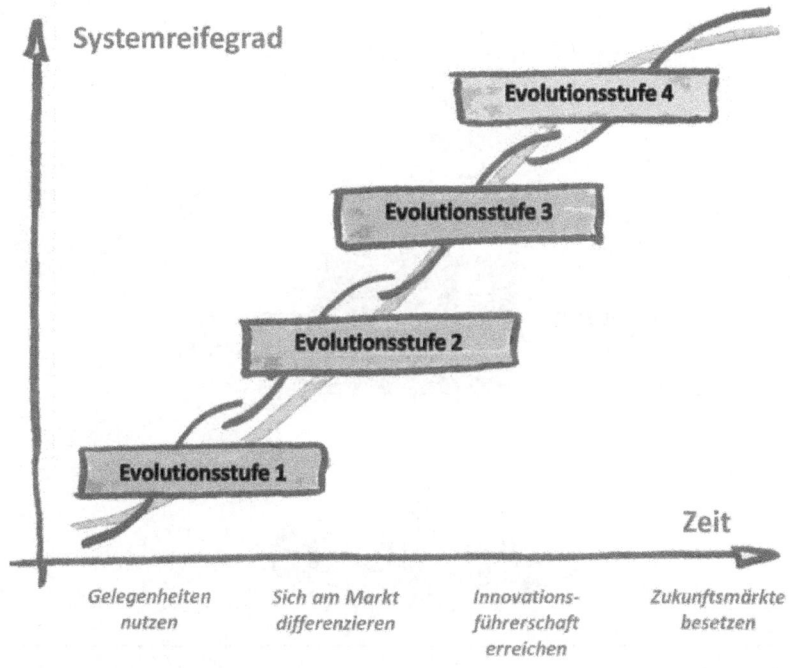

Am Übergang zwischen zwei Evolutionsstufen vollzieht sich vielfach ein radikaler Wandel, in dem bewährte Prozesse, Strukturen und Strategien hinterfragt und auf die neuen Ziele und Aufgaben ausgerichtet werden, sowie die kulturellen Erfordernisse, Ressourcen und Kompetenzen ebenfalls an die neuen Herausforderungen angepasst werden müssen und neue Systemelemente implementiert und neue Systembeziehungen geschaffen werden. Wie bei allen großen Veränderungsprozessen in Unternehmen sind diese Phasen von Unsicherheit, Irritation, in vielen Fällen auch von vorübergehendem Leistungsverlust geprägt.

Systemreifegrad

Der Systemreifegrad gibt Auskunft darüber wie sehr ein Unternehmen bestimmte die Innovationsleistung beeinflussende Konzepte bereits beherrscht und anwendet. Zur Reifegradbeurteilung werden im vorliegenden Modell die in Abbildung 11.7 aufgeführten Gestaltungsfelder herangezogen. Diesen Gestaltungsfeldern werden einzelne die Innovationsleistung fördernde Konzepte zugeordnet. Aus der Innovationsforschung ist beispielsweise bekannt, dass das Vorhandensein bestimmter Rollen im Innovationssystem die Innovationsleistung positiv beeinflusst (Rost et al. 2007). Werden Macht-, Fach- und Beziehungspromotoren in geeigneter Weise platziert, prägen diese Personen entscheidend die Führungskultur.

Abbildung 11.7 Gestaltungsfelder zur Beeinflussung der Innovationsleistung (eigene Darstellung)

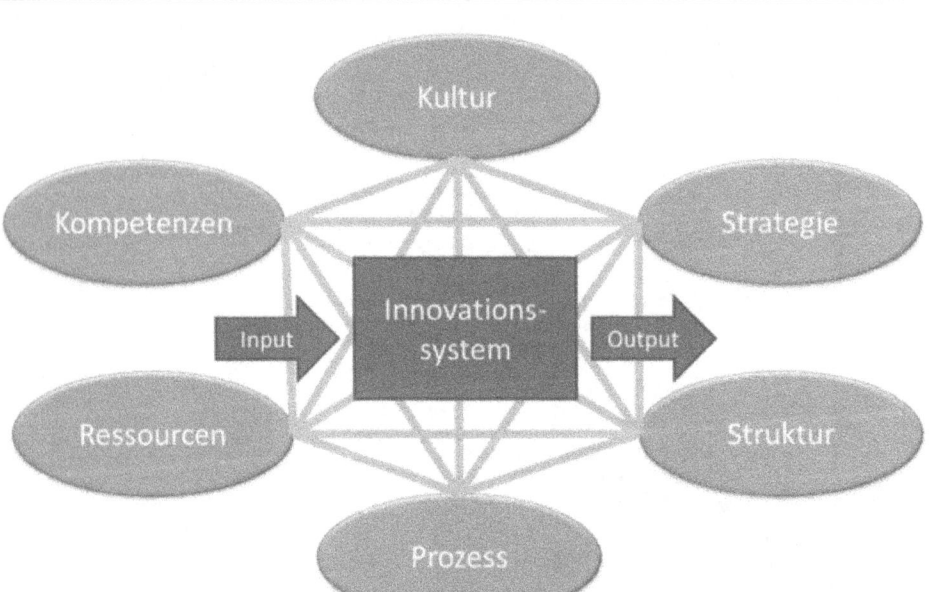

Daher wird dieses Konzept dem Gestaltungsfeld Kultur zugeordnet. Setzt ein Unternehmen dieses Promotorenmodell aktiv um, hat es für diesen Teil der Innovationskulturgestaltung schon einen hohen Reifegrad erreicht. Auf diese Weise werden von den Autoren eine Vielzahl von einzelnen Gestaltungsansätzen kategorisiert und aufbereitet, um eine ganzheitliche Analyse und zielgerichtete und systematische Ableitung von Maßnahmen unter Beachtung vorhandener Wechselwirkungen zwischen einzelnen Gestaltungsansätzen (zum Beispiel Ausgestaltung des Promotorenmodells unter Beachtung eines Stage-Gate-Prozesses bei Produktentstehungsprozessen) zu fördern.

Im Unterschied zu anderen Modellen zur Bestimmung des Reifegrads greift das vorliegende Modell auch die oben beschriebene Systemevolution und die Erweiterung der Innovationsaufgaben über die Zeit auf. Damit wird es möglich, in der Praxis bewährte aber auch aus der Theorie und Innovationsforschung abgeleitete Konzepte exakter zuzuordnen und für jede Evolutionsstufe spezifische Fähigkeitsreifegrade in der Anwendung geeigneter Konzepte je Gestaltungsfeld zu beschreiben.

Beschreibung der Evolutionsstufen

In der Folge werden die wesentlichen Merkmale der einzelnen Stufen der Evolution des Innovationsmanagements erfolgreicher Unternehmen des produzierenden Sektors und Hebel zur Erhöhung des Systemreifegrades dargestellt.

Evolutionsstufe 1: Innovation auf Bestellung

Grundsätzlich sind auf dieser Stufe zwei Typen von Unternehmen zu unterscheiden, einerseits Unternehmen, die bereits lange Jahre am Markt etabliert sind und oftmals ihre Innovationsfähigkeit aus den Gründungszeiten verloren haben und diese „wiederbeleben" müssen oder Innovationen bislang in ihrem Geschäftsmodell nicht benötigt haben, andererseits neu gegründete technologieorientierte Start-up Unternehmen, die in der Regel nur aus dem Gründer(-team) und der der Unternehmensgründung zu Grunde liegenden Projektidee bestehen. Zur Beschreibung der besonderen Herausforderungen für diesen Unternehmenstyp in den frühen Phasen ihres Bestehens sei auf die einschlägige Fachliteratur verwiesen.

Wir beschränken uns in den weiteren Ausführungen auf den Unternehmenstypus „etabliertes Unternehmen". Innovationssysteme etablierter Unternehmen, die sich auf der S-Kurve der Evolutionsstufe 1 befinden, können wie folgt charakterisiert werden:

Kernaufgabe des Innovationssystems ist das rasche Hervorbringen innovativer Einzellösungen aus erkannten Gelegenheiten. Der Anstoß dazu kann entweder von internen Ideengebern (Eigentümer, Geschäfts(-feld)leitung, Vertrieb, Produktion) oder in vielen Fällen von anspruchsvollen Kunden kommen. In der Regel handelt es sich um relativ kurzfristig umsetzbare Ideen, die mit vorhandenen unternehmensinternen Ressourcen und Kompetenzen umgesetzt werden können. Vielfach sind diese Aktivitäten schon eingebettet in ein konkretes Kundenprojekt, das heißt die zu entwickelnde Lösung ist schon verkauft und die Entwicklungskosten werden über die Einnahmen aus dem Kundenprojekt refinanziert. Eigenentwicklungen ohne einen konkreten Kundenauftrag werden nur bis zu einem sehr überschaubaren finanziellen Risiko in Angriff genommen und wenn es nicht gelingt, Kunden rasch für die Lösung zu begeistern, auch wieder sehr schnell abgebrochen. Die Innovationsaufgaben sind auf wenige Personen verteilt, die allesamt persönliche und direkte Kontakte zu denjenigen Kunden haben, die die unmittelbaren Adressaten der innovativen Lösungen sind. Sämtliche innovationsrelevante Entscheidungen (inhaltlich, finanziell, terminlich, ressourcenbedingt, risikomäßig) laufen beim Machtpromotor zusammen. Bemerkenswert ist, dass viele kleine Unternehmen in dieser Entwicklungsstufe sich oftmals gar nicht bewusst sind, dass sie Innovationsmanagement betreiben, sondern sie sehen diese Aktivitäten als „natürlichen" Teil des Tagesgeschäftes. Aus diesem Grund ist bei vielen KMU zu beobachten, dass deren Innovationsfähigkeiten auf Grund der mangelnden Aufmerksamkeit und fehlender Ziele nicht bewusst weiterentwickelt werden.

Abbildung 11.8 Innovationssystem der Evolutionsstufe 1 (eigene Darstellung)

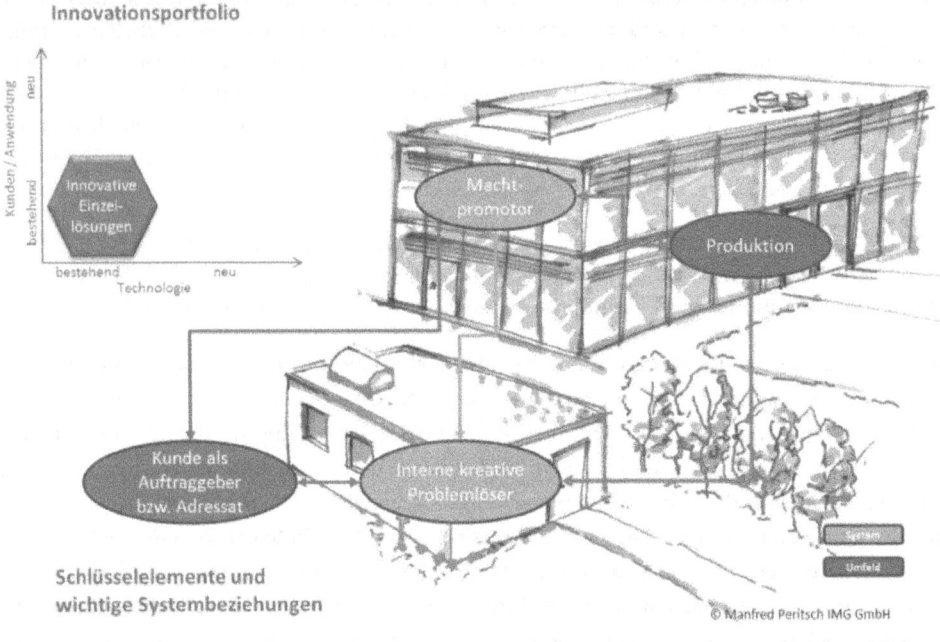

Bildlich gesprochen arbeitet in der Evolutionsstufe 1 ein kleines interdisziplinäres Team bestehend aus dem Machtpromotor und wenigen kreativen MitarbeiterInnen in der sprichwörtlichen Innovationsgarage zusammen. Das Team formiert sich immer wieder anlassbezogen neben dem Tagesgeschäft und arbeitet auf Basis schneller informeller Kommunikation an innovativen, maßgeschneiderten Lösungen für identifizierte Problemstellungen.

Wesentliche Hebel zur Erhöhung des Systemreifegrades innerhalb der Evolutionsstufe 1 und damit zur Steigerung der Innovationsleistung werden in der Folge für alle sechs Gestaltungsfelder kurz dargestellt:

1. Kultur: Die oberste Führungskraft, die bei kleinen eigenständigen Unternehmen oftmals mit der Eigentümerrolle zusammenfällt, ist sich der Rolle als zentraler Fahnenträger der Innovationskultur bewusst und versteht sich als Champion des kundenfokussierten Innovierens, speziell bei Unternehmen, die Innovationen in ihrem bisherigen Geschäftsmodell nicht verankert haben, oder die ihre Innovationsfähigkeit sukzessive verloren haben, stellt dieser Punkt eine zentrale Herausforderung und Voraussetzung für alle anderen Gestaltungsmaßnahmen dar. Der wertschätzende Umgang mit internen Innovatoren und innovationstreibenden Kunden und deren Ideen wird aktiv gepflegt. Im Unternehmen vorhandene kreative Problemlöser werden gezielt zu Prozess- und Fach-

promotoren entwickelt und ein Anreizsystem für die internen Innovatoren wird etabliert, das vor allem durch Erweiterung des persönlichen Handlungsspielraums der Innovatoren ihre Lust am Innovieren weiter steigert.

2. Strategie: Die proaktive Suche nach kurzfristig und mit den eigenen Ressourcen zu realisierenden Innovationschancen wird zum fixen Bestandteil der Unternehmensausrichtung. In der Marktpositionierung wird die Rolle des schnellen und verlässlichen Lösungsanbieters für innovationssuchende Kunden verankert. Vision und Strategien als Wege zum Ziel werden stark vom Machtpromotor bestimmt und mittels regelmäßiger Strategiediskussionen in den Köpfen der Mitglieder des Innovationsteams verankert. Strategische Initiativen zur Förderung der Flexibilität und Schnelligkeit, sowie der Kundenintegration in den Innovationsprojekten werden umgesetzt und deren Erfolg regelmäßig anhand von Projektkennzahlen evaluiert.

3. Prozess: Ein mit wenigen Ablaufregeln und minimalem Formalismus auskommender Basisprozess zur Abwicklung von chancengeleiteten, in der Regel kundengetriebenen Innovationsprojekten wird etabliert und von Trägern des Innovationssystems kontinuierlich weiterentwickelt. Schwerpunkte in der Gestaltung der Ablauforganisation liegen in der Phase der Ermittlung und Übersetzung von Kundenanforderungen in Projektziele (Lasten-/Pflichtenheft), sowie die Gliederung der Projektphase bis zur Übergabe der Lösung an den Kunden.

4. Struktur: Primäres Ziel ist nicht die Schaffung einer Fachabteilung für Innovation oder Entwicklung sondern das Entwickeln einer agilen und flexiblen Innovationsorganisation durch formale Verankerung von Innovationsaufgaben in den Jobprofilen der Innovatoren (vielfach als zusätzliche Aufgabe zu anderen Funktionen). Eine geschickte Zuordnung der Innovationsaufgaben zu relevanten Funktionsträgern erleichtert auch die Umsetzung der Innovationsprojektergebnisse im laufenden Kerngeschäft. Je nachdem ob das Kerngeschäft des betrachteten Unternehmens durch ein Projekt- oder Produktgeschäft geprägt ist, erlangt das Thema Projektorganisation mehr oder weniger Bedeutung. Für die Träger der Innovationsaufgaben wird eine Projektorganisationsebene speziell für Innovationsprojekte eingezogen.

5. Kompetenz: Die Kompetenzentwicklung setzt bei den Trägern der Innovationsaufgaben an, schwerpunktmäßig geht es um Erhöhung des Projektmanagement-Know-hows, Erwerb von Methoden-Know-how im Bereich Kundenbedürfnisse und Problemlösungstechniken. Die Agents des Innovationssystems entwickeln erste Ansätze Wissen, das in einzelnen Innovationsprojekten erworben wurde, für Folgeaktivitäten und Entscheidungen systematisch zu nutzen. Ein weiteres Kompetenzentwicklungsfeld wird erschlossen, indem man beginnt, ausgewählte externe Wissensträger für eng abgegrenzte Fragestellungen einzubinden.

6. Ressourcen: Mit einer steigenden Zahl von Innovationsprojekten vollzieht sich ein behutsamer Aufbau von personellen und materiellen F&E Ressourcen, wie Mess-, Test- und Prüfgeräte für das schnelle und gezielte gelegenheitsgetriebene Innovieren. Für die personellen Engpassressourcen der internen Know-how-Träger wird ein einfach handhabbares Ressourcenmanagement eingeführt, um einerseits die Schnittstelle zwischen

Tages- und Projektarbeit besser zu beherrschen und andererseits Projekte zeitgerecht und innerhalb der geplanten Kosten abzuwickeln. Dies geschieht in enger Verflechtung mit der Weiterentwicklung der ablauforganisatorischen Regeln, dem Ressourcenaufbau und der Kompetenzentwicklung. In Verbindung mit dem Anreizsystem werden (bescheidene) F&E Mittel für das Vorausentwickeln und Experimentieren mit eigenen Ideen zur Verfügung gestellt.

Revolutionsphase 1 - Vom Kundenprojekt zur regelmäßigen Produktinnovation

Innovationssysteme, die sich am Ende der S-Kurve der Evolutionsstufe 1 befinden, können auf Grund des Wirkens unternehmensinterner oder auch –externer Einflussfaktoren instabil werden. Vielfach treten mehrere derartige Faktoren auf, die sich wechselseitig beeinflussen können und die einen wachsenden Veränderungsdruck auf das Innovationssystem ausüben.

Ein wesentlicher Veränderungsdruck entspringt den Innovationserfolgen auf dieser Stufe. Hat ein Unternehmen das Erkennen von Gelegenheiten zum Innovieren und die Kundenintegration beim Entwickeln maßgeschneiderter innovativer Lösungen perfektioniert, wächst naturgemäß die Anzahl an Innovationsprojekten, immer mehr Kunden wünschen sich auf ihre Bedürfnisse maßgeschneiderte Lösungen, was in weiterer Folge zur Überlastung der Engpassressourcen der internen kreativen Problemlöser aber auch des zentralen Machtpromotors führt. Vielfach reagieren Unternehmen auf diese Herausforderungen mit Aufbau von Humanressourcen. Mit einer steigenden Zahl an Aufgabenträgern gehen aber auch die Vorteile kleiner Teams (schnelle direkte Kommunikation, gemeinsam geteilte Erfahrungen und mentale Bilder, Vertrauen und blindes Verständnis) verloren. Diese Faktoren führen dann wiederum zu Priorisierungskonflikten zwischen einzelnen Projekten, Zeitverzögerungen in der Abwicklung, steigende Unzufriedenheit bei den Schlüsselpersonen, Reibungsverlusten in der Organisation und Verlust an Kundennähe.

In Unternehmen, die ein Produktgeschäft betreiben, führt diese zunehmende Zahl an innovativen Einzellösungen zu einem weiteren Problem. Auf wiederholbare Einheiten (Klein-, Mittel- oder Großserien) ausgelegte Produktionsabläufe verlieren an Produktivität, wenn sie einem „Störfeuer" durch Einzelaufträge ausgesetzt sind.

Ein anderer Treiber für einen Sprung auf eine nächste Stufe des Innovationsmanagements ist, dass Innovationsverantwortliche erkennen, dass einige Einzellösungen das Potenzial haben, nicht nur für einen Kunden nutzen zu stiften, sondern für viele Kunden. In vielen Fällen beanspruchen Kunden aber eine Exklusivität für die Lösungen, sodass das Ertragspotenzial aus Sicht des innovierenden Unternehmens limitiert ist. Der Appetit nach eigenfinanzierten Entwicklungen für eine größere Kundengruppe steigt auf Grund dieser Erkenntnisse jedoch.

Ein weiterer in der Praxis häufig zu beobachtender Faktor, der sprunghafte Veränderungen des Innovationssystems induziert, ist in dieser Phase der Innovationsgeschichte der zentrale Machtpromotor selbst. Verändert sich die zeitliche Verfügbarkeit dieser Schlüsselperson (sei es durch Rückzug, Verschiebung der Aufgabenprioritäten, Wechsel etc.) in einem erheblichen Ausmaß, ist das System gefordert, auf diese Veränderungen zu reagieren. In vielen Unternehmen, denen der zentrale Innovator abhandenkommt, führt dies zu veritablen Unternehmenskrisen und Verlust der Innovationskraft. Eng verbunden mit dem zentralen Machtpromotor ist auch das Thema Strategie und Unternehmensausrichtung. Verändert der zentrale Machtpromotor seine inneren Überzeugungen bezüglich der Ausrichtung des Unternehmens, ist damit auch unbewusst oder bewusst ein Strategiewechsel verbunden. In vielen KMU wächst bei den Führungskräften mit zunehmendem Innovationserfolg das Bewusstsein, den Markt in Kundengruppen zu segmentieren und für diese Kundengruppen ausdifferenzierte Segmentstrategien zu entwickeln.

Aus dem Unternehmensumfeld lassen sich zwei Gruppen an Einflussfaktoren identifizieren, die den Veränderungsdruck erhöhen.

Veränderungen im Kundenverhalten sind eine Gruppe von Faktoren, die man im Auge behalten sollte, wenn man rechtzeitig und vorausschauend auf das Innovationssystem einwirken möchte. Oftmals entstehen innovative Einzellösungen aus dem Umstand heraus, dass Kunden eine gewünschte Lösung am Markt nicht finden und daher aktiv auf Unternehmen zugehen. Von den angesprochenen Unternehmen nehmen diese innovationssuchenden Kunden an, dass sie in der Lage sind, die gewünschte Lösung zu realisieren. Sie anerkennen in der Regel auch preislich, dass das Unternehmen bereit ist, sich auf eine kundenspezifische Entwicklung einzulassen. Ist eine erste Zusammenarbeit erfolgreich, entsteht oftmals eine intensive, langjährige Zusammenarbeit, die sich durch eine hohe Loyalität des Kunden mit dem Problemlöser auszeichnet. In vielen Branchen ist aber zu beobachten, dass Kunden den Innovations- und Kostendruck, den sie selbst verspüren, ihren Lieferanten weitergeben. Dies bedeutet, dass Kunden nicht mehr bereit sind, ihren Lieferanten genau zu spezifizieren, welche Lösungen sie exakt brauchen, sondern den Spieß umdrehen und von ihren Lieferanten erwarten, dass sie sich mit eigenen Ideen und überraschenden Konzepten im Innovationswettbewerb mit anderen Anbietern durchsetzen. Hinzu kommt, dass auch bei Innovationsprojekten vermehrt auf die Kosten geschaut wird und damit die Preissensibilität auch bei kundenbezogenen Innovationsprojekten zunimmt.

Dies führt zur zweiten Gruppe von Einflussfaktoren, den Mitbewerbern und ihrem Innovationsverhalten. Können diese innovative Leistungen zu besseren Konditionen und in kürzerer Zeit anbieten, erhöht dies naturgemäß den Druck auf die Innovationsleistung des eigenen Unternehmens.

Erreichen die oben angeführten Faktoren ein bestimmtes Maß und will man einer krisenhaften Situation vorbeugen, sind Unternehmen gut beraten in einem zielgerichteten und professionell geplanten Veränderungsprozess ihr Innovationsmanagement auf eine nächste Evolutionsstufe zu führen. Der Übergang ist dadurch gekennzeichnet, dass Unternehmen nicht mehr ausschließlich den einzelnen Kunden im Auge haben und Erfüllungsgehilfe von dessen Ideen sind, sondern ein höheres Innovationsrisiko mit eigenentwickelten Lösungen eingehen und damit auch ein größeres Verwertungspotenzial anstreben.

Folgende wesentliche Themenstellungen sind dabei zu beachten:

- Schaffen eines Verständnis für die notwendige Erweiterung des Innovationszieles und der Unterscheidung von innovativen Kundenprojekten und regelmäßigen Produktentwicklungsaufgaben
- Überdenken und Anpassen der Strategie in Bezug auf den Bereich „Innovative Kundenprojekte" (Für welche Kunden beibehalten? Individualisierung durch modulare Lösungen? Organisation? Ressourcen?)
- Einführen einer Produktentwicklungsfunktion (Strukturen, Prozess, Produktstrategien)
- Einführen eines Entscheidungsgremiums und Entwickeln nachvollziehbarer Spielregeln zur Steuerung des Innovationsportfolios (Starten neuer Projekte, Stop/Go Entscheidungen, Prioritätensetzung, Terminkontrolle) und Zuteilung der bereitgestellten Ressourcen
- Erweitern des Kreises der Aufgabenträger für Innovationen und (Neu-)Definition und Verteilung der Rollen
- Schaffen einer den verschiedenen Innovationstypen angepassten Organisationsstruktur, die zum einen Schnelligkeit und Agilität für wenig risikobehaftete und wenig finanzielle Mittel benötigende, kurzfristig zu realisierende Projekte zulässt und zum anderen ein systematisiertes, regelmäßiges Hervorbringen von Produktinnovationen mit höheren Risikogehalten unterstützt
- Übertragen und Anpassen innovationsfördernder kultureller Werte auf den erweiterten Aufgabenträgerkreis

Evolutionsstufe 2: Erfolgreiche Produktdifferenzierung mit inkrementellen Innovationen

Unternehmen mit Innovationssystemen, die sich auf der S-Kurve der Evolutionsstufe 2 befinden, haben den Transformationsprozess vom Auftragsentwickler zum regelmäßigen Produktinnovator aus eigenem Antrieb vollzogen und können wie folgt charakterisiert werden:

Das Innovationsportfolio besteht aus Auftragsentwicklungen für Kunden bzw. kleinen (Vor-) Entwicklungen ohne Kundenauftrag und zum größeren Teil aus regelmäßigen inkrementellen Produktinnovationen, die von der Produktpflege, über echte Verbesserungen, segmentspezifische Erweiterungen bis hin zur Entwicklung nächster Produktgenerationen reichen können, wobei diese jedoch einem grundlegenden dominanten Produktdesign innerhalb der Branche folgen, wie zum Beispiel die neue Generation von Trommelwaschmaschinen, die noch energieeffizienter, schonender, bedienungsfreundlicher etc. sind, um sich vom Mitbewerb zu unterscheiden.

Aus den ursprünglich internen kreativen Problemlösern mit direktem Kontakt zu innovationsfreudigen Kunden hat sich über die Zeit eine Entwicklungsabteilung mit breiter Abdeckung der Technologie-, Produkt- und Prozessinnovationsthemen entwickelt. Da die Bedeutung von Auftragsentwicklungen für einzelne Kunden an Bedeutung verloren hat und die Breite der technischen Entwicklungsaufgaben zunimmt, verlieren F&E-Einheiten an Kundennähe. Um diese Nachteil zu kompensieren, haben viele Unternehmen eine neue Funktion etabliert, das Produktmanagement als Brückenschlag zwischen Vertrieb, Markt und Technik. Diese Arbeitsteilung schlägt sich auch darin nieder, dass das Front end und Back end des Innovationsprozesses vermehrt zu einer Aufgabe des Produktmanagements werden. Die Marktsegmentierung und die Beschäftigung mit Kundenanforderungen in diesen Kundensegmenten und deren Interpretation in Richtung Entwicklungsziele ist ein wesentliches neues Aufgabenfeld, das es zu beherrschen gilt. Im Selbstverständnis der Unternehmen auf dieser Evolutionsstufe sind F&E und Produktmanagement für das Thema Innovation hauptsächlich verantwortlich, alle anderen Innovationsaufgabenträger liefern quasi von außen diesen Bereichen zu. Auch gegenüber unternehmensexternen Partnern sind die Beziehungen durch einseitige Kontrolle des Informationsflusses geprägt.

Die Innovationsaktivitäten des Unternehmens folgen dem Branchentakt, das heißt, Produktinnovationen werden in regelmäßigen Abständen auf den Markt gebracht und in vielen Branchen auf den dortigen Leitmessen vorgestellt. Besonders charakteristisch für diese Evolutionsstufe ist, dass die Orientierung am Mitbewerb stark zunimmt und viele Innovationaktivitäten von der Ideensuche, der Entscheidungsfindung über zu realisierende neue Produkt- und Leistungsmerkmale, bis hin zu Pricing- und Timingaspekten bei der Markteinführung entscheidend davon geprägt sind, was die Mitbewerber im Marktumfeld machen.

Die Entscheidungsfindungsprozesse haben sich gegenüber der Evolutionsstufe 1 auch wesentlich weiterentwickelt. Es hat eine Trennung zwischen operativen, inhaltlichen Projektentscheidungen und strategischen Entscheidungen zur Steuerung des Innovationsportfolios stattgefunden. Auf Grund der zunehmenden Komplexität ist eine größere Anzahl an Personen in die Entscheidungsfindung integriert, was wiederum zu einer Herausforderung für das schnelle Umsetzen von einer zunehmenden Zahl von Ideen wird.

Betrachtet man die Innovationsstrategie von Unternehmen auf Evolutionsstufe 2, weist diese die Merkmale einer „Market Reader"-Strategie auf (Jaruzelski et al. 2011). Market Reader beobachten sehr sorgfältig Markttrends und Mitbewerber und leiten daraus ihre Innovationssuchfelder ab. Ideen, die mit vertretbarem Innovationsrisiko auf erkannte Marktentwicklungen treffen und zu einer aus Kundensicht erkennbaren Differenzierung beitragen, werden forciert, die besten davon ins Projektportfolio aufgenommen und mit Unterstützung eines strukturierten Entwicklungsprozesses umgesetzt.

Die Innovationskultur wird sehr durch das Vermeiden von Innovationsrisiken geprägt. Innovationen werden tendenziell dazu eingesetzt, um im Wettbewerb mitzuhalten, das heißt, so viel Innovation wie nötig zu betreiben, um nicht an Boden zu verlieren. Dies führt bei vielen Beteiligten im Innovationssystem zu einer „play-not-to-lose" Mentalität, die dazu führt, dass der Innovationsdenkraum, in dem man nach neuen Ideen sucht, sehr eng gewählt wird, sowohl hinsichtlich der zeitlichen Umsetzbarkeit (möglichst kurzfristig) als auch hinsichtlich des Neuheitsgrades (möglichst jene Ideen, die man mit Marktstudien und Kundenbefragungen überprüfen kann).

Abbildung 11.9 Innovationssystem der Evolutionsstufe 2 (eigene Darstellung)

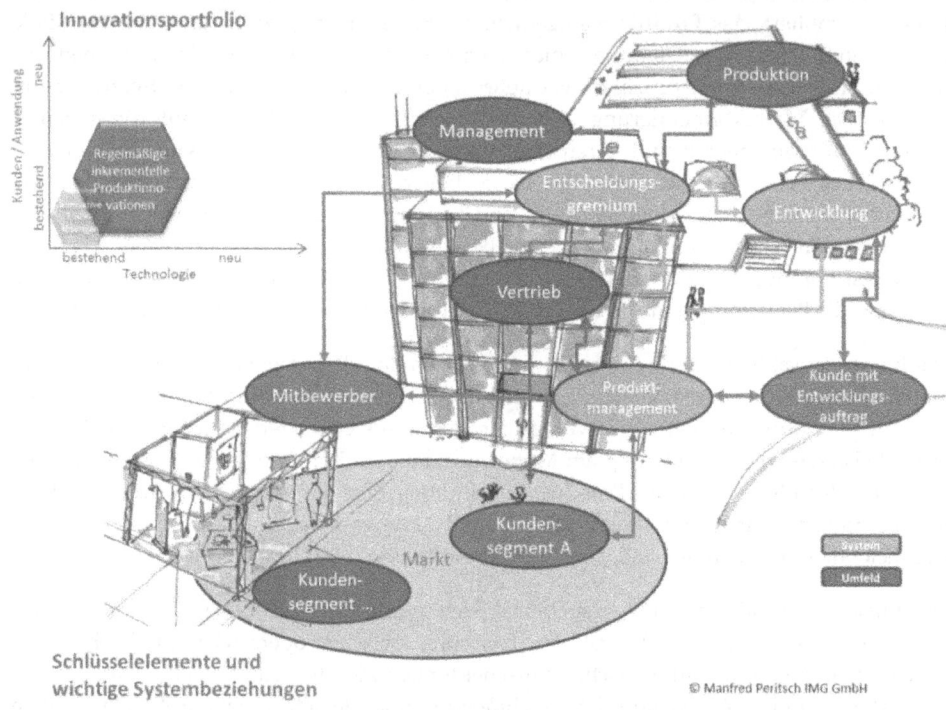

In den sechs Gestaltungsfeldern ergeben sich folgende Ansatzpunkte zur Steigerung der Innovationsleistung:

1. Kultur: Es kommt zu einer geplanten Verbreiterung der Basis der aktiven Innovationskulturträger durch gemeinsames Erarbeiten und Umsetzen von innovationsfördernden Initiativen (Trend- und Ideenmanagement, Anreizsysteme für Produktideen, Produktinnovationsprozessgestaltung, Führen mit Innovationskennzahlen, Kunden- und Lieferantenintegration in der Produktentwicklung). Mitglieder des Top-Managements übernehmen gezielt Vorbild- und Treiberfunktionen in diesen Initiativen. Die Innovationskommunikation nach innen und zu wichtigen Kunden und Lieferanten wird intensiviert.

2. Strategie: Das Entwickeln und Umsetzen einer Produktinnovationsstrategie, die aufbauend auf einer immer detaillierter werdenden Markt- und Mitbewerberkenntnis, die Effektivität in der Ideengenerierungs- und -selektionsphase (die richtigen Projekte, weniger Projektabbrüche) und die Effizienz in der Umsetzung (geringere Kosten, kürzerer Time-to-Market) von inkrementellen Produktinnovationen erhöht, ist Ziel der Strategiearbeit. Der Beobachtungs- und Planungshorizont ist auf kurz- bis mittelfristig erkennbare Ent-

wicklungen im Kernmarkt ausgerichtet. Das Verankern klarer strategischer Innovationsziele beim oberen und mittleren Management erhöht deren Bekenntnis zu und Engagement für Innovationsvorhaben und trägt wesentlich zur Steigerung des Innovationserfolges bei. Die strategische Steuerung des Innovationsportfolios wird kontinuierlich verbessert, indem Ideen und Innovationsprojekte immer besser mit der gewählten Produktinnovationsstrategie vernetzt werden und Entscheidungsprozesse darauf hin optimiert werden.

3. Prozess: Das Gestalten und kontinuierliches Verbessern eines umfassenden, die Strategie des Market Readers unterstützenden Produktinnovationsprozesses (Strategische Orientierung, Ideenphase, Konzeptauswahl, Entwicklung, Markteinführung) ist ein wichtiges Gestaltungsfeld. Damit einher geht die zielgerichtete Erweiterung der Anzahl der Prozessbeteiligten (Neue Quellen als Ideenlieferanten, Erhöhen der Zahl der eingebundenen Kunden(-gruppen), Einkauf, Technischer Support, Marketing, Vertrieb, Patentexperten, externe Know-how-Träger). Das Ausdifferenzieren von bestimmten Prozessphasen (zum Beispiel Entwicklungsphasen mit unterschiedlichen Meilensteinen je nach Innovations- und Risikograd) liefert ebenso einen wertvollen Beitrag zur Steigerung der Innovationsleistung.

4. Struktur: Wesentliche Stellhebel der Innovationsleistungssteigerung sind das Forcieren einer interdisziplinären, projektorientierten Organisation im Innovationsbereich, kontinuierliches Optimieren der Schnittstellen zwischen Linienorganisation und Projektorganisation und das Ausdifferenzieren der F&E-Abteilung unter Einbeziehen wichtiger Kriterien (Fachliche Expertise, Innovationsphasen, Produktstruktur und Produktsortiment, Arbeitsinhalten, Projektarbeit vs. Tagesarbeit) für die leistungssteigernde Aufgaben-, Kompetenz- und Verantwortungsverteilung.

5. Kompetenz: Ein zentraler Schwerpunkt in der Kompetenzentwicklung liegt im Aufbau und der breiten Verankerung von Produktinnovations-Know-how in der Organisation, dazu zählen die Einführung und kontinuierliche Anwendung von Innovationsmethoden und -techniken, Implementierung von CAI (Computer Aided Innovation) – Werkzeugen, aber auch das Management der Informations-, Wissens- und Lernprozesse im Innovationsbereich. Weitere besonders wichtige Kompetenzentwicklungsfelder sind die Markt- und Mitbewerberbeobachtung und auf Grund der Zunahme der Produktsortimentsbreite, Variantenvielfalt und Produktfunktionalitäten das Beherrschen der Produktkomplexität.

6. Ressourcen: Bei den personellen Ressourcen geht es für viele Unternehmen darum, neue Talente für die Innovationsorganisation bedarfsgerecht zu gewinnen. Dazu müssen die Personalverantwortlichen ein klares Bild der vorhandenen und zukünftig benötigten Skills für die Steigerung der Innovationsleistung entwickeln, auch das Staffing und Mobilisieren von interdisziplinären Projektteams ist ein bedeutender Hebel zur Leistungssteigerung, dessen Anwendung erlernt werden muss. Die Finanzierung einer steigenden Zahl von Innovationsprojekten ist eine weitere Herausforderung, die zu einem systematischen Management der finanziellen Mittel führt. Das Erstellen, Dotieren und das Controlling von F&E Budgets und Hebeln von Eigenkapital für die Innovationsfinanzierung bestimmen die Innovationsleistung wesentlich mit.

Revolutionsphase 2 - Vom „play not to lose" zum „play to win" Innovationsportfolio

Unternehmen am Ende der S-Kurve der Evolutionsstufe 2 sind erfolgreiche Produktinnovatoren und verfolgen eine funktionierende „Market Reader" Strategie mit ausgeprägtem Risikobewusstsein in ihrem Kerngeschäft. Man beschäftigt sich intensiv mit Markt- und Mitbewerbertrends und Veränderungen werden aufmerksam verfolgt. Dieser Systemzustand stellt die Ausgangsbasis für die nächste Transformationsphase dar, die wiederum durch verschiedene Faktoren ausgelöst werden kann.

Gelingt es beispielsweise mit inkrementellen Produktinnovationen, den Abstand zu führenden Mitbewerbern zu verringern, kann das Innovationsverantwortliche zu einem gezielten Strategiewechsel in Richtung einer „play-to-win"-Strategie veranlassen, weil man realistische Chancen sieht, an schwächelnden Innovatoren vorbeizuziehen.

Meist sind jedoch auch viele externe Faktoren im Spiel, um genügend Aktivierungsenergie für einen derartig gravierenden Kurswechsel zu erzeugen. In vielen reifen Märkten verschärft sich der Verdrängungswettbewerb, sodass Unternehmen mit geringeren Marktanteilen, die ihre Eigenständigkeit erhalten wollen, nicht umhin kommen, ihre inkrementellen Innovationszugang zu überdenken und den Innovationsgrad zu erhöhen, sei es um mit radikalen Produktinnovationen am Gesamtmarkt Marktanteile zu gewinnen oder sich mit speziell für Nischenmärkte entwickelten Lösungen dort zu behaupten. Ein sich abzeichnender Technologiewechsel in einem Markt mag ManagerInnen ebenso dazu veranlassen, diese Chance am Schopf zu packen und eine Technologiepionierstrategie zu realisieren, weil sich Unternehmen, die in einer aktuellen Technologiegeneration die Führerposition inne haben, sich mit einem Umstieg auf eine neue Technologiegeneration oftmals schwerer tun, weil man bewährte Erfolgsmuster nicht gern aufgibt. Manches Mal ist es simpel ein Eigentümer- oder Managerwechsel, der eine neue Unternehmensstrategie, die Innovation in den Mittelpunkt stellt, auslöst.

Neben den Innovationserfolgen können selbstverständlich auch Misserfolge mit Innovationen, diesen Wunsch nach Veränderung des Innovationszieles verstärken. Gerade dann wenn Mitbewerber davonziehen und die eigenen Möglichkeiten für Innovative Imitating geringer werden, weil entweder die Loyalität der Schlüsselkunden zum Innovationsführer besonders groß ist oder bei kürzer werdenden Produktlebenszyklen die Zeitspanne der Vermarktung eigener nachgezogener Produktinnovationen zu kurz wird.

Für eine erfolgreiche Transformation des Innovationssystems auf die nächste Evolutionsstufe sind folgende Themen besonders relevant:

- Durchlaufen eines erstmaligen Innovationsstrategieprozesses

- Kreieren einer mutigen Innovationsvision unter Einbeziehung sämtlicher interner Bereiche und Erarbeiten ambitionierter Innovationsziele.

- Erweitern des Innovationsportfolios um chancen- aber auch risikoreichere Innovationsvorhaben

- Durchführen eines ersten Pilotprojektes der Kategorie „Radikale Innovation", um den Strategiewechsel greifbar zu machen und das gesamte Unternehmen zu involvieren.

Evolutionsstufe 3: Auf dem Weg zum Innovationsführer

Auf der Evolutionsstufe 3 befinden sich Unternehmen, die ganz bewusst und mit hoher Aufmerksamkeit durch das Top-Management Innovationen in den Mittelpunkt ihrer Unternehmensstrategie gestellt haben. Das Innovationsportfolio ist dementsprechend anspruchsvoll und umfangreich. Es umfasst kundenspezifische Entwicklungen, das gesamte Spektrum an Produktinnovationen, von der einfachen Modifikation bis hin zu großen Neuproduktentwicklungen für die nächste Produktgeneration und mutigen radikalen Innovationen. Das Innovationsverständnis wird breiter und umfasst zunehmend alle Unternehmensbereiche, sodass Produktinnovationen zunehmend mit Marketing-, Service- und ersten Geschäftsmodellinnovationen verknüpft werden.

Radikale Innovationen innerhalb einer Branche haben ihren Entstehungspunkt entweder im Erkennen latenter Kundenbedürfnisse, die in der Folge durch ein völlig neues Produktkonzept adressiert werden oder die gefundene Lösung ist derart neu, dass sie überhaupt eine neue Produktkategorie schafft oder sie werden erst möglich durch neu entwickelte Technologien, die für diese Anwendung erstmalig eingesetzt werden.

Die Systemgrenzen des Innovationsmanagements haben sich mit dem umfassenderen Innovationsverständnis deutlich ausgeweitet. Innovation ist nicht mehr fokussiert auf einige interne Abteilungen, sondern umfasst alle Funktionsbereiche des Unternehmens und es hat sich auch in Richtung strategischer Partner geöffnet. Ein Innovationsnetzwerk aus innovativen Kunden, Lieferanten und externen Know-how-Lieferanten interagiert auf vielfältige Art und Weise mit den internen Aufgabenträgern des Innovationssystems. Dieser Open-Innovation-Ansatz erschließt bei erfolgreicher Anwendung gänzlich neue Ressourcen-, Kreativ- und Lösungspotenziale, die gerade für risikoreiche, radikale Innovationsvorhaben notwendig sind. Einher gehen mit dieser Ausweitung der Systemgrenzen und der Integration neuer Aufgabenträger meist vielfältige, oftmals mehrjährige Initiativen zur Förderung und breiten Verankerung der Innovationskultur (partizipative Visions- und Strategieerstellung, Ideenmanagement für alle, Anreizsysteme, Kommunikation und Zelebrieren von Innovationserfolgen, starke Betonung der Innovationswerte in der Markenentwicklung und -pflege, u.v.a.m.). In vielen Unternehmen etabliert sich in dieser Evolutionsstufe ein strategisches Produkt-/Innovationsmanagement, das zum zentralen Treiber der das ganze Unternehmen erfassenden Innovationsführerschaftsstrategie wird.

Abbildung 11.10 Innovationssystem der Evolutionsstufe 3 (eigene Darstellung)

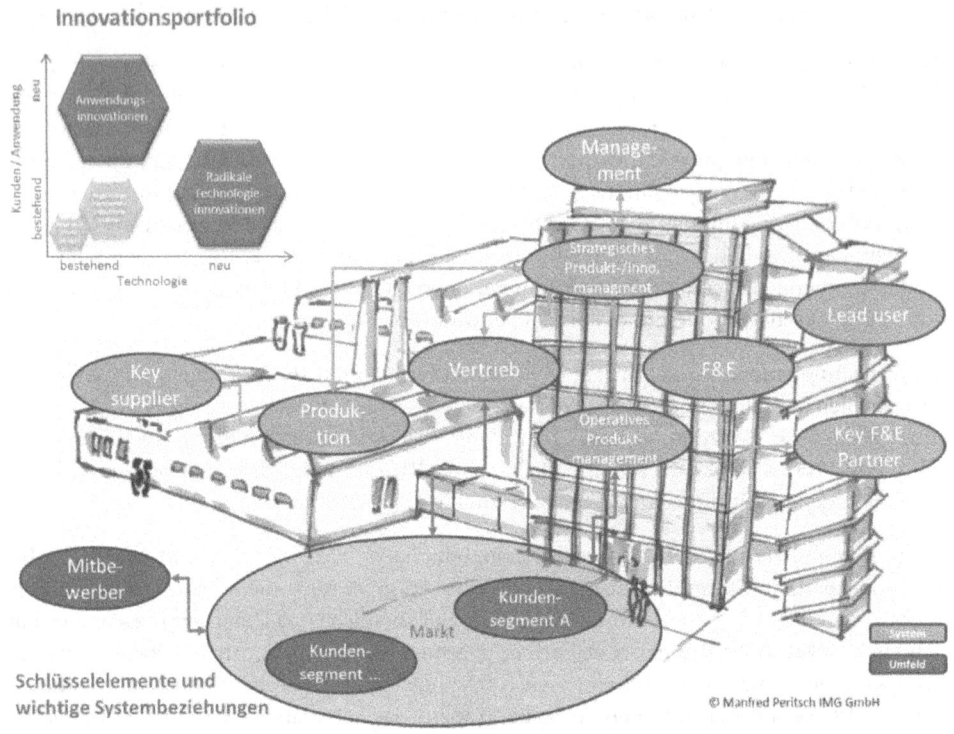

In der Systemevolutionsstufe 3 steigt die Komplexität des Innovationssystems massiv an. Es bedarf daher vielschichtiger Anstrengungen, um die Innovationsleistung so zu steigern, dass man sich in der Branche als Topinnovator dauerhaft hält.

1. Kultur: Noch größer wird die Bedeutung der Vorbild- und Treiberfunktionen durch Mitglieder des Top-Managements für eine breit im Unternehmen gelebte und dennoch vielschichtige Innovationskultur. Das Forcieren und Vorleben von Grundwerten wie Neugier, Offenheit, Mut und Risikobereitschaft und einem Grundverständnis, welche Rolle verschiedene Innovationsarten für den Unternehmenserfolg beitragen, gehört zu einer leistungsanregenden, aktiven Innovationskultur, aber es bedarf auch einer Ausdifferenzierung von „Subkulturen". Gerade bei radikalen Innovationen gehört das fallweise Scheitern bzw. der Mut zum langen Atem dazu, für die „Innovationssubkultur" im Bereich regelmäßiger Produktinnovationen und maßgeschneiderte Kundenlösungen stehen aber andere leistungsfördernde Werte wie Termintreue, Schnelligkeit, Entwicklungsqualität, Kostenwahrheit hoch im Kurs.

2. Strategie: Die Strategiearbeit muss für das Erreichen und Verteidigen von Innovationsführerschaft sukzessive intensiviert werden. Wirkungsvolle strategische Analysearbeit zeichnet sich durch eine zunehmende Vernetzung unterschiedlicher Analysebereiche (Markt/Kunden/Mitbewerber/Technologien/Umfeldeinflüsse/Kompetenzen/Netzwerke) und ein ständig sich verbesserndes Aufwand-/Nutzenverhältnis bei der Gewinnung fundierter Ergebnisse aus. Die Dateninterpretation in Richtung zukünftiger Entwicklungen erfordert ein zunehmendes Maß an vernetztem, visionärem Denken und eine zunehmend internationale, ja globale Perspektive der Innovationsstrategie. Der strategische Fahrplan muss auf einen mittel- bis langfristigen Planungshorizont ausgeweitet werden, um Innovationschancen früher zu erkennen und besser zu nutzen als Innovation Follower, was wiederum eine regelmäßige Anpassung der Innovationsroadmaps an laufende Entwicklungen erfordert. Besonderes strategisches Augenmerk richtet sich auf die radikalen Innovationsprojekte. Dazu braucht es eine intensive Kommunikation und Zusammenarbeit zwischen Topmanagement und mittlerer Führungsebene.

3. Prozess: Ein wesentliches Gestaltungsfeld ist die ablauforganisatorische Kopplung der Strategiearbeit und der operativen Innovationsprozesse. Das Zusammenspiel zwischen strategischen Entscheidungsprozessen basierend auf entsprechenden Analysen mit den aktuellen Entwicklungsprojekten und Ideenfindungsprozessen hat einen sehr großen Einfluss auf die Innovationsleistung.

4. Struktur: Die größte organisatorische Herausforderung, die in dieser Evolutionsstufe gelöst werden muss, ist, wie man strukturell mit radikalen Innovationen umgeht. Viele größere Unternehmen schälen die radikalen Innovationsvorhaben aus der etablierten Struktur heraus und bilden dafür eigene Strukturen. Diese eigenständigen Strukturen können unterschiedliche Formen wie interne Start-ups, Spin-offs, Skunkwork Teams, Innovation Labs etc. annehmen. Meist sind diese Einheiten direkt dem Topmanagement unterstellt. Damit stärkt man die Fokussierung und Beweglichkeit in der Entwicklungsphase und die Ausbildung der für radikale Innovationen erforderlichen, speziellen Innovationskultur. Eine weitere Herausforderung ist die zunehmende Größe der Innovationsorganisation und oftmals eine Internationalisierung der Entwicklungsaufgaben.

5. Kompetenz: Das gezielte Management immaterieller Assets wie Wissen, Image und Reputation, Betriebsgeheimnisse, Schutzrechte, Beziehungskapital als Beitrag zum Unternehmenserfolg muss von Führungskräften erlernt und weiterentwickelt werden. Ein gezieltes auf die mittel- bis langfristigen Unternehmensziele ausgerichtetes Kernkompetenzmanagement ist ein weiterer wesentlicher Gestaltungshebel. Personalverantwortliche sind hier besonders gefordert, strategische Personalentwicklungsinitiativen zu setzen, um die erforderlichen Skill Levels für neu zu besetzende Kompetenzfelder bereitzustellen. Das innovationsgetriebene Wachstum bringt eine hohe Veränderungsdynamik mit sich, die eine professionelle Organisationsentwicklung erfordert. Im IT-Bereich sind die Verantwortlichen gefordert, die Systeme im Innovationsmanagement mit den steigenden Anforderungen und der zunehmenden Komplexität mitzuziehen.

6. Ressourcen: Die Ausrichtung nach Innovationsführerschaft schlägt sich auch im Ressourcenmanagement nieder. Man ist gefordert, nicht nur regional sondern international nach den besten Innovationstalenten zu suchen, da insgesamt eine zunehmende Internationalisierung der Innovationsaktivitäten mit der Innovationsführerschaft einhergeht. Im Bereich der F&E Infrastruktur liegt auch ein nicht zu unterschätzendes Potenzial, die Innovationsleistung zu steigern, im maßgeschneiderten Entwicklungs-, Prüf- und Messequipment und leistungsfähige Simulationswerkzeuge liefern Potenziale für die Beschleunigung und Kostensenkung in der F&E.

7. Der Umgang mit dem entstehenden geistigen Eigentum und den damit verbundenen faktischen und rechtlichen Schutzrechten zur Absicherung des Innovationsvorsprungs bekommt eine hohe Bedeutung.

8. Das breite Innovationsportfolio erfordert auch einen besonders sorgfältigen Umgang mit den erforderlichen finanziellen Mitteln. Schlanke, aber dennoch effektive Controllingaktivitäten sind erforderlich, um den Überblick über die Risiken, Kosten und Erfolge des Innovationsportfolios zu behalten.

Revolutionsphase 3 - Vorsprung durch Grenzen verschieben und Regeln ändern

Langjährige Innovationserfolge und eine dominante Marktposition im Kerngeschäft charakterisieren Unternehmen mit erfolgreichen Innovationsführerstrategien, die eine weitere Transformationsphase vor sich haben.

Das Erreichen von Wachstumsgrenzen im Kerngeschäft, sei es durch konjunkturelle Entwicklungen, in manchen Fällen auch gesetzlichen Regelungen (zum Beispiel Verbot von bestimmten Produkten), Marktkonzentrationen, ein sich abzeichnendes Erreichen des Endes im Marktlebenszyklus bzw. auch eingefahrene Geschäftsmodelle, die selbst die Top-Innovatoren in einen Preiswettbewerb zwingen, ist ein wesentlicher Treiber, der Unternehmen dazu bringt, über neue Geschäftsmodelle und neue Geschäftsfelder nachzudenken.

Manche Führungskräfte führen durch sehr ambitionierte Wachstumsziele quasi „künstlich" eine Wachstumskrise herbei, um dem Zustand des satten, erfolgsverwöhnten und flügellahm werdenden Innovators frühzeitig zu entkommen.

In anderen Fällen kann es aber auch das Entstehen neuer Zukunftsmärkte sein, die für innovationsstarke Unternehmen einen Reiz ausüben, über eine Ausdehnung ihres Geschäftes nachzudenken und sich in diesen Hoffnungsmärkten rechtzeitig eine gute Startposition zu sichern.

Im Mittelpunkt dieser Transformationsphase steht die Entwicklung der Fähigkeit erprobte Erfolgsmuster aus einer abstrakteren Flughöhe und aus weiter in der Zukunft gerichteten Perspektiven gezielt zu hinterfragen und daraus Schlüsse für echte Durchbruchinnovationen zu erzielen und in der Folge radikale Geschäftsmodellinnovationen im bestehenden Kerngeschäft, das Erschließen von Blue Oceans (Kim und Mauborgne 2005) oder Diversifikationsprojekte in neue Anwendungsgebiete und Märkte umzusetzen.

Eine weitere Herausforderung ist die Einnahme einer globalen Perspektive auch aus der Sicht des Innovationsmanagements. Unternehmen dieser Evolutionsstufe agieren in der Regel auf den Weltmärkten, entwickeln ihre Innovationen aber immer noch stark aus Sicht eines eingeschränkten Heimmarktes.

Das Entwickeln der notwendigen Fähigkeiten in der 3. Revolutionsphase wird unterstützt durch

- Erstmaliges Durchlaufen eines Foresight-Prozesses mit dem Ziel, mögliche Potenziale für Durchbruchinnovationen zu identifizieren
- Einsteuern der Ergebnisse in den Innovationsstrategieprozess
- Auswahl eines Durchbruchinnovationsprojektes
- Schaffen der notwendigen Rahmenbedingungen für die Projektdurchführung
- Realisieren eines ersten Produktes außerhalb des F&E Headquarters

Evolutionsstufe 4: Zukunftsgestalter

Unternehmen, die sich auf der Evolutionsstufe 4 befinden, haben bereits eine lange, oft über mehrere Führungsgenerationen andauernde Innovationserfolgsgeschichte zu verzeichnen. Diese Erfolgsgeschichte hat zu einem großen Unternehmen geführt. Manche Unternehmen aus dieser Evolutionsstufe haben aus eigener, weiser Voraussicht begonnen, trotz des anhaltenden Innovationserfolges ihr Unternehmen noch stärker in Richtung Zukunft auszurichten, andere haben eine Wachstumskrise als Auslöser gebraucht, um zu begreifen, dass sich auch lange erfolgreich entwickelnde Unternehmen ihr Geschäft und ihre Betätigungsfelder immer wieder neu erfinden müssen und haben in einer Transformationsphase ein erstes großes Projekt außerhalb der bisherigen Erfolgsmuster auf den Weg gebracht.

Abbildung 11.11 Innovationssystem der Evolutionsstufe 3 (eigene Darstellung)

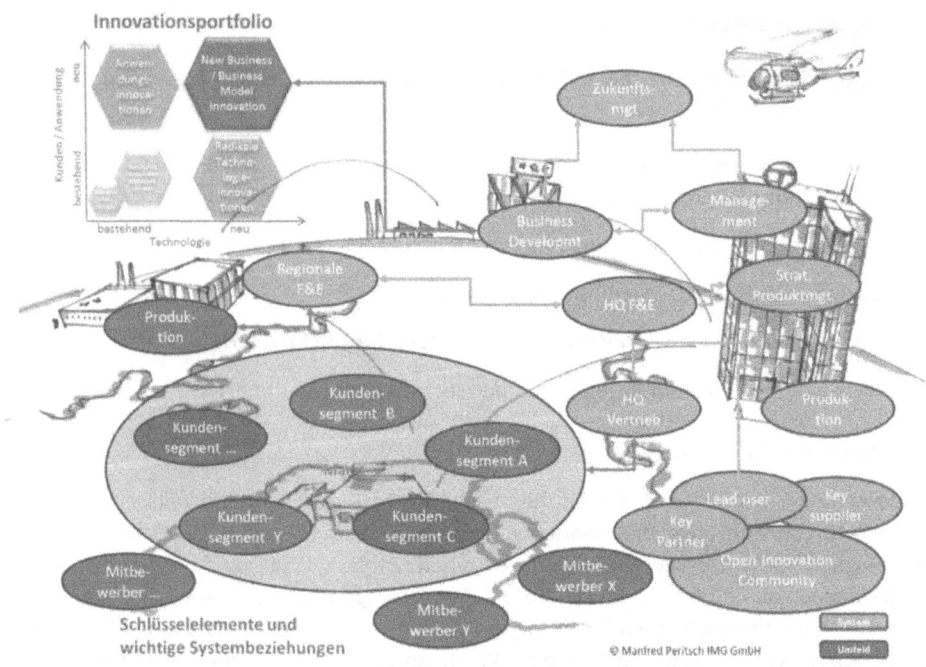

Gegenüber der Evolutionsstufe 3 sind weitere Systemelemente hinzugekommen, auf der einen Seite ein Agent, der die Aufgabe des Zukunftsmanagements übernimmt, auf der anderen Seite eine Einheit, die sich mit Geschäftsmodellinnovation bzw. Geschäftsfeldentwicklung beschäftigt.

Unternehmen in dieser Evolutionsstufe zeichnen sich auch durch neue Konzepte des Innovierens aus. Es wird bewusst mit Co-Creation-Ansätzen und vielen, die Systemgrenzen noch weiter hinausschiebenden Spielformen von Open Innovation experimentiert, um die Erfolgspotenziale auszuloten.

Für die Steigerung der Innovationsleistung dieser Innovationselite sind folgende Hebel in den einzelnen Gestaltungsfeldern besonders relevant:

1. Kultur: Sämtliche kulturprägenden Instrumente werden breit und den Subkulturen einzelner Innovationsaufgaben entsprechend eingesetzt, hier die Veränderung des Anreizsystems, die erfolgreichen Querdenkern mehr Freiräume gibt, dort die unmittelbar spürbare Belohnung für Einreicher des Ideenmanagements unter Beteiligung des Topmanagements, ein anderes Mal die Freigabe eines kleinen Budgets für Experimente, in dem einen Bereich die Ehrung des Innovators des Monats, im nächsten Monat die

Feier für den Erhalt des Preises *Great Place to work*, dann wieder die unangenehme, aber konstruktiv verlaufende Lessons learned Sitzung im Zuge eines Projektabbruchs, da wiederum die journalistisch professionell aufbereitete Innovationserfolgsstory, die hilft den Mythos der langjährigen Innovationserfolge zu verbreiten. Diese exemplarische Auflistung illustriert, wie Unternehmen lernen ihre Innovationskultur sehr bewusst zu pflegen und weiterzuentwickeln.

2. Strategie: Eine weitere Professionalisierung der Strategiearbeit im Innovationsbereich ermöglicht eine weitere Ausdehnung der zeitlichen Perspektive einerseits und eine Erhöhung der Agilität gegenüber rasch oder schleichend eintretenden Veränderungen der Rahmenbedingungen durch Ausarbeitung von Eventualstrategien. Kommt der Zusammenbruch der europäischen Währungsunion oder nicht, wird Afrika der nächste Wachstumsmarkt oder nicht, wann und wo könnten neue Konflikte entstehen, wohin entwickelt sich die globale Energie-/Wasser/Nahrungsmittelversorgung, solche Fragen sind Teil von Zukunftsszenarien, die eine wesentliche Grundlage für strategische Überlegungen in Bezug auf die Entwicklung neuer Geschäftsfelder und Märkte bilden. Entscheidend dabei ist, nicht in *die Information Overflow-* und Komplexitätsfalle zu tappen, die strategische Entscheidungen verlangsamt und ineffektiv macht. Ebenso ist die Entwicklung und Umsetzung erfolgreicher Diversifikationsstrategien ein neues Gestaltungsfeld, das in dieser Evolutionsstufe an Bedeutung gewinnt. Wachstumsstrategien in neue Gebiete verlangen eine intensive Beschäftigung mit den vorhandenen Kernkompetenzen, und die Forschung zeigt, dass Diversifikationen die höchste Erfolgschancen aufweisen, wenn ein starker Bezug zu vorhandenen Kernkompetenzen gegeben ist (Simon 2007).

3. Prozess: Mit dem Etablieren eines regelmäßigen Zukunftsmanagements ist die ablauforganisatorische Aufgabe verknüpft, wie man Monitoring, Scouting und Scanning-Prozesse an die strategischen Entscheidungen koppelt, sodass die richtigen Informationen zum richtigen Zeitpunkt an die richtigen Stellen gelangen. Gut eingespielte Abläufe auf allen Entscheidungsebenen (lang-, mittel- und kurzfristig) tragen wesentlich dazu bei, dass die Entscheidungsqualität im Innovationssystem steigt. Ein sowohl in der Theorie als auch in der Praxis noch wenig bearbeitetes Feld ist die ablauforganisatorische Gestaltung von radikalen Geschäftsmodellinnovationen, hier gibt es noch wenig Erfahrungen, wie man unter den Aspekten Risiko, Kosten und Schnelligkeit vorgeht, somit besteht hier ein Gestaltungsfeld, das auch die Innovationselite erst für sich erobern muss.

4. Struktur: Die Varietät des Innovationssystems steigt gerade in diesem Gestaltungsfeld nochmals enorm, da für sowohl lang-, als auch mittel- und kurzfristig zu realisierende Innovationsvorhaben geeignete Strukturen geschaffen werden müssen. Verschärft wird die Frage der Strukturierung noch durch eine Internationalisierung und damit geographische Verteilung der Aufgabenträger und eine weitere Öffnung der Unternehmensgrenzen in Richtung externer Aufgabenträger durch umfangreiche Open Innovation Communities. Die Optimierung der Organisationsstruktur im Innovationssystem dreht sich um die wesentlichen Fragestellung der hinreichenden Autonomie einzelner Bereiche, der Nutzung von Synergien, der Integration und Aufteilung (zentral vs. dezentral) von Innovationsaufgaben

5. Kompetenzen: Das Entwickeln neuer Geschäftsideen außerhalb des bestehenden Marktes und oftmals außerhalb der Strukturen des Stammhauses bringt eine Reihe von Herausforderungen und Fallstricken mit sich, da bspw. ein Einstieg eines gestandenen Maschinenbauers in einen interessanten softwarebasierten Dienstleistungsmarkt nur in bestimmten vielleicht technologischen oder anwendungsspezifischen Fragestellungen einen Kompetenztransfer vom Stammhaus in Richtung neue Geschäftseinheit zulässt. Viele Geschäftsregeln müssen neu erlernt werden, wie zum Beispiel andere Geschwindigkeiten, andere Kommunikationsformen, andere Bedürfnisse und Einstellungen der MitarbeiterInnen.

6. Ressourcen: Wie schon bei den Kompetenzen kurz erwähnt, muss man auch bei einer Diversifizierung der Aktivitäten im Ressourcenmanagement eingefahrene Wege zum Beispiel in der Personalbeschaffung und -entwicklung verlassen. Employer Branding über die ausgewiesene Innovationskultur kann hier zu einem entscheidenden Vorteil im Wettbewerb um die besten Talente werden. Im Umgang mit den immateriellen Werten wird ein weiteres Gestaltungsfeld erschlossen, nämlich die aktive Verwertung von gewerblichen Schutzrechten über Auslizenzierungen und Patentverkäufe, die nicht mit den Schutzstrategien im Kerngeschäft in Konflikt stehen. Für die Innovationselite können hier neue Erlösquellen und Geschäftsmodelle erschlossen werden.

11.5 Anwendung des Innovation System Design Modell

Mit dem Innovation System Design Modell liegt ein praxistauglicher und in zahlreichen Projekten erprobter Orientierungsrahmen vor, der InnovationsmanagerInnen dabei hilft, zielgerichtet an der Steigerung der Innovationsleistung zu arbeiten. Erste Erfahrungen in der Anwendung dieses Modells zeigen, dass es ohne zeitaufwendige Erklärungen eingesetzt werden kann, um mit Innovationsverantwortlichen und den verschiedenen Aufgabenträgern im Innovationsmanagement an wesentlichen Fragestellungen zu arbeiten.

Frage 1: Welchen Beitrag sollen Innovationen zum Erreichen strategischer Ziele eines Unternehmens leisten?

In vielen Unternehmen gibt es nur ein diffuses Verständnis darüber, welchen Beitrag Innovationen für die Unternehmensentwicklung und die Wettbewerbsstrategie liefert bzw. eigentlich liefern soll. Mit der Darstellung der Entwicklung wesentlicher Innovationsaufgaben und Innovationsziele über die Zeit wird diese Frage leichter fassbar und führt zu einer Sensibilisierung in Bezug auf die strategische Rolle von Innovationen. Vielen Unternehmen sind die unterschiedlichen Innovationsarten (Gelegenheitsinnovation, Kundenentwicklung, Inkrementelle Produktentwicklungen, Radikale Anwendungs- bzw. Technologieinnovationen, Geschäftsmodellinnovationen und Geschäftsfeldentwicklung) zu wenig bewusst, als dass sie differenzierte Gestaltungsmaßnahmen ableiten. Hier schafft das Modell die nötige Orientierung, um eine Schärfung der strategischen Ausrichtung Innovationen betreffend vornehmen zu können.

In der Praxis treten bereits bei dieser zentralen Frage sehr häufig unterschiedliche Einschätzungen der beteiligten Führungskräfte zu Tage. Es ist naturgemäß von großer Bedeutung, dass man sich bezüglich der grundsätzlichen Rolle von Innovationen im Unternehmen im Führungskreis einig ist. Erst wenn dieser Punkt geklärt, können die Kräfte im Innovationsmanagement gebündelt werden und entsprechende Gestaltungsinitiativen zielgerichtet erfolgen.

Frage 2: An welchem Punkt in der Entwicklung seiner Innovationsfähigkeit steht ein Unternehmen aktuell?

Die Betrachtung einer Systementwicklungsgeschichte hin zu höheren Ordnungsgraden, wie sie das vorliegende Modell vorschlägt, regt die Diskussion an, wo das eigene Unternehmen sich in dieser Entwicklung befindet. Anhand eines auf das Modell abgestimmten Innovationsaudits, das im vorliegenden Beitrag nicht näher ausgeführt wird, ist eine Bestimmung der Position auf den S-Kurven möglich.

In der Praxis erlaubt diese Positionierung im Innovation System Design Modell eine sehr einfache, aber plastische Darstellung eines umfangreichen Innovationsaudits, das Reifegradeinschätzungen in allen sechs beschriebenen Gestaltungsfeldern in der jeweiligen Evolutionsstufe umfasst, in der sich das Unternehmen gerade befindet.

Auch hier zeigt sich in der praktischen Anwendung, dass das Modell dabei hilft, unterschiedliche Einschätzungen der am Innovationsmanagement Beteiligten aufzuzeigen, Ursachenforschung zu betreiben und daraus entstehende Probleme transparent zu machen. Wenn sich ein kleiner Teil der am Innovationssystem Beteiligten schon als Innovationsführer versteht, der überwiegende Teil der Aufgabenträger aber ausschließlich am Nutzen sich kurzfristig ergebender Innovationschancen und einzelner Kundenwünsche orientiert ist, ergeben sich zwangsläufig Reibungsverluste und eine geringe Innovationsleistung. Hier schafft das Innovation System Design Modell eine praktikable Möglichkeit, unterschiedliche mentale Bilder über das aktuelle Innovationsverhalten an die Oberfläche zu bringen und in der gemeinsamen Analyse von Potenzialen zur Steigerung der Innovationsleistung zu unterstützen.

Frage 3: Welche Ziele strebt ein Unternehmen bei der Optimierung der Innovationsleistung an und wo setzt man den Hebel an?

Den größten Nutzen bietet das Innovation System Design Modell bei der Zielfindung in Bezug auf die Steigerung der Innovationsleistung. Braucht es kontinuierliche und sich in kleinen Schritten vollziehende Leistungsoptimierungsschritte, oder muss man ein paar große Veränderungsprozesse starten, um ans Ziel zu kommen? Diese Fragestellungen lassen sich mit Hilfe des Modells sehr gut besprechen. Auf Grund der Beschreibung der zeitlichen Abfolge bestimmter Entwicklungen in Innovationssystemen liefert das Innovation System Design Modell in der Praxis viele wertvolle Anregungen, welche Aufgaben zur Leistungsoptimierung innerhalb einer Evolutionsstufe anstehen. Darüber hinaus geben die Beschreibungen der radikalen Transformationsphasen und ihrer vielfältigen Auslöser speziell dem Topmanagement Hinweise über notwendige größere Eingriffe in das Innovationsmanagement, um es mit den gewählten Unternehmensstrategien in Einklang zu bringen bzw. zu halten.

Literatur

A.T. Kearney (2005): "Stages of Excellence Model", in: Bullinger, H.-J.; Engel, Kai: Best Innvator. Erfolgsstrategien von Innovationsführern, 2. Auflage, FinanzBuch Verlag: München, S. 133-137.

Braun, M. (2001): „Testen Sie Ihre Innovationskraft", in: Little, A. D. (Hrsg.): Business Innovation, Frankfurt: FAZ-Institut, S. 366-380.

Bürgin, C. (2007): Reifegradmodell zur Kontrolle des Innovationssystems von Unternehmen, Dissertation ETH Zürich Nr. 17390.

Cooper, R. G. (2002): Top oder Flop in der Produktentwicklung. Erfolgsstrategien: von der Idee zum Launch. Weinheim: Wiley-VCH, S. 146-149.

Diedrichs, E., Brunswicker, S. (2010): IMP³rove II. Innovations Management in High-Growth SMEs from the Knowledge-intensive Services (KIS): Setting the Pace for Growth in Europe, S. 33-34. http://wiki.iao.fraunhofer.de/images/studien/improve-innovation-management-in-high-growth-smes.pdf [15.03.2013].

Essmann, H.; du Preez, N. (2009): "An Innovation Capability Maturity Model – Development and initial application", in: World Academy of Science, Engineering and Technology 53, S. 438-440.

Fraunhofer IAO (2005): „Schritte zur Innovationsexzellenz", in: Warschat, Joachim: Der Weg zur Innovationsexzellenz, Präsentation im Rahmen der Ringvorlesung Innovationsmanagement am Fraunhofer Institutszentrum Stuttgart, S. 4-6. http://www.sfb374.uni-stuttgart.de/start.html [14.03.2013].

Gabler Verlag (Herausgeber), Gabler Wirtschaftslexikon, Stichwort: S-Kurven-Konzept, online im Internet: http://wirtschaftslexikon.gabler.de/Archiv/82555/s-kurven-konzept-v7.html [24.03.2013].

Hinterhuber, H. H. (2012): „Erfolgsfaktoren für Innovation Excellence", in: Ili, Serhan (Hrsg.): Innovation Excellence. Wie Unternehmen ihre Innovationsfähigkeit systematisch steigern, Symposion: Düsseldorf, S. 63-83.

Holland, J. H. (2006): "Studying Complex Adaptive Systems", in: Journal of System Science and Complexity (2006) 19; S. 1-8.

Inknowaction (Hrsg.) (2011): Berufsbild Innovationsmanager – Studienergebnisse. http://www.inknowaction.com/blog/?p=1037 [21.01.2013].

Jaruzelski, B., Loehr, J., Holman, R. (2011): "Why Culture Is Key", in: Booz & Company Inc. (Hrsg.): Strategy+Business 65, S. 2-16.

Kim, W .Ch., Mauborgne, R. (2005): Der Blaue Ozean als Strategie, München, Hanser.

Kirchgeorg, V., Achtert, M., Großeschmidt, H. (2010): „Pathways to Innovation Excellence. Results of a Global Study", in: Little, A. D. (Hrsg.): Technology & Innovation Management.

Kirner, E.; Maloca, S.; Rogowski, T.; Slama, A.; Som, O.; Spitzley, A.; Wagner, K. (2007): Kritische Erfolgsfaktoren zur Steigerung der Innovationsfähigkeit. Empirische Studie bei produzierenden KMU, 2. Auflage, Stuttgart, Karlsruhe, S. 52-62.

Laszlo, E. (1992): Evolutionäres Management – Globale Handlungskonzepte, Fulda: Paida Verlag.

Meyer, J.-U. (2011): Erfolgsfaktor Innovationskultur: Das Innovationsmanagement der Zukunft – Corporate Creativity Studie 2011, Göppingen: Business Village.

Plattform für Innovationsmanagement Austria (Hrsg.) (o. J.): Vorgehensweise. Vom Assessment bis zum Umsetzungsprogramm. Vier Schritte zur Steigerung der betrieblichen Innovationsleistung http://www.pfi.or.at/innovate-austria/vorgehensweise [14.03.2013].

Rost, K., Hölzle, K., Gemünden, H. G. (2007): Promotors or Champions? Pros and Cons of Role Specialisation for Economic Process. Schmalenbach Business Review, 59, S. 340–363.

Schwenk-Willi, U. (2001): Integriertes Komplexitätsmanagement, Anleitungen und Methodiken für die produzierende Industrie auf Basis einer typologischen Untersuchung, St. Gallen, S. 16f.

SEI (Hrsg.) (2011): CMMI® für Entwicklung, Version 1.3 SEI-sanctioned GERMAN translation of CMMI-DEV, V1.3.

Simon, H. (2007): Hidden Champions des 21. Jahrhunderts. Die Erfolgsstrategien unbekannter Weltmarktführer. Frankfurt und New York: Campus Verlag 2007, 364-399.

Thuriaux-Aleman, B., Eagar, R., Johansson, A. (2013): "Getting a Better Return on Your Innovation Investment", in: Little, A. D. (Hrsg.): Technology and Innovation Management. Results of the 8th Arthur D. Little Global Innovation Excellence Study, S. 17-18. http://www.adlittle.com/downloads/tx_adlreports/TIM_2013_Innovex_Report.pdf.

Teil 4: Strategie- und Technologieinnovation

12 Technologiemanagement

Ein prozess- und entscheidungsorientierter Ansatz

Univ.-Prof. Dipl.-Ing. Dr. Stefan Vorbach

Abstract

Der vorliegende Beitrag zeigt Lösungsansätze für die komplexen Herausforderungen beim Management von Technologien auf. Nach einer Übersicht zu den Grundlagen geht er näher auf den Prozess des Technologiemanagements ein. Besonderes Augenmerk wird auf die Bewertung und Entscheidung bei der Technologiewahl gelegt. Die Anwendbarkeit der vorgeschlagenen Vorgehensweise wird durch die Empfehlung erprobter Methoden erhöht. Schließlich werden im Beitrag Fragen der Gestaltung der Organisation des Technologiemanagements behandelt.

Keywords:
Technologiemanagement, Technologiemanagement-Prozess, Technologieplanung, Technologiebewertung und -auswahl, Organisation des Technologiemanagements

12.1 Einleitung

Technologien haben einen wesentlichen Einfluss auf die Wettbewerbsfähigkeit von Unternehmen. Auf der einen Seite stellen neue Technologien strategische Unternehmensressourcen mit erheblichen Entwicklungschancen dar. Auf der anderen Seite bedrohen neue Technologien diejenigen Unternehmen, die ihre Erfolgsposition auf veralteten Technologien gründen. Unternehmen sind somit gezwungen, Technologien schnell und kundenorientiert zu entwickeln, einzusetzen und rechtzeitig zu substituieren (Klappert et al. 2006, S. 6). Technologieführerschaft ist für viele Unternehmen ein unabdingbarer Wettbewerbsvorteil. Dies gilt sowohl für Produkttechnologien, bei denen das Technologieniveau als Produkteigenschaft in der direkten Wahrnehmung des Kunden steht, als auch für Produktionstechnologien, die oft nicht in der direkten Wahrnehmung der Kunden liegen, allerdings zur Sicherstellung von Qualität und Wirtschaftlichkeit notwendig sind und somit die Umsetzung bestimmter Produktideen ermöglichen (Schuh et al. 2007, S. 186).

Das Management von Technologien stellt einen inhaltlichen Teilbereich der Unternehmensführung dar. Technologiemanagement beinhaltet die Planungsaktivitäten zur langfristigen Sicherung und Stärkung der Marktposition eines Unternehmens. Im Fokus steht die gezielte Änderung einer Technologie, eines Produkts oder der eingesetzten Produktionstechnologie (Klappert et al. 2011, S. 5).

Unternehmen sind beim Management von Technologien mit einigen Herausforderungen konfrontiert. Abhängig von der Größe und Technologieorientierung der Unternehmen sind mehr oder weniger große Unterschiede in der Einrichtung von Technologiemanagement-Prozessen erkennbar. Kleine und mittlere Unternehmen betreiben tendenziell seltener Prozesse zur gezielten Suche, Analyse, Bewertung und Auswahl von Technologien. Auch die Schnelllebigkeit von Technologien ist häufig ein Grund dafür, dass Unternehmen neue Technologien nicht rechtzeitig erkennen oder einführen (Schuh et al. 2007, S. 186). Wenn aber Unternehmen erkennen, dass die Anwendung der Methoden des Technologiemanagements für sie vorteilhaft ist, dann verhindern Unkenntnis und Kapazitätsprobleme jedoch häufig, sich damit intensiv zu befassen. Auch orientiert sich die Auswahl der verwendeten Methoden meist an ihrem Komplexitätsgrad und nicht an der Eignung, bestehende Probleme in Forschung, Entwicklung und Nutzung der Technologien zu lösen (Specht und Mieke 2006, S. 275f.).

Der vorliegende Beitrag hat zum Ziel, auf Basis der aktuellen Herausforderungen des Technologiemanagements Möglichkeiten zu ihrem Umgang aufzuzeigen. Dazu wird ein einfach anwendbarer Technologiemanagement-Prozess vorgestellt und die frühen Phasen in Form von komplexen Auswahlentscheidungen beim Management von Technologien näher beleuchtet. Es werden Hinweise gegeben, die auf einem soliden theoretischen Fundament aufbauen, um den aktuellen Herausforderungen im Technologiemanagement gerecht zu werden.

12.2 Grundlagen des Technologiemanagements

Ziele und Aufgaben des Technologiemanagements

Ziel des Technologiemanagements ist es, die Wettbewerbsfähigkeit von Unternehmen durch den Aufbau und die Weiterentwicklung technologiebasierter Erfolgspotenziale langfristig zu sichern (Specht o. J.). Betriebliche Technologiemanager haben deshalb ein vielfältiges Aufgabenspektrum: Sie sind für den Erwerb, die Bewahrung, den Schutz sowie die Verwertung technologischer Kompetenz zuständig. Darüber hinaus tragen sie die Verantwortung für die möglichst robuste und marktzugewandte technologische Positionierung ihres Unternehmens (Möhrle und Isenmann 2005, S. 1).

Ihre Aufgabe ist es u. a., neu aufkommende Technologien frühzeitig zu identifizieren, sie hinsichtlich ihrer Relevanz für das Unternehmen zu bewerten und ggf. die Realisierung der Technologie im Unternehmen voranzutreiben und zu begleiten bzw. die Technologie für das Unternehmen anderweitig verfügbar zu machen (Schuh et al. 2007, S. 186). Erwünschtes Ergebnis ist die Bereitstellung der für aktuelle und künftige Leistungen benötigten Technologien (Produkt-, Produktions- und Materialtechnologien) zum richtigen Zeitpunkt und zu angemessenen Kosten (Klapper et al. 2011, S. 5).

Aus diesem Aufgabenspektrum resultieren die Wünsche nach einer Prognose der zeitlichen Entwicklung von Technologien sowie die Ableitung von Maßnahmen, die der Erhaltung bzw. Verbesserung der technologischen Position eines Unternehmens dienlich sind.

Begriffliche Grundlagen: Technologie und Technik

In deutschsprachigen Publikationen erfolgt häufig eine Unterscheidung von Technologie und Technik. Nach diesem Verständnis sind Technologien wissenschaftlich fundierte Erkenntnisse aus den Ingenieur-, Natur- und Sozialwissenschaften, die zur Lösung von praktischen Problemen genutzt werden können. Technik hingegen bezeichnet die anwendungsbezogene Nutzung dieses Wissens in Produkten und Verfahren. In der internationalen Technologiemanagement-Literatur wurde diese Trennung zu Gunsten eines breit ausgelegten Technologiebegriffs aufgegeben (Speith 2008, S. 7f. und die dort angeführte Literatur). Auch in der jüngeren deutschsprachigen Literatur haben die Begriffe Technologie und Technik inzwischen einen weiten Überdeckungsbereich. Der klassische Sprachgebrauch, auf der einen Seite Technik als Anwendung von Wissen in konstruktivem Sinne, auf der anderen Seite Technologie als Lehre von der Technik, ist zu Gunsten eines integrierten Begriffsverständnisses weitgehend verschwunden (Möhrle und Isenmann 2005, S. 6).

Im vorliegenden Beitrag sollen Technologien als theoretisches und praktisches Wissen sowie als Fähigkeiten und Artefakte verstanden, die für das Entwickeln von Produkten, Prozessen und Services genutzt werden können. Träger von Technologien können Menschen, kognitive oder physische Prozesse, Materialen, Maschinen und Anlagen sowie Werkzeuge sein (Burgelmann et al. 2004, S. 2).

Neue Technologien unterscheiden sich nach dem Grad der mit ihnen einhergehenden Veränderungen. Einerseits existiert inkrementeller technologischer Fortschritt, bei dem sich der Wandel in kleinen Schritten entlang einer technologischen Entwicklungslinie vollzieht. Andererseits treten starke technologische Veränderungen auf, bei denen der Wandel mit hoher Intensität stattfindet und neue technologische Pfade entstehen. Dies wird unter einer Vielzahl von Begriffen diskutiert, wie beispielsweise „radikale (technologische) Innovationen", „disruptive Technologien", „technologischer Durchbruch", „technologische Diskontinuität", „Technologiesprung" oder „Kompetenz zerstörende Innovation" (Speith 2008, S. 8f. und die dort angeführte Literatur).

Unabhängig von den verwendeten Bezeichnungen lassen sich verschiedene wiederkehrende Charakteristika starken technologischen Wandels finden. Gemeinsam ist den Begriffen, dass sie die Veränderungen im Akteursumfeld als sehr dynamisch, komplex und langfristig beschreiben und daher Unternehmen sowie Personen innerhalb des Unternehmens mit einer signifikant höheren Unsicherheit konfrontiert sind als in Feldern mit technologischem Wandel entlang eines Pfades. Damit wird die hohe Unsicherheit zum zentralen Charakteristikum der Entstehung technologischer Pfade. Unsicherheit liegt vor, wenn die beteiligten Akteure die Ergebnisse und Konsequenzen ihrer Handlungen nur unzureichend vorhersagen können. Sie ist demzufolge eine Auswirkung unvollständiger Information. Bei der Entstehung neuer Technologien bedeutet dies, dass von den Akteuren benötigte Informationen erst durch Lernprozesse während des Entstehungsprozesses generiert werden (Speith 2008, S. 9f.)

Abgrenzung zum Innovations- und F&E-Management

Im Bereich der Schaffung neuer Technologien überschneidet sich das Technologiemanagement mit dem Innovationsmanagement. Allerdings betrachtet das Innovationsmanagement auch die Erzeugung nicht technologischer Artefakte wie Organisationsstrukturen. Das Technologiemanagement fokussiert ausschließlich auf Technologien, kümmert sich allerdings auch um bestehende Technologien. Es überlegt beispielsweise, wie aus bestehenden, nicht mehr ganz neuen Technologien noch möglichst hohe finanzielle Rückflüsse für das Unternehmen generiert werden können, etwa über das Einbringen der Technologie in weitere Produkte oder über Lizensierung oder Technologieverkauf an andere Akteure (Specht o. J.).

Eine überschneidungsfreie Trennung des Technologiemanagements von benachbarten Disziplinen ist nicht immer möglich. Technologie- und Innovationsmanagement überlappen und ergänzen sich. Unterschiede bestehen jedoch in den betrachteten Objekten. Während das Technologiemanagement auf Technologien im Sinne einer Fähigkeit fokussiert, steht beim Innovationsmanagement das konkrete Produkt im Vordergrund. Das Forschungs- und Entwicklungsmanagement stellt eine Schnittmenge zwischen dem Technologie- und dem Innovationsmanagement dar (Klappert et al. 2011, S. 5).

Klassifikation von Technologien

Zur Kategorisierung von Technologien existiert eine große Bandbreite an Möglichkeiten. Nachfolgend werden nur die wichtigsten Klassifikationen kurz erläutert. Die Ergebnisse sind in Abbildung 12.1 zusammengefasst. Die am weitest verbreitete Klassifikation von Technologien ist die funktionale Kategorisierung in Produkttechnologien und in Prozess- bzw. Verfahrenstechnologien (Bullinger 1994, S. 97f., Wolfrum 1994, S. 14, Tschirky 1998, S. 228). Dabei ist von Produkttechnologien die Rede, wenn diese integraler Bestandteil der verkauften Leistung werden. Demgegenüber werden Prozesstechnologien nicht Bestandteil der verkauften Leistung, sondern werden ausschließlich zur Leistungserstellung benötigt (Gerpott 1999, S. 26). Hinsichtlich der Planung von Technologien bestehen deutliche Unterschiede zwischen den beiden Technologiearten. Während die Planung von Produkttechnologien die Frage beantworten muss welche Technologien zukünftig zur Ermöglichung neuer Produktfunktionen und vollständig neuer Produkte notwendig sind, stellt die Planung von Prozesstechnologien die Frage nach deren Herstellungsmöglichkeiten (Gomeringer 2007, S. 26).

Ebenfalls weit verbreitet sind die eng verbundenen Klassifizierungen nach dem Lebenszyklus, der Wettbewerbsrelevanz bzw. dem Wettbewerbspotenzial. Fokus der Technologieplanung für Produkte sind dabei Neue Technologien sowie Schrittmacher- und Schlüsseltechnologien. In Bezug auf die strategische Bedeutung von Technologien im Wertschöpfungsprozess des Unternehmens stehen vorwiegend Kern- und Komplementärtechnologien im Mittelpunkt. Für die Planung von Technologien muss weiterhin die Anwendungsebene der Technologie betrachtet werden. Nach der Produktstruktur wird häufig unterschieden in Komponenten-, Modul- und Systemtechnologien (Tschirky 1998, S. 235). Diese Gliederung ermöglicht eine Transparenzerhöhung der Technologiestruktur komplexer Produkte und macht die Planung von Technologien übersichtlicher, da das Substitutions- und das Innovationspotenzial sichtbar gemacht werden können.

Abbildung 12.1 Klassifikation von Technologien
(Quelle: in Anlehnung an Gomeringer 2007)

	Klassifikation von Technologie				
Funktion	Produkttechnologien		Prozesstechnologien		
Wettbewerbs-relevanz	Neue Technologien	Schrittmacher-technologien	Schlüssel-technologien	Basis-technologien	Verdrängte Technologien
Potenzial	Neue Technologien		Etablierte Technologien		Verdrängte Technologien
Lebenszyklus	Entstehung	Wachstum		Reife	Alter
Bedeutung im Wertschöpfungs-prozess	Kerntechnologien		Komplementär-technologien		Zusatztechnologien
Beziehung zwischen den Technologien	Komplementär-technologien	Konkurrierende Technologien		Substitutions-technologien	Neutrale Technologien
Anwendungsbreite	Querschnittstechnologien			Spezifische Technologien	
Anwendungsebene	Komponenten-technologien		Modultechnologien		Systemtechnologien

Technologiemanagement

Technologiemanagement soll in Anlehnung an Bullinger verstanden werden als integrierte Planung, Gestaltung, Optimierung, Einsatz und Bewertung von technischen Produkten und Prozessen aus der Perspektive von Mensch, Organisation und Umwelt mit dem Ziel der Verbesserung von Produktivität und Arbeitswelt (Bullinger 1996). Im Vordergrund stehen die Nutzung neuer und bestehender Technologien im direkt wertschöpfenden Bereich (Produkt- und Prozesstechnologien) sowie die organisations- und geschäftsbezogene Technologienutzung (Speith 2008, S. 12).

Technologiemanagement erfasst neben der Planung, Organisation, Führung und Kontrolle von Technologien auch deren implizite Potenziale und das zugrunde liegende Wissen. Dies wird über den gesamten Zeitraum, in dem diese Technologien für das Unternehmen potenziell relevant sind, ermittelt. Der Zeitraum reicht dabei von der Identifikation von relevanten Technologien, dem Aufbau von technologischen Fähigkeiten durch unternehmensinterne Forschung und Entwicklung oder externen Erwerb, der Speicherung und Nutzbarmachung des Wissens, der eigentlichen Nutzung und Verwertung der Technologien in unternehmenseigenen Produkten und Prozessen sowie ggf. deren Veräußerung schließlich bis zur Beendigung des Technologieeinsatzes und bis zum Ersatz (Gomeringer 2007, S. 29).

Technologiemanagement sollte im Unternehmen als Querschnittsfunktion verstanden werden. Einzubinden sind neben den Entwicklungs- und Produktionsbereichen im Allgemeinen auch der Einkauf und der Vertrieb (Schuh et al. 2007, S. 187).

12.3 Technologiemanagement-Prozess

Der Technologiemanagement-Prozess hat zum Ziel erstens diejenigen Technologien zu identifizieren, mit denen die Zielsetzungen des Unternehmens umgesetzt werden können und zweitens Wege aufzuzeigen, die zu einer Beherrschung und Verwertung dieser Technologien führen (Speith 2008, S. 12).

In Anlehnung an Bullinger bzw. Schuh et al. lässt sich der Technologiemanagement-Prozess in folgende Unterprozesse einteilen (Bullinger 1996):

- Technologiefrüherkennung
- Technologieplanung und -strategieentwicklung
- Technologierealisierung und
- Technologiekontrolle

Abbildung 12.2 Technologiemanagement-Prozesses (Quelle: eigene Darstellung)

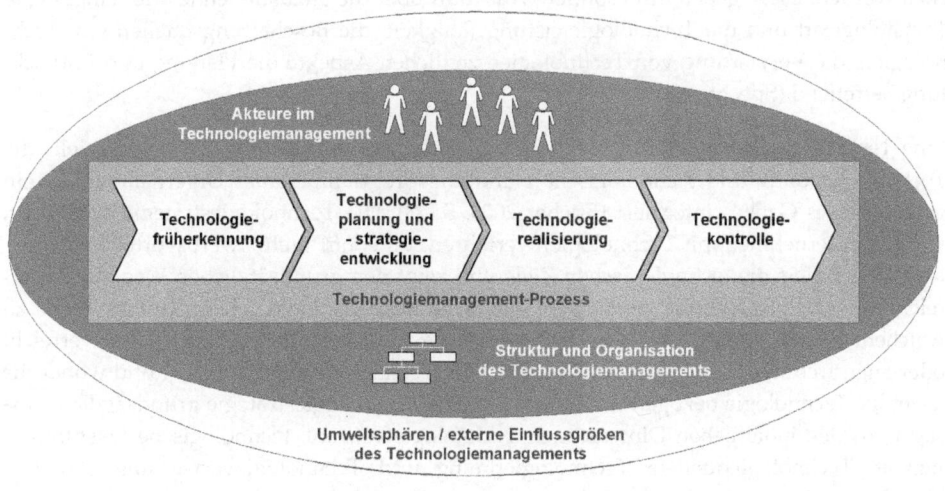

Das Prozessmodell ist eingebettet in die Umweltsphären/externe Einflussgrößen und beschreibt das Zusammenwirken mit den Akteuren im Technologiemanagement. Es umfasst auch die Struktur und Organisation des Technologiemanagements, also das Umfeld, in die der Technologiemanagement-Prozess eingebettet ist. Das Modell dient als Struktur für die nachfolgende Beschreibung.

Technologiefrüherkennung

Technologiefrüherkennung bzw. Technologiefrühaufklärung soll v.a. für das Unternehmen relevante, zukünftig bedeutende Technologien erfassen und beurteilen. Es werden die Entwicklung der Leistungsfähigkeit, die zeitliche Verfügbarkeit, die Akzeptanz sowie die positiven und negativen Folgewirkungen der Technologie eingeschätzt. Als Informationsquellen dienen u. a. öffentlich zugängliche schriftliche Dokumentationen, wie Patentschriften, Experten von Forschungseinrichtungen sowie Partner innerhalb der Wertschöpfungskette, wie Lieferanten und Kunden. Als unterstützende Methoden kommen Trendextrapolation, Expertenbefragung und -workshops, Publikations- und Patentanalysen, Delphi-Studien, Technologielebenszykluskonzepte, Szenario-Technik und Technologie-Roadmapping zum Einsatz (Specht o. J.).

Technologieplanung und -strategieentwicklung

Im Zuge der zunehmenden Bedeutung des Technologiemanagements als Steuerungs- und Führungsaufgabe hat auch die Entwicklung von Technologiestrategien verstärkt Beachtung gefunden, um die langfristige Auswirkung des Technologieportfolios zu planen und zu steuern (Schulte-Gehrmann et al. 2011, S. 55).

Ausgehend von der technologischen Situation des Unternehmens und den identifizierten technologischen Entwicklungen können mehrdimensionale Technologiestrategien entwickelt werden. Diese geben insbesondere Auskunft über die anzustrebende oder eingesetzte Technologieart und die Technologieleistungsfähigkeit, die Beschaffungsquellen von Technologien, die Verwertung von Technologien zeitlichen Aspekte die Planung und Entwicklung betreffend (Specht o. J.).

Eine Technologiestrategie ist ein Plan oder ein Muster, welches die Technologieziele, die Technologiepolitik und technologische Handlungsprogramme eines Unternehmens in ein geschlossenes Ganzes integriert (Bucher 2003, S. 43). Die Technologiestrategie beschreibt, wie ein Unternehmen mit Technologien verfahren sollte, um Wettbewerbsvorteile zu erzielen. Sie definiert die technologischen Ziele und zeigt den grundsätzlichen Weg zur Zielerreichung auf. Eine Technologiestrategie gibt an, welche Technologien ein Unternehmen zu welchem Zweck einsetzt, welches technologische Leistungsniveau dabei jeweils erreicht oder angestrebt wird, zu welchem Zeitpunkt der Technologieeinsatz erfolgt und woher die jeweilige Technologie bezogen wird. So sollte eine Technologiestrategie grundsätzlich Aussagen zu den inhaltlichen Dimensionen Technologieauswahl, technologische Leistungsfähigkeit, Technologiequellen, Technologietiming und Technologieverwertung enthalten (Schuh et al. 2011, S. 29, Schulte-Gehrmann et al. 2011, S. 55).

Technologierealisierung

Werden durch die Entwicklung von Technologiestrategien Handlungskorridore vorgeben, so müssen zur Strategieumsetzung konkrete Maßnahmen zur Realisierung der technologischen Ziele erarbeitet werden. Vor allem sind die Aktivitäten zur Beschaffung und zur Verwertung von Technologien zu steuern. Da ein großer Anteil der Maßnahmen nicht den Charakter von Routinetätigkeiten aufweist, wird vom operativen Technologiemanagement erwartet, flexibel auf Veränderungen zu reagieren und optimale Wege innerhalb der Handlungskorridore ohne gesonderte Planungsvorgaben zu identifizieren. Hierbei finden Instrumente des Projektmanagements wie Netzpläne und Meilensteintrendanalysen Anwendung (Specht o. J.).

Technologiekontrolle

Die Aufgabe der Technologiekontrolle ist es, das Technologiemanagement rechtzeitig mit Informationen über Fehlentwicklungen zu versorgen sowie Anpassungen im Planungsprozess vorzunehmen (Specht o. J.).

12.4 Bewertung und Auswahl der Technologie

Die Bewertung und Auswahl von relevanten Technologien zählt zu den wichtigsten unternehmerischen Aufgaben mit langfristigen Auswirkungen. Auf Grund der steigenden Dynamik und Komplexität – sowohl innerhalb des Unternehmens als auch in dessen Umfeld – gestalten sich diese Entscheidungen zunehmend als komplex und schwierig. Damit aber solche zukunftsrelevanten Entscheidungen adäquat und transparent getroffen werden können, ist ein strukturiertes und theoriegeleitetes Vorgehen erforderlich. Dies umfasst sowohl das Wissen um den Ablauf eines Bewertungsprozesses als auch die Kenntnis von verschiedenen Methoden, die bei der Bewertung und Auswahl eingesetzt werden können.

Technologieauswahl

Um die Technologieauswahl überhaupt erst durchführen zu können, ist eine umfassende Analyse notwendig, welche zum einen den Technologiebedarf sämtlicher gegenwärtig erzeugter und geplanter Produkte und Dienstleistungen zum Inhalt hat. Zum anderen enthält sie eine Beurteilung der noch nicht genutzten und nötigenfalls neu zu entwickelnden Technologien im Hinblick auf ihre substituierende oder neue Verwendung. Diese Entscheidung kann als Which-way-to-go-Entscheidung bezeichnet werden. Als zweites ist zu entscheiden, in welchem Ausmaß die als notwendig beurteilten Technologien mit eigenen Mitteln und Kompetenzen zu entwickeln oder von extern zu erwerben sind; hierbei handelt es sich um eine Make-or-Buy-Entscheidung. Als drittes sind Unternehmen mit der Frage konfrontiert, welche Technologien ausschließlich intern genutzt werden sollen oder aber, welche an Dritte veräußert werden können. Hier wird folglich von einer Keep-or-Sell-Entscheidung gesprochen (Vorbach 2005). Zusammenfassend lassen sich diese drei Entscheidungen als Trilogie grundlegender Technologieentscheidungen bezeichnen und nachfolgend abbilden.

Abbildung 12.3 Trilogie grundlegender Technologieentscheidungen
(Quelle: Vorbach 2005)

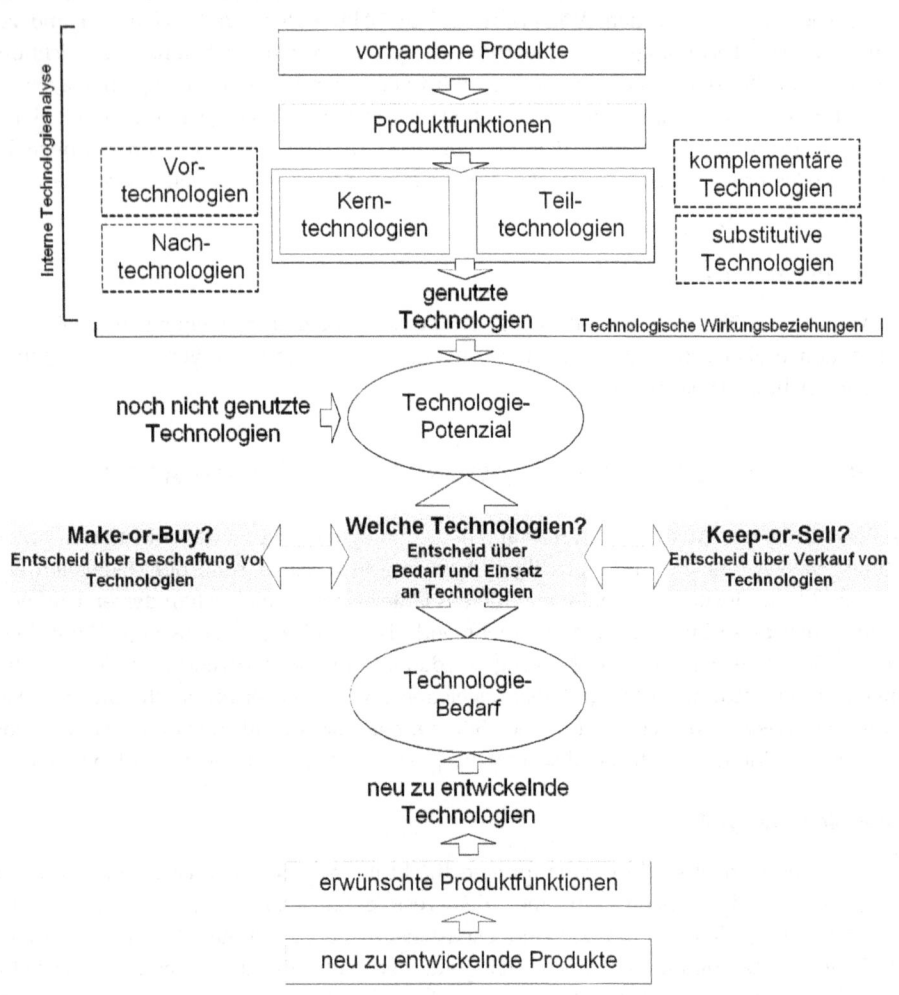

Von vordergründigem Interesse für das Technologiemanagement ist die erste Entscheidungsfrage dieser Trilogie, nämlich jene, welche Technologie verwendet werden soll. Eine solche Auswahlentscheidung setzt eine fundierte Information über existierende Technologien einerseits und vorhandene Marktbedürfnisse andererseits voraus. Die Auswahlentscheidung für eine spezifische Technologie selbst ist in eine logische Abfolge von Schritten eingeordnet, wie sie in Abbildung 12.4 dargestellt werden kann.

Technologiemanagement

Abbildung 12.4 Technologieauswahlprozess (Quelle: eigene Darstellung)

```
Technologiebedarfs-  >  Analyse der        >  Bewertung von    >  Auswahlentscheidung  >  Technologieadoption,
analyse                 Technologie-          Technologie-         für eine                -implementierung
im Unternehmen          verfügbarkeit         varianten u.         spezifische             -nutzung und
                        (intern & extern)     -alternativen        Technologie             -weiterentwicklung
```

Als Input für die Technologieauswahl/-bewertung können prinzipiell alle existierenden Technologien gesehen werden, die auf Grund ihres Potenzials als für das Unternehmen relevant eingestuft werden. Ähnlich einer Projekt- bzw. Ideenbewertung kann auch die Technologiebewertung und -auswahl als mehrstufiger Prozess mit Grob- und Feinbewertung gesehen werden. Um die Grob- und Feinbewertung durchführen zu können, sind Methoden, die nachfolgend näher beschrieben werden, hilfreich. Abbildung 12.5 zeigt einen solchen mehrstufigen Technologiebewertungs- und Auswahlprozess im Detail.

Abbildung 12.5 Bewertungs- und Auswahlprozess von Technologien (Quelle: eigene Darstellung)

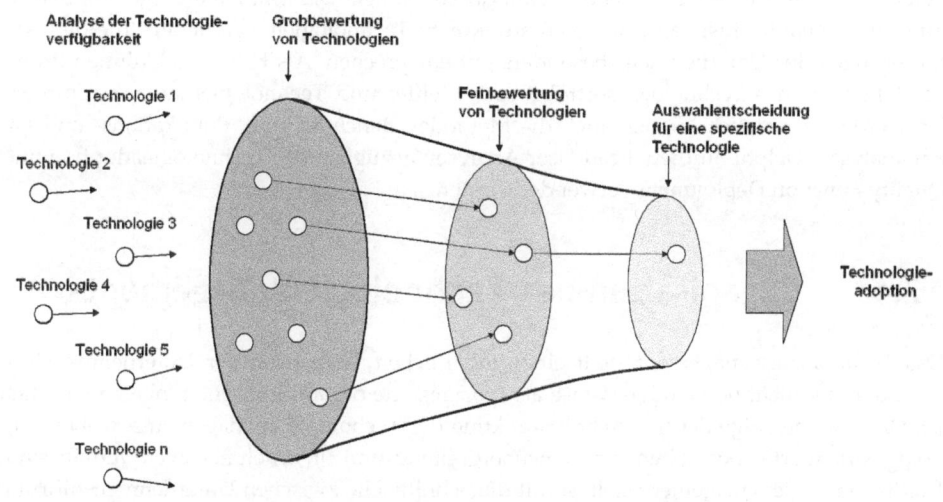

Bewertungsmethoden für die Technologieauswahl

Für die Technologiebewertung ist ein Überblick über verfügbare Methoden hilfreich. Dabei muss beachtet werden, dass die nachfolgend angeführten Methoden sich in Komplexität und Umfang unterscheiden und sie im Falle einer konkreten Technologiebewertung insbesondere auf ihre Sinnhaftigkeit und Zweckmäßigkeit dem Ziel entsprechend überprüft werden sollten.

Abbildung 12.6 Methoden der Grob- und Feinbewertung von Technologien
(Quelle: eigene Darstellung in Anlehnung an Lichtenthaler 2002)

Grobbewertung	Feinbewertung	Auswahlentscheidung
☐ Portfolio zur Abschätzung von Technologiepotenzial und technologischer Machbarkeit ☐ Checkliste ☐ S-Kurven-Analyse zur Potenzialabschätzung einer Technologie ☐ Technologielebenszyklusanalyse	☐ Technologieprofil ☐ Technologieportfolio nach Pfeiffer ☐ Technologieroadmap ☐ Technologiebenchmarking ☐ Publikationsanalyse ☐ Patentanalyse ☐ Delphi-Studie ☐ Lead User Analyse ☐ Quality Function Deployment	Klassische Verfahren bei Auswahlentscheidungen, z.B. ... ☐ Argumentebilanz ☐ Punktevergabe ☐ Paarweiser Vergleich ☐ Nutzwertanalyse ... unter Berücksichtigung der Ergebnisse der Grob- und Feinbewertung

Die Grobbewertung hat das Ziel aus der Fülle an potenziell verfügbaren Technologien die prinzipiell brauchbaren Technologien herauszufiltern. Dazu sind Portfolien, Checklisten, Potenzialabschätzungen und Lebenszyklusabschätzungen zu empfehlen. Die Feinbewertung filtert aus der Liste an prinzipiell attraktiven Technologien jene heraus, die den Anforderungen des Unternehmens besonders gut entsprechen. Als Hilfsmittel können Profildarstellungen, das Technologieportfolio nach Pfeiffer und Technologieroadmaps empfohlen werden. Zusätzlich können auch die Methoden Benchmarking, Publikations- und Patentanalysen, Delphi-Studien, Lead User Analysen bezüglich der Technologieadoption und Quality Function Deployment verwendet werden.

12.5 Organisation des Technologiemanagements

Das Technologiemanagement stellt einen inhaltlichen Teilbereich der Unternehmensführung dar, der nicht notwendigerweise als spezialisierte organisatorische Einheit anzusehen ist. Dies ist eine Folge der Querschnittsfunktion des Technologiemanagements, wobei technologieorientierte Aktivitäten funktionsübergreifend und unternehmensweit verteilt sind. Das Technologiemanagement stellt somit die Schnittstelle zwischen Unternehmensführung und Technologie dar und verbindet die Aufgaben der Unternehmensführung mit Fragen zu den innerhalb einer Unternehmung genutzten oder entwickelten Technologien (Klappert et al. 2011, S. 6).

Die Organisation des Technologiemanagements beinhaltet die Gestaltung von Unternehmensstruktur, von -prozessen und von -kultur zur Realisierung von Rahmenbedingungen, die ein effektives und effizientes Technologiemanagement unterstützen. Neben der Primärorganisation, die dauerhaft anfallende Aufgaben wahrnimmt existieren zeitlich oftmals befristete sekundärorganisationale Struktureinheiten zur hierarchie-, funktions-, und projektübergreifenden Abstimmung. Zunehmen gewinnen unternehmensübergreifende Organisationsformen des Technologiemanagements an Bedeutung. So schließen sich Unternehmen beispielsweise in Technologienetzwerken zusammen, um gemeinsam Technologiefrühaufklärungsaktivitäten und Technologieentwicklungen voranzutreiben (Specht o. J.).

Grundsätzlich sind verschiedene Formen der organisatorischen Einbindung denkbar.

Bei kleineren Unternehmen erfolgt das Technologiemanagement meist durch Einzelpersonen, die in leitender Funktion als Entscheider die gesamte Unternehmensentwicklung bestimmen. Häufig handelt es sich hierbei um den technischen Leiter oder andere Mitglieder der Geschäftsführung, da nur diese auf Grund ihrer breiten Verankerung solche Querschnittsfunktionen wahrnehmen können. Der Verantwortliche koordiniert dabei alle Tätigkeiten und delegiert Aufgaben an die einzelnen Unternehmensfunktionen (Schuh et al. 2007, S. 187).

Bei größeren Unternehmen oder Konzernen ist es wegen der Komplexität der Anforderungen und des Betrachtungsumfangs nicht mehr möglich, dass die Funktion durch eine Person realisiert werden kann. Um hier eine unkoordinierte und redundante Arbeitsteilung der Aktivitäten zu vermeiden und Synergien nutzen zu können, ist es sinnvoll, die Technologiemanagementaktivitäten – insbesondere die Technologiefrüherkennung – auf eine eigene Organisationseinheit zu übertragen (Schuh et al. 2007, S. 187f.).

Die Ausgestaltung einer Organisationseinheit Technologiemanagement in größeren Unternehmen steht dabei in einem Zwiespalt: Zum einen ist es für die Akzeptanz bei den Geschäftsbereichen, also den internen Kunden, wichtig, dass diese eine möglichst einfach handhabbare Schnittstelle zur Organisationseinheit Technologiemanagement haben. Dies spricht für eine organisatorische Aufteilung des Technologiemanagement gemäß den einzelnen Kunden. Zum anderen setzen die Identifikation und die Bewertung von Technologiepotenzialen voraus, dass eine hohe Kompetenz in den einzelnen Suchfeldern aufgebaut wird. Dies spricht für eine kompetenzorientierte Organisationsstruktur entlang technologischer Suchfelder. Diese Kompetenzorientierte Struktur deckt sich jedoch selten mit den Geschäftsbereichsanforderungen. Während aus dem zweiten Fall ein kompetenzorientiertes Technologiemanagement resultiert, ergibt sich für den ersten Fall eine anwenderorientierte Organisation des Technologiemanagements (Schuh et al. 2007, S. 188).

12.6 Zusammenfassung

Der vorliegende Beitrag zeigt Lösungsansätze für das Management von Technologien auf. Nach einer Übersicht zu den Grundlagen geht er näher auf den Prozess des Technologiemanagements ein und behandelt die Bewertung und Entscheidung als Herausforderung bei der Technologiewahl. Die Anwendbarkeit der vorgeschlagenen Vorgehensweise erhöht sich durch die Empfehlung praktikabler Methoden. Abschließend werden im Beitrag Fragen der Gestaltung der Organisation des Technologiemanagements behandelt.

Literatur

Bucher, P. E. (2003): Integrated Technology Roadmapping: Design and implementation for technology-based multinational enterprises, Dissertation ETH Zürich

Bullinger, H.-J. (1994): Einführung in das Technologiemanagement – Modelle, Methoden, Praxisbeispiele, B.G. Teubner, Stuttgart

Bullinger, H.-J. (1996): Technologiemanagement, in: Eversheim, W.; Schuh, G. (Hrsg.): Betriebshütte – Produktion und Management, Springer, Berlin

Burgelman, R.A.; Christensen, C.M.; Wheelwright, S. C. (2004): Integrating Technology and Strategy: A General Management Perspective, in: Burgelman, R.A.; Christensen, C.M.; Wheelwright, S. C. (Hrsg.): Strategic Management of Technology and Innovation, McGraw-Hill, Boston, S. 1-12

Gerpott, T. J. (1999): Strategisches Technologie- und Innovationsmanagement: Eine konzentrierte Einführung, Schäffer-Poeschel, Stuttgart

Gomeringer, A. (2007): Eine integrative, prognosebasierte Vorgehensweise zur strategischen Technologieplanung für Produkte, Dissertation Universität Stuttgart

Klappert, S.; Schuh, G.; Aghassi, S. (2011): Einleitung und Abgrenzung, in: Schuh, G.; Klappert, S. (Hrsg.): Technologiemanagement, Handbuch Produktion und Management 2, 2. vollständig neu bearbeitete und erweiterte Auflage, Springer, Berlin, S. 5-10

Lichtenthaler, E. (2002): Organisation der Technology Intelligence. Eine empirische Untersuchung der Technologiefrühaufklärung in technologieintensiven Großunternehmen, Dissertation ETH Zürich

Möhrle, M.; Isenmann, R. (2005): Grundlagen des Technologie-Roadmapping, in: Möhrle, M.; Isenmann, R. (Hrsg.): Technologie-Roadmapping. Zukunftsstrategien für Technologieunternehmen, 2. wesentlich erweiterte Auflage, Springer, Berlin, S. 1-11

Schuh, G. (2011): Der Ordnungsrahmen Produktion und Management, in: Schuh, G.; Klappert, S. (Hrsg.): Technologiemanagement, Handbuch Produktion und Management 2, 2. vollständig neu bearbeitete und erweiterte Auflage, Springer, Berlin, S. 1-4

Schuh, G.; Klappert, S.; Moll, T. (2007): Technologiemanagement – Ein Kernprozess für Unternehmen, in: ZWF 102 (2007) 4

Schuh, G.; Klappert, S.; Moll, T. (2011): Ordnungsrahmen Technologiemanagement, in: Schuh, G.; Klappert, S. (Hrsg.): Technologiemanagement, Handbuch Produktion und Management 2, 2. vollständig neu bearbeitete und erweiterte Auflage, Springer, Berlin, S. 11-31

Schuh, G.; Klappert, S.; Schubert, J.; Nollau, S. (2011): Grundlagen zum Technologiemanagement, in: Schuh, G.; Klappert, S. (Hrsg.): Technologiemanagement, Handbuch Produktion und Management 2, 2. vollständig neu bearbeitete und erweiterte Auflage, Springer, Berlin, S. 33-54

Schulte-Gehrmann, A.-L.; Klappert, S.; Schuh, G.; Hoppe, M. (2011): Technologiestrategie, in: Schuh, G.; Klappert, S. (Hrsg.): Technologiemanagement, Handbuch Produktion und Management 2, 2. vollständig neu bearbeitete und erweiterte Auflage, Springer, Berlin, S. 55-88

Specht, D. (o. J.): Technologiemanagement, Gabler Wirtschaftslexikon online, Zugriff 10.01.2013

Specht, D.; Mieke, Ch. (2006): Verbreitung des Technologiemanagements in der industriellen Praxis. Ergebnisse einer empirischen Untersuchung, in: ZWF 101 (2006) 5, S. 273-276

Speith, S. (2008): Vorausschau und Planung neuer Technologiepfade in Unternehmen: Ein ganzheitlicher Ansatz für das Strategische Technologiemanagement, Dissertation Universität Kassel

Tschirky, H. (1998): Konzept und Aufgaben des Integrierten Technologie-Managements, in: Tschirky, H.; Koruna, S. (Hrsg.): Technologie-Management: Idee und Praxis, Orell Füssli Verlag, Zürich, S. 193-394

Vorbach, S. (2005): Technik und Technologie in innovativen Entscheidungsprozessen, Habilitationsschrift Universität Graz

Wolfrum, B. (1994): Strategisches Technologiemanagement, 2. überarb. Auflage, Gabler, Wiesbaden

13 Technologie-Roadmapping für ein mittelständisches Produktionsunternehmen

DI Dr. Erich Hartlieb, STB Ing. Mag. Thomas Jost, DI Stefan Posch, Ing. Mario Rodler

Abstract

Technologische Fragestellungen haben gerade für Industriebetrieb weitreichende Auswirkungen, da einerseits, je nach Reifegrad der Technologie, ständig nach Optimierung hinsichtlich Funktionalität und Kosten gestrebt wird, andererseits besteht die Herausforderung den bestmöglichen Investitionszeitpunkt für neue Produkt- oder Produktionstechnologien zu wählen. Das Technologie-Roadmapping bietet für diese komplexen Zusammenhänge im Umfeld von immer kürzer werdenden Produktlebenszyklen und Technologietrends einen fundierten Ansatz zur Erhöhung der Entscheidungsqualität für Technologie-Investitionen und auch für die Vernetzung mit der Unternehmensstrategie.

Keywords:
Technologiemanagement, Technologiestrategie, Technologie-Roadmapping

13.1 Einleitung

Zum Unternehmen und zur Ausgangssituation

Die WILD Holding GmbH besteht aus fünf Unternehmen, der WILD GmbH, der Photonic Optics, der WILD Electronics, WILD Technologies und der Solar Semin GmbH. Im Jahr 1995 erwarb eine österreichische Investorengruppe die gesamte WILD-Gruppe vom bisherigen Eigentümer, dem Leica- Konzern. Damit wurde die WILD-Gruppe zu einem eigenständig agierenden, unabhängigen Unternehmen. Das einzigartige Know-how, das in der WILD Gruppe über viele Jahre entwickelt wurde, wird von namhaften europäischen und internationalen Kunden geschätzt und genutzt. Die gesamte WILD-Gruppe befindet sich heute zu 100 Prozent in österreichischem Eigentum. Die WILD GmbH wurde 1970 als Tochterunternehmen der Heerbrugg AG (später Leica) gegründet und beschäftigt heute 260 Mitarbeiter. Die WILD-Gruppe beschäftigt über 380 Mitarbeiter und ist nach den internationalen Standards EN ISO 9001 und EN ISO 13485 für die Medizintechnik zertifiziert.

Abbildung 13.1 WILD Holding

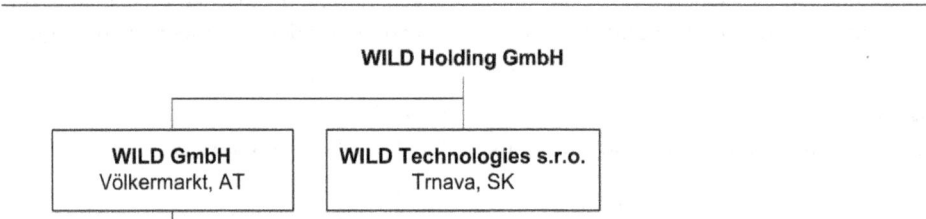

WILD ist ein Auftragsfertiger mit ausgeprägter Entwicklungs- und Dienstleistungskompetenz und ist in die Geschäftsbereichen Medizintechnik und spezifische optische Systeme für Industrieanwendungen strukturiert. Das Kompetenzspektrum der WILD-Gruppe reicht von der Prozesskompetenz über die Entwicklungskompetenz bis hin zur Produktionskompetenz.

Die Prozesskompetenz beschreibt die Flexibilität in der Auftragsabwicklung, die ausgeprägte Service-Qualität, ein spezielles Logistikkonzept, Einkaufs-Know-how sowie das Dokumentations- und Regulatorien Know-how in der Medizintechnik. Die Entwicklungskompetenz umfasst Leistungen entlang des kompletten Produktlebenszyklus, von Entwicklung über Validierung, Beschaffung, Änderungsmanagement, EOL (End of Life) und Ersatzteilversorgung, mit dem Ziel den Kunden ein „Sorglos-Paket" mit nur einem Ansprechpartner anzubieten. Hinter der Produktionskompetenz verbirgt sich ein stark ausgeprägtes Technologie Know-how, welches sich über die gesamte Wertschöpfungskette erstreckt. Die bei WILD implementierten Wertschöpfungsprozesse umfassen die mechanische Fertigung wie hochpräzises Fräsen, Drehen und Schleifen, Oberflächenprozesse wie Lackieren und Galvanische Oberflächenbehandlung sowie Montage, Endtest und Verpackung von komplexen optomechatronischen (Kombination der Technologien Optik, Mechanik und Elektronik) Baugruppen und Geräten. Die Wertschöpfungskette erstreckt sich vom Lieferanten über die eigene Fertigung bis hin zum Kunden.

Ausgangssituation für die Ausarbeitung einer Technologie-Roadmap

Das Unternehmen ist in einem dynamischen High-Tech-Sektor tätig. Aufgrund von ständig neuen Marktanforderungen und Trends sind die Kunden des Unternehmens gefordert in immer kürzeren Lebenszyklen neue und anwendungsspezifische Produkte auf den Markt zu bringen. Die Kunden sind in unterschiedlichen Branchen tätig. Daraus ergibt sich ein breites Spektrum an Anforderungen, die von den Kunden an das Unternehmen herangetragen werden.

Beispiele dafür sind die Ausgestaltung neuer Funktionen, die Integration von neuen Technologien, die Nutzung von neuen Werkstofftechnologien oder auch neue Zielwerte für die Reduktion der Produktkosten.

Das Kerngeschäft des Unternehmens ist die Produktion von qualitativ hochwertigen optomechatronischen Produkten. Integrativer Bestandteil ist dabei auch das Management der Supply Chain über den gesamten Produktlebenszyklus. Die intensiven und erfolgsentscheidenden Abstimmungsprozesse in der Produktionsüberleitungsphase haben in der strategischen Weiterentwicklung des Unternehmens auch dazu geführt, dass mittlerweile in vielen Projekten auch Auftragsentwicklung für die Kunden angeboten wird. Die konsequente strategische Ausrichtung der gesamten Organisation auf die Auftragsentwicklung und –produktion ist ein Erfolgsfaktor des Unternehmens. Die nachhaltige Umsetzung dieser strategischen Option erfordert eine permanente und konsequente Weiterentwicklung der Organisationsstruktur und –kultur, sowie der Menschen im Unternehmen. Ein wesentliches Instrument für das Management ist dabei der im Unternehmen bereits etablierte Strategieprozess.

Zielsetzung für das Technologie-Roadmapping Projekt

Das Ziel des Managements war es, den bestehenden Strategieprozess um eine Technologiestrategie zu erweitern. Aus dieser Technologiestrategie sollen dann die erforderlichen Technologieinvestitionen für die Produktion und Entwicklung abgeleitet und auch frühzeitig entsprechende Personalentwicklungsmaßnahmen eingeleitet werden. Dieser für eine High-Tech-Produktionsdienstleister ungewöhnliche Schritt leitet sich aus folgender strategischer Überlegung ab. Die steigende Komplexität neuer Technologien erfordert eine rechtzeitige Auseinandersetzung mit diesen, um weiterhin ein attraktiver Partner für Kunden zu sein. Da „Time to Market" für viele Aufträge entscheidend ist, muss bereits vor der ersten Kundenanfrage eine tiefgehende Technologiekompetenz vorliegen.

13.2 Technologie-Roadmapping

Für die Umsetzung des Projekts wurde die gemeinsame Entwicklung einer Technologie-Roadmap als methodischer Ansatz gewählt.

Zum Begriff Technologie-Roadmap (vgl. Möhrle und Isenmann 2008, S. 3f.)

Der Begriff Roadmap bedeutet aus dem Englischen übersetzt Straßenkarte. Bei einer Technologie-Roadmap geht es somit um eine Karte, die die wesentlichen Entwicklungsstufen und Verknüpfungen einer Technologie über die Zeit darstellt. Alle Aktivitäten, die zur Erstellung und Aktualisierung einer Technologie-Roadmap erforderlich sind, werden als Technologie-Roadmapping bezeichnet.

Ebenen einer Technologie-Roadmap

Die Visualisierung von komplexen technologischen Zusammenhängen ist eine wesentliche Unterstützung für die fachliche Diskussion mit Kunden, Lieferanten, Kooperationspartnern und Technologieexperten.

In Abbildung 13.2 sind die Ebenen einer Technologie-Roadmap dargestellt. Marktseitig geht es um die Ausarbeitung einer Produkt-Roadmap. Darin müssen die spezifischen Applikationen, die Produkte bzw. Kernprodukte und die dafür geeigneten Technologien abgestimmt werden. Der Fokus liegt in der Erfassung von Marktentwicklungen, Trends und spezifischen Kundenbedürfnissen.

Die Technologie-Roadmap als Antwort auf die marktseitigen Wünsche nimmt hier die zukünftige Umsetzungsperspektive ein. Im Fokus liegen hier die zukünftigen technologischen Ansätze und Lösungen für das Produkt und für die Produktion. Die Basis dafür bildet das Wissen der Organisation.

Für die Untersuchung von Technologien sind unter Einbeziehung von aktuellen Marktanforderungen und neuesten technologischen Möglichkeiten folgende Bereiche von zentraler Bedeutung (in Anlehnung an Geschka et al. 2008, S. 169):

- Differenzierung in Produkt- und Produktionstechnologie: Die eingesetzten Technologien für Produkt (zum Beispiel neue Messeinrichtung) und Produktion (zum Beispiel neuer Montageroboter) können sehr unterschiedlich sein.

- Substitutionstechnologien: Hier geht es vor allem um die Analyse, Bewertung von verschiedenen Technologielösungen für gleiche Funktionserfüllung. Es geht dabei neben der Qualität auch sehr oft um die Erreichung von Targetkosten.

- Komplementäre Technologien: Bei komplementären Technologien (zum Beispiel Werkstoffe) ist vor allem die Qualität des Zusammenspiels und somit der Beitrag zur Erreichung des Gesamtziel von Bedeutung.

Abbildung 13.2 Betrachtungsebenen einer Technologie-Roadmap
(vgl. Sprecht und Behrens 2008, S. 156)

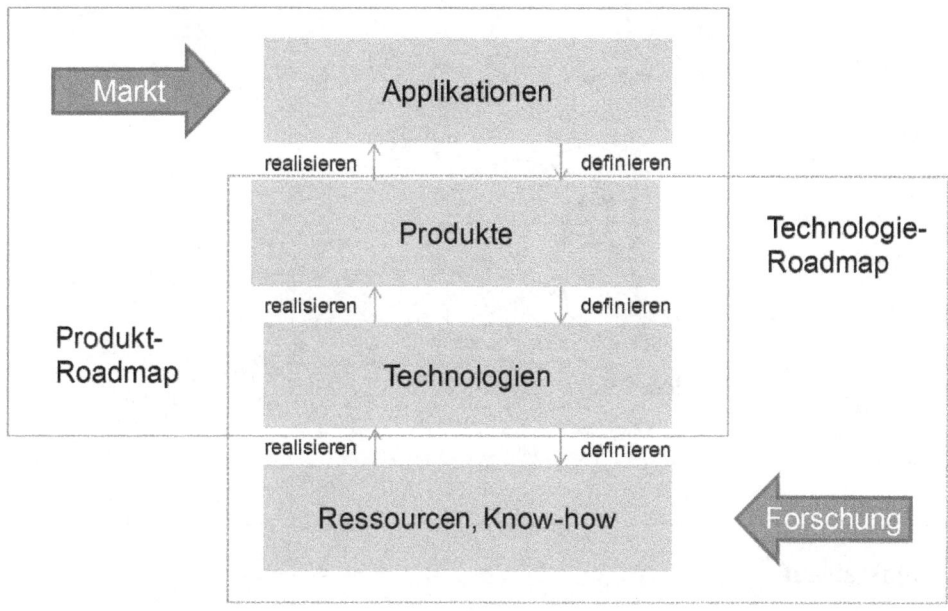

13.3 Vorgehenslogik im Projekt

Auf Basis der beschriebenen Zusammenhänge und Betrachtungsbereiche wird im Folgenden die Projektorganisation und –Vorgehensweise näher beschrieben.

Projektorganisation

Für die Organisationsstruktur (Abbildung 13.3) im vorliegenden Projekt war es wesentlich, einerseits die Markt- und Technologieseitigen Schlüsselpersonen gut zu integrieren und andererseits möglichst ressourcenschonend vorzugehen. Deshalb wurde unter der Projektleitung ein schlankes Kernteam definiert, das im Bedarfsfall und bei einzelnen Projektmeilensteinen um Mitarbeiter aus den anderen Unternehmensbereichen erweitert wird. Die Geschäftsführung als Auftraggeber war über das Kick-off-Meeting und die Meilensteinmeetings in das Projekt eingebunden. Für spezifische Technologiefragen wurden interne und externe Experten zu Rate gezogen. Die Gesamtkonzeption, die fachliche und methodische Begleitung sowie die Auswahl und Einführung von externen Technologieexperten wurde von einschlägigen Innovationsberatern wahrgenommen.

Abbildung 13.3 Projektorganisation

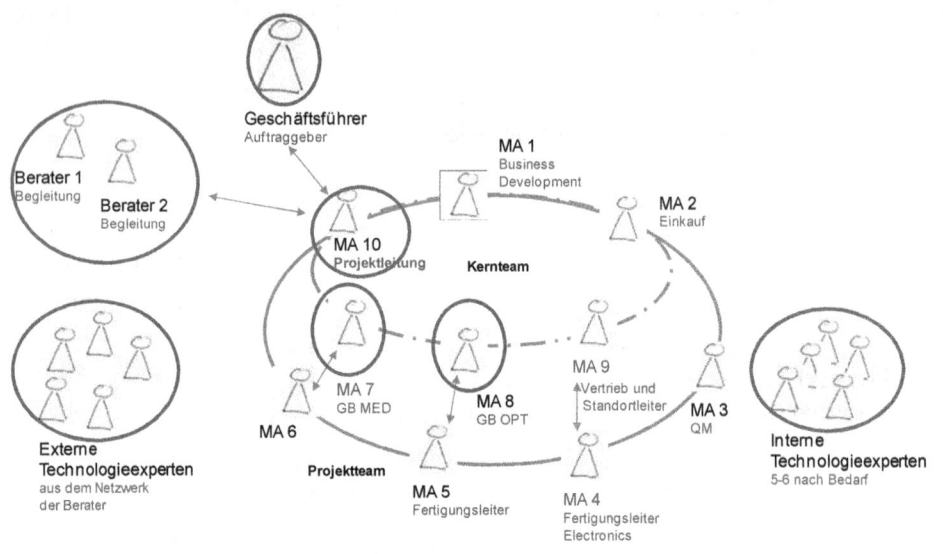

Projektablauf

Das Gesamtprojekt wurde in folgende Projektphasen untergliedert:

- Erstellung einer Projekt-Roadmap

  Zu Beginn wurde in enger Zusammenarbeit mit den Geschäftsbereichsleitern eine Roadmap ihrer wichtigsten Kundenprojekte erstellt, um die Spezifika der Kundenanforderungen je Geschäftsbereich herausarbeiten zu können.

- Funktions-Analyse für die einzelnen Produktgruppen

  Mit der Analyse der Kundenprojekte wurden für die jeweiligen Geschäftsbereiche repräsentative Produkte und Produktgruppen identifiziert. Für diese Produktgruppen wurden die zentralen Funktionen und Teilfunktionen ermittelt.

- Abstimmung von Funktionen und Technologietrends

  Auf Basis der notwendigen zentralen Produktfunktionen je Geschäftsbereich wurden mit Hilfe der TRIZ (Theorie des erfinderischen Problemlösens aus Russland) – Trends of Evolution technologische Möglichkeiten für die Funktionserfüllung analysiert und aufbereitet. In enger Abstimmung mit den internen, aber vor allem mit den externen Technologieexperten wurden die Technologieoptionen präsentiert und in weiterer Folge auch hinsichtlich der Umsetzbarkeit im Unternehmen evaluiert.

Technologie-Roadmapping für ein mittelständisches Produktionsunternehmen 223

■ Erstellung einer Technologie-Roadmap

Als Ergebnis der einzelnen Analysen und Evaluierung wurden die Ergebnisse in einer für das Unternehmen relevanten Technologie-Roadmap dargestellt. Die zentralen Ziele bei der Erstellung der Technologie-Roadmap waren die Erhöhung von Qualität und Funktionalität – unter Einbeziehung möglicher Substitutionstechnologien – bei den Produkten und Prozessen sowie der ständige Bedarf an Kostensenkung.

In Abbildung 13.4 ist beispielhaft für das betrachtete Projekt eine Technologie-Roadmap dargestellt.

Abbildung 13.4 Technologie-Roadmap

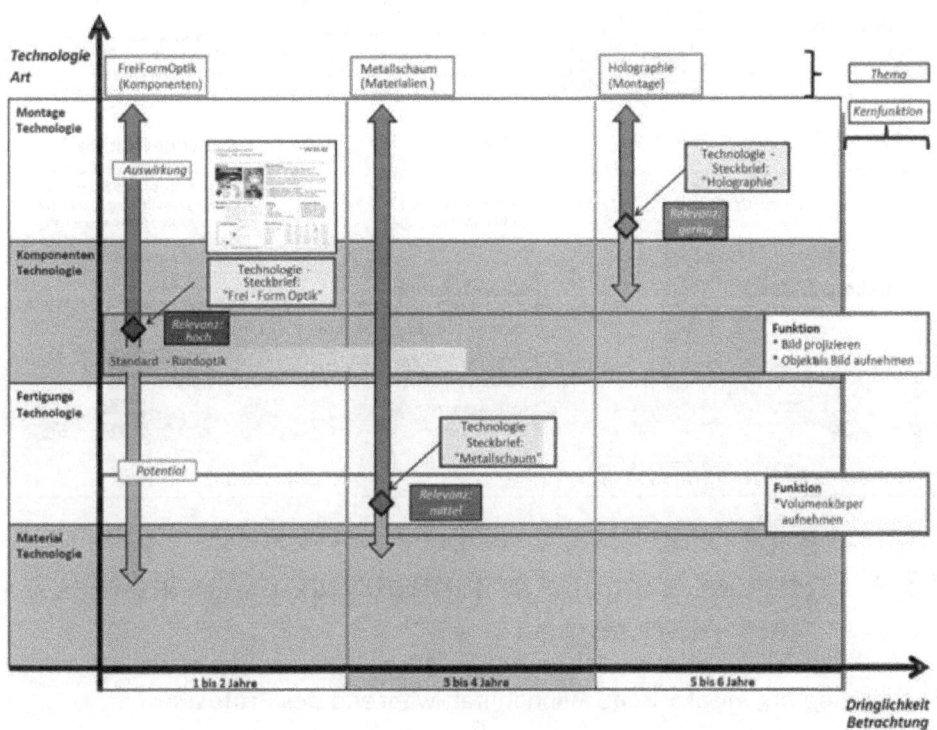

Aufgrund der spezifischen Situation im Unternehmen wurden folgende Betrachtungsebenen gewählt:

■ Montage-Technologien
■ Komponenten-Technologien

- Fertigungs-Technologien
- Material-Technologien

In weiterer Folge wurden Technologie-Steckbriefe (Abbildung 13.5) ausgearbeitet. Der Technologie-Steckbrief besteht aus einem Übersichts-Chart und einem ausführlichen Bericht.

Abbildung 13.5 Technologie-Steckbrief

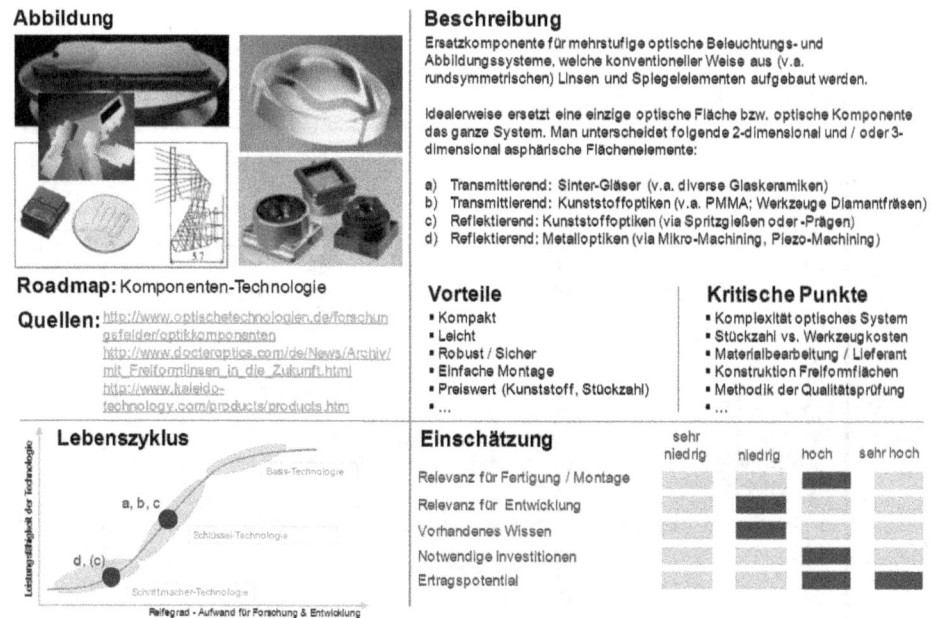

13.4 Umsetzung und organisatorische Verankerung im Unternehmen

Begleitende organisatorische Maßnahmen während des Projekts

Von Projektbeginn an wurde auf die ausreichende Einbindung interner Wissensträger in die inhaltliche Diskussion möglicher relevanter Technologien geachtet. Die strukturierte Analyse und Diskussion in Form von moderierten Workshops zu einzelnen Technologien zwischen internen Wissensträgern und externen Technologieexperten aus dem universitären Umfeld waren ein wichtiger Beitrag im vorliegenden Projekt. Die Ergebnisse dieser Workshops wurden in der Technologie-Roadmap abgebildet. Über diesen Weg der Einbindung wurde gleichzeitig ein Verständnis über das Vorgehen und die Relevanz eines gelebten Technologie-Roadmappingprozesses bei Schlüsselpersonen erzielt.

Im Laufe des Projekts wurde auch für jede Technologie ein Verantwortlicher festgelegt, der auch in die Ausarbeitung der ersten Technologie-Roadmap und in die Entwicklung eines Prozesses zur laufenden Pflege der Roadmap intensiv miteingebunden wurde. In Abbildung 13.6 ist der Zusammenhang der einzelnen Ebenen und Elemente der finalen Technologie-Roadmap dargestellt.

Abbildung 13.6 Entwicklungsebenen einer Technologie-Roadmap

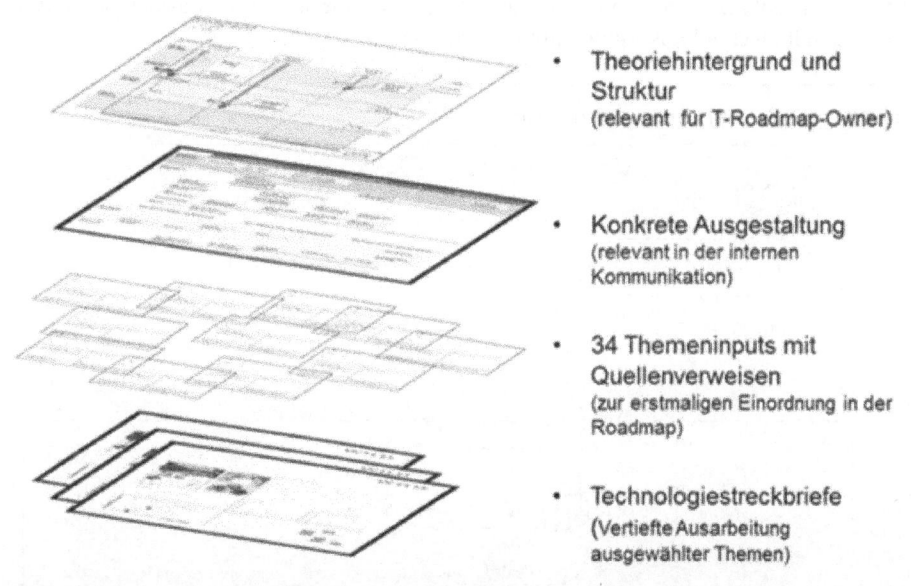

- Theoriehintergrund und Struktur
  (relevant für T-Roadmap-Owner)

- Konkrete Ausgestaltung
  (relevant in der internen Kommunikation)

- 34 Themeninputs mit Quellenverweisen
  (zur erstmaligen Einordnung in der Roadmap)

- Technologiesteckbriefe
  (Vertiefte Ausarbeitung ausgewählter Themen)

Organisatorische Verankerung des Technologie-Roadmapping im Unternehmen

Zum Abschluss werden die wesentlichen Umsetzungsschritte und die organisatorische Verankerung näher beschrieben.

Für die organisatorische Umsetzung des Technologie-Roadmapping Prozesses wurden die folgenden Rollen definiert: Geschäftsführung, Sponsor, Technologie Roadmap Owner, interne Technologie-Experten, externe Technologie-Experten, Technologie-Beirat.

Die Technologie-Roadmap wird zentral vom Technologie Roadmap Owner verwaltet. Dieser leitet und lenkt die Abarbeitung der definierten Themengebiete. Er stellt den Kontakt zu externen Technologie-Experten her und versorgt den Technologie-Beirat mit Informationen beziehungsweise bearbeitet dessen Inputs. Die Technologiethemen werden von den internen Fachexperten, welche Technologie-Experten genannt werden, bearbeitet. Diese sind auch die Schnittstelle zu externen Technologie-Experten wie Partnerunternehmen, Hochschulen, Kunden und Lieferanten. Diese erhalten teilweise auch den Auftrag zur Bearbeitung von spezifischen Technologiethemen.

Der Sponsor unterstützt den Technologie Rodamap Owner, indem er die internen Ressourcen der Technologie-Experten für die Bearbeitung der Themengebiete bereitstellt.

Die Technologie-Experten erhalten vom Sponsor Zielvorgaben und liefern diesem periodisch Fortschrittsberichte in Form von Technologie-Steckbriefen.

Der Sponsor stellt auch die Schnittstelle zum Management dar. Die Geschäftsführung überwacht die Umsetzung der strategischen Maßnahmen und gibt das Budget frei. Als Ansprechpartner für die Geschäftsführung, dient von externer Seite der Technologie-Beirat. Dieser gibt Feedback und Impulse zu den Themen und macht das Unternehmen auf Veränderungen im technologischen Umfeld aufmerksam.

Abbildung 13.7   Organisationsstruktur

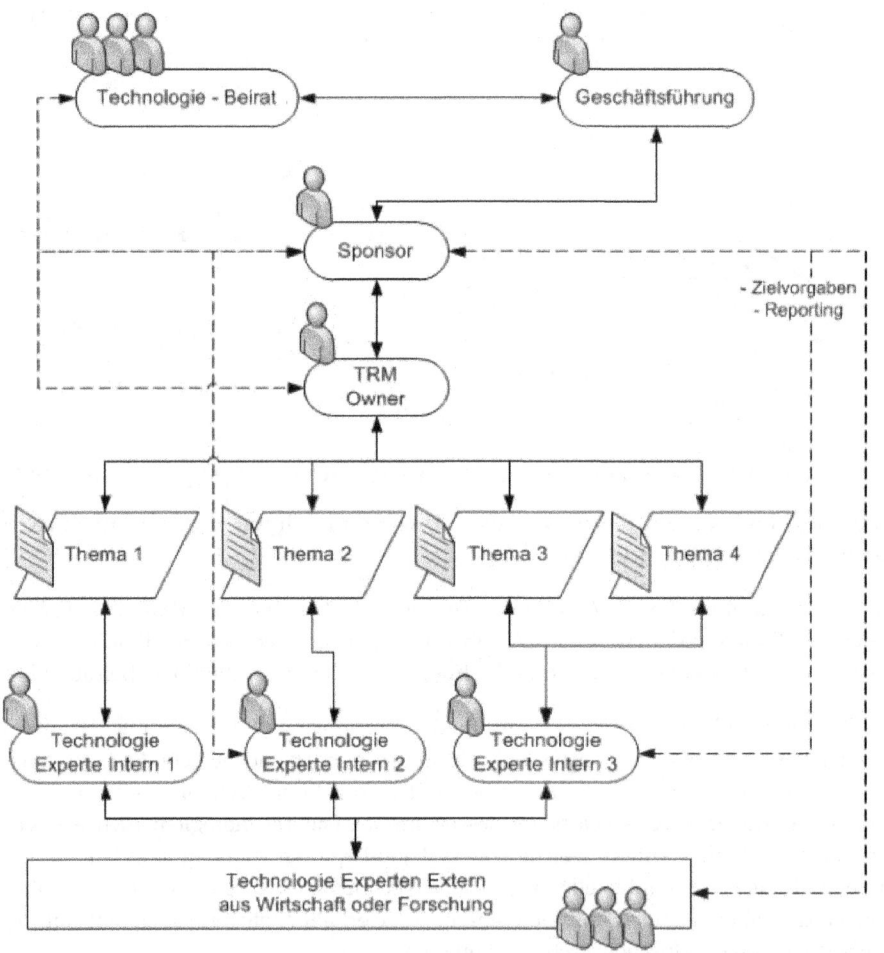

Für die Ablauforganisation wurden der Technologie-Steckbrief, der Bericht für das Management und das Strategiereview als zentrale Informationen definiert.

Der Fortschrittsbericht zum Technologie-Steckbrief erfolgt alle zwei Monate vom Technologie Roadmap Owner, in Abstimmung mit den internen Technologie- Experten, an die Geschäftsführung und den Sponsor. Der Umsetzungsstatus der einzelnen Themen wird einmal im Quartal vom Sponsor dem Management vorgestellt.

Der Technologie-Roadmapping Prozess ist an den Strategieprozess gekoppelt. Dies bedeutet, dass an den Strategietagen, welche zweimal im Jahr stattfinden, eine Überprüfung der aktuellen Themen erfolgt. Dabei wird geprüft, ob diese mit der Unternehmensstrategie noch im Einklang stehen oder ob Änderungen vorgenommen werden müssen. Des Weiteren werden Ziele und neue Themen für die bevorstehende Periode definiert.

Literatur

Granig, P.; Hartlieb, E. (2012): Von der Unternehmensstrategie zur Innovationsstrategie, in: Granig, P.; Hartlieb, E. (Hrsg.): Die Kunst der Innovation – Von der Idee zum Erfolg, Springer Verlag, Wiesbaden 2012, S. 15 – 23

Hartlieb E., Posch S., Tuppinger J. (2009): IME – Innovation Model for Excellence, in: Deutsches Institut für Betriebswirtschaft GmbH (Hrsg.): Ideenmanagement – Zeitschrift für Vorschlagswesen und Verbesserungsprozesse, Jahrgang 35/Heft 1, Frankfurt am Main

Geschka, H.; Schauffele, J.; Zimmer, C. (2008): Explorative Technologie-Roadmaps – Eine Methodik zur Erkundung technologischer Entwicklungslinien und Potenziale, S 165 – 188 in: Moehrle, G. M; Isenmann, R. (Hrsg): Technologie-Roadmapping – Zukunftsstrategien für Technologieunternehmen, Bremen

Möhrle, G. M; Isenmann, R. (2008): Grundlagen des Technologie-Roadmapping, S. 1 -15 in: Möhrle, G. M; Isenmann, R. (Hrsg): Technologie-Roadmapping – Zukunftsstrategien für Technologieunternehmen, Bremen

Specht, D:; Behrens, St. (2008): Strategische Planung mit Roadmaps – Möglichkeiten für das Innovationsmanagement und die Personalbedarfsplanung, S. 145 -164 in: Moehrle, G. M; Isenmann, R. (Hrsg): Technologie-Roadmapping – Zukunftsstrategien für Technologieunternehmen, Bremen

14 Produktion in der Wolke: Vom 3D-Drucker zum „4th party production provider"

Generative Produktionstechnologien als Impulsgeber für Innovationen in Wertschöpfungssystemen

Dr. Walter Mayrhofer, DI Arko Steinwender

Abstract

Generative Fertigungstechnologien, welche umgangssprachlich auch als „3D-Drucken" bezeichnet werden, haben hohe Medienpräsenz und sind ein Symbol für Innovation im Produktionsbereich. Diese Technologien ermöglichen einerseits sehr komplexe Bauteilgeometrien und andererseits einen hohen Kundenindividualisierungsgrad mit unterschiedlichsten Materialien, von Kunststoffen über Hochleistungsmetalle bis zu Keramiken. Die Gestaltungsmöglichkeiten der Produkte durch generative Fertigung sind schier unbegrenzt, nur diese Potenziale müssen gezielt ausgeschöpft werden!

Generative Fertigungstechnologien sind auch ein strategischer Faktor, um die Innovationskraft in Europa zu stärken und als Industrienation international zu bestehen. Wie allerdings kann das Potenzial innovativer Fertigungstechnologien genützt und strategisch eingesetzt werden? Welche Maßnahmen sind notwendig, um die neuen Fertigungstechnologien zu integrieren?

Anhand einer Internet-basierten Plattform wird ein Organisationsmodell vorgestellt, welches helfen soll, die Einstiegshürden für generative Fertigungstechnologien in Unternehmen zu senken und als strategischen Innovationstreiber zu nutzen. Darüber hinaus wird die prototypische Realisierung dieser Plattform illustriert.

Keywords:
Generative Fertigung, 3D-Drucken, Wertschöpfungssysteme, 4th party production provider, Implementierung, Plattform

14.1 Schöne neue Welt der Generativen Fertigung

Um im globalen Wettbewerb zu bestehen, müssen sich Unternehmen stetig steigenden Anforderungen an Qualität, Preis und Verfügbarkeit ihrer Produkte stellen. Insbesondere in Hochlohnländern führt dies oft zu Abwanderungsdebatten aus Kostengründen. Ein alternativer Weg zu Produktionsverlagerungen in Billiglohnländer ist der verstärkte Einsatz innovativer Automatisierungs- und Fertigungstechnologien.

Eine Familie von Fertigungstechnologien, die unter den Sammelbegriffen „Generative Fertigung" (GF) oder „Additive Manufacturing" (AM) firmieren, steht an der Schwelle zur breiten industriellen Anwendung. Diese neuen Technologien haben das Potenzial, gesamte Produktionsbereiche zu revolutionieren und fanden zuerst im Prototypenbau Anwendung. Daher werden sie umgangssprachlich auch als „Rapid Prototyping" oder 3-D Drucken bezeichnet. Ursprünglich waren die verwendeten Materialien (Kunststoffe, Harze, Metalle) von ihren Eigenschaften nur für Anschauungsmodelle geeignet. Durch intensive Forschung sowohl im Bezug auf die verwendeten Materialien als auch die Fertigungstechnologien können generativ gefertigte Bauteile und Produkte im Bezug auf die Material- und Qualitätsanforderungen heute durchaus mit konventionell gefertigten Produkten mithalten, diese mitunter sogar übertreffen! "AM is progressively gaining importance, as it opens up new opportunities in many instances, and that AM is progressively pushed from Rapid Prototyping towards small series production." (Gausemeier et al. 2012)

Abbildung 14.1 Generative Fertigung: vom Prototypenbau zur Kleinserienproduktion

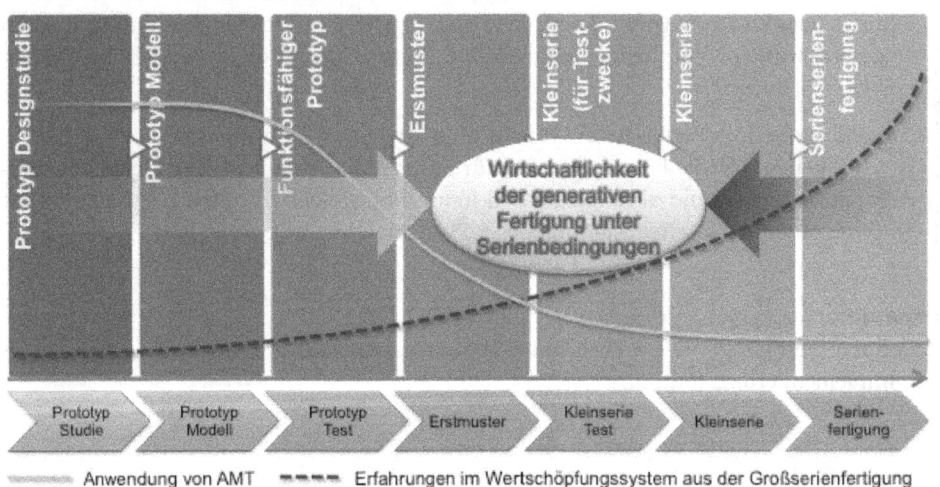

Bei der Herstellung komplexer Geometrien oder stark individualisierter Produkte haben generative Fertigungstechnologien bereits heute Wettbewerbsvorteile. So lassen sich komplexeste Formen (nichtlineare Flächen, Verschneidungen, Hohlräume), welche mit Hilfe von CAD-Anwendungen generiert wurden, ohne weiteren Zwischenschritt fertigen. Darüber hinaus können sehr einfach kundenindividuelle Anpassungen oder in das Produkt eingearbeitete Sicherheitsmerkmale (zum Beispiel Hologramme, mikroskopische Kennzeichen etc.) umgesetzt werden. Momentan bereits vorhandene industrielle Anwendungen liegen im medizintechnischen Bereich (zum Beispiel Zahnersatz, Teile für Herzpumpen, individuell angepasste Prothesen etc.), Leichtbau (Flugzeuge, Raumfahrt, Rennsport etc.) oder funktioneller Bauteile in der Automatisierungstechnik (zum Beispiel bionischer Handling Assistent, siehe Abbildung 14.2).

Abbildung 14.2 v.l.n.r. generativ gefertigtes Zahnmodell (Foto: Franziska Auer, Dentalmodell Dreve), bionischer Handling Assistent (Quelle: www.festo.at, Fraunhofer IPA), keramische Miniatur-Gitterstruktur (Foto: Hans Ringhofer, Sample Fa. Lithoz, Dr. Johannes Homa, www.lithoz.com), keramische Gasturbinenschaufel (Foto: Hans Ringhofer, Sample www.lithoz.com)

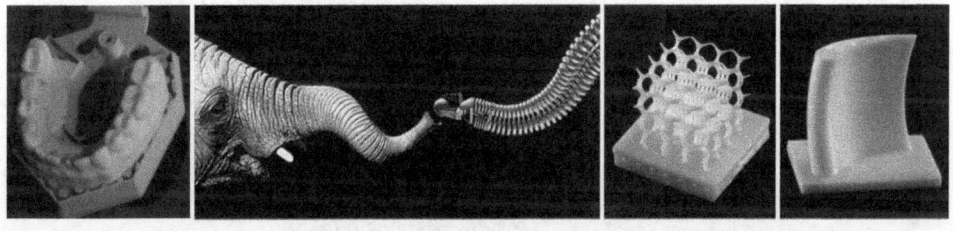

Die Möglichkeiten generativer Fertigung gehen weit über die oben genannten produktbezogenen Vorteile hinaus. Generative Fertigung erlaubt hinsichtlich der Organisation der Wertschöpfungskette gänzlich neue Strategien. Da die Produktion direkt aus einem Datenfile erfolgt, lässt dies eine Entlokalisierung/Dezentralisierung der Produktion zu (Gibson 2010, S. 437ff.). Ähnlich, wie „mp3" die Musikbranche revolutioniert hat, können in Zukunft möglicherweise im Consumer-Bereich Produkte „heruntergeladen" und dann dezentral gefertigt werden. Gleichartig revolutionär könnte die generative Fertigung im industriellen Bereich die Ersatzteillogistik verändern, sodass für vorherige Produktgenerationen keine physischen Ersatzteile vorrätig gehalten werden müssten. Bei Bedarf werden die Ersatzteile lokal unter Vermeidung langer Transportwege gefertigt. Der Kunde erhält anstelle des Ersatzteiles ein Datenfile und produziert sich dieses selbst oder lässt es von einem Dritten fertigen. Generative Fertigung darf allerdings nicht als reine Substitutionstechnologie bestehender Fertigungstechnologien gesehen werden. Vielmehr sind die neuen Möglichkeiten und Potenziale in Hinblick auf Produktgestaltung sowie technologiebedingter Effizienzsteigerung in vielen Unternehmensbereichen wahrzunehmen (Zäh 2006, S. 212ff, Gebhardt 2007, S. 348ff.).

14.2 Implementierung generativer Fertigungstechnologien in Unternehmen

Zukünftig werden produzierende Unternehmen durch den Einsatz generativer Fertigungstechnologien in der Lage sein, dem Trend vom fertigungs-orientierten Design hin zur designorientierten Fertigung zu folgen. Generative Fertigung erlaubt die individuelle kundenorientierte, personalisierte Fertigung kleiner Serien mit sehr kurzen Durchlaufzeiten. Im entsprechenden Produktsegment kann dies einen beträchtlichen Wettbewerbsvorteil darstellen.

Der Umstand, dass Produkte technologisch komplexer werden, etablierte Produkte aber kaum an wirtschaftlicher Bedeutung verlieren, bedingt, dass Unternehmen neben bestehenden Produktionstechnologien Wissen über neue Technologieentwicklungen aufbauen und diese in bestehenden Produktionen implementieren müssen. Dadurch ergibt sich das Problem, dass sich das zu beherrschende Technologieportfolio eines Unternehmens permanent vergrößert. Für generative Fertigung kommt im Vergleich zu konventionellen Fertigungstechnologien noch hinzu, dass zur Realisierung des potenziellen Nutzens wesentliche Struktur- sowie Prozessveränderungen (Re-engineering) der gesamten Wertschöpfungskette notwendig sind (Abbildung 14.3). Weiters sind oftmals umfassende Veränderungen hinsichtlich Design- und Konstruktionsrichtlinien sowie ein Perspektivenwechsel weg vom produktionsorientierten hin zum design- und funktionsorientierten Produkt nötig.

Abbildung 14.3 Auswirkungen durch die Implementierung generativer Fertigung

Generative Fertigung ermöglicht die Produktion hoch komplexer Bauteilgeometrien in unterschiedlichsten Materialien. Jedoch erfordert der Einsatz generativer Fertigung eine

Neugestaltung der Produktions- und Montageprozesse durch Komplettproduktion (Wegfall von Bearbeitungsschritten) von zuvor modularisierten Bauteilen. Darüber hinaus verändert sich die Struktur im Rohmateriallager (Rohmaterial in flüssiger oder Pulverform anstatt unterschiedlicher Dimensionen der Ausgangsmaterialien), Werkzeug- bzw. Fertigwarenlager (Wegfall der Lagerung von Hilfswerkzeugen im Spritzguss, virtuelles Ersatzteillager etc.). Durch die direkte Fertigung des Bauteils aus einem digitalen Datenfile werden Supportprozesse wie zum Beispiel der Werkzeugbau zur Herstellung eines Spritzgusswerkzeuges überflüssig. Aufgrund einfacher Wertschöpfungsstrukturen können Produkte, die in wenigen Schritten generativ gefertigt werden, schon während der Produktion mittels automatisierter kontinuierlicher Prozessüberwachung qualitätsgeprüft werden und ersparen dem Unternehmen weitere zusätzliche aufwändige Qualitätssicherungsschritte.

Steht ein Unternehmen vor der strategischen Entscheidung, ob es eine generative Fertigungstechnologie einsetzen soll, müssen alle ökonomischen, arbeitstechnischen, logistischen oder organisatorischen Auswirkungen und Einflussfaktoren identifiziert und evaluiert werden. Nur eine umfassende Analyse erlaubt die Beurteilung, ob die neue Fertigungstechnologie effizient im Produktionssystem des Unternehmens integriert werden kann. Das Risiko, die Eigenschaften der generativen Fertigungstechnologie sowie deren Auswirkungen nicht genau zu kennen, stellt für viele Unternehmen eine wesentliche Einstiegshürde dar. Dies lässt sich durch unterschiedliche Maßnahmen reduzieren.

Ab welchem Zeitpunkt generative Fertigungsverfahren bisher verwendete Produktionstechnologien ersetzen oder ergänzen können, ist oft Gegenstand eines mehr oder weniger umfangreichen „Business Cases". Dabei werden klassische Investitionsrechnungen um funktionale Aspekte (Durchlaufzeiten, Qualität, strategische Aspekte etc.) ergänzt. Abbildung 14.4 zeigt einen multikriteriellen Vergleich eines konventionellen zu einem generativen Fertigungsverfahren.

Abbildung 14.4 Multikriterieller Vergleich zweier Fertigungsverfahren

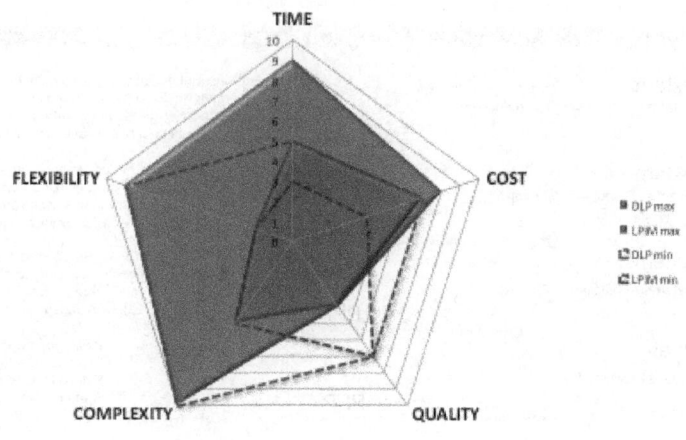

Neben der technologischen Analyse der Potenziale und Risiken im Spannungsfeld „Zeit, Kosten, Qualität" sollen die Auswirkungen auf die Konfiguration der gesamten Produktions- und Logistikkette insbesondere im Bezug auf Komplexität und Flexibilität untersucht werden. Üblicherweise führt die Einführung neuer Produktionstechnologien zur Erhöhung der Komplexität, da mehrere Technologien parallel im Unternehmen vorhanden sind. Durch eine systematische Implementierung generativer Fertigungstechnologien haben Unternehmen die Möglichkeit, trotz tiefgreifender Veränderungen in der Unternehmensstruktur, welche zur Ausschöpfung der vollen Potenziale notwendig sind, von Beginn an leistungsfähige und effiziente Fertigungsprozesse sicherzustellen. Somit können relevante Einstiegsbarrieren für die generative Fertigung in der industriellen Anwendung (wie fehlendes Know-how im Unternehmen, Unsicherheit bei der Implementierung, ökonomische und technologische Fragestellungen) eliminiert werden.

14.3 Produktion in der „Wolke" - 4th party production provider

Potenzielle Anwender generativer Fertigungstechnologien scheuen oftmals die oben beschriebenen Eingriffe in bestehende, funktionierende Produktionsstrukturen. Aufgrund der speziellen Eigenschaften der generativen Fertigung (Dislozierung der Produktion) gibt es neben dem Aufbau eigener Fertigungskapazitäten auch die einfache Möglichkeit der Auslagerung. In Anlehnung an die strukturierte Auslagerung von Logistikdienstleistungen an „Service Provider" ermöglicht die generative Fertigung eine analoge Vorgehensweise und die Auslagerung der Produktion an „Production Provider":

Abbildung 14.5 Hierarchie der „Production Provider"
(eigene Darstellung in Anlehnung an das Konzept der unterschiedlichen Typen von „Logistik-Dienstleistern", Schulte 2009, S. 198ff.)

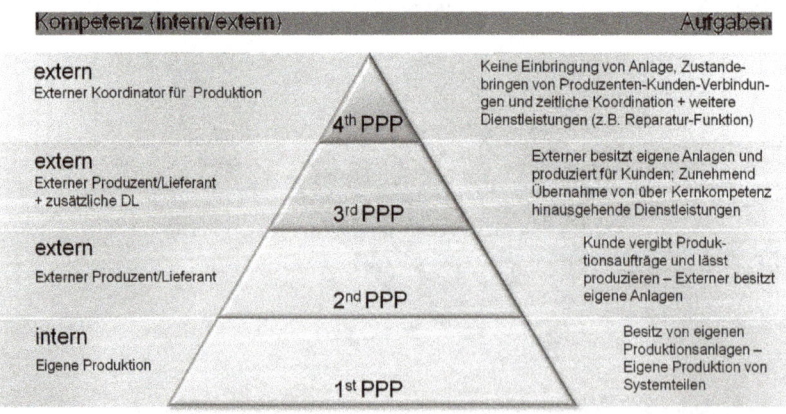

Abbildung 14.5 stellt eine hierarchische Gliederung sogenannter „Production Provider" dar. Auf der ersten Stufe, dem „First Party Production Provider" produziert ein Unternehmen selbst. Der „Second Party Production Provider (2PPP)" ist der klassische Zulieferer. Im Fall des „Third Party Production Providers (3PPP)" werden neben der Produktion bestimmte zusätzliche Dienstleistungen (Verpackung, Konfektionierung, Versand etc.) übernommen. Im Falle des „Fourth Party Production Provider (4PPP)" produziert nicht der Dienstleister, sondern zieht dafür seinerseits wieder andere produzierende Unternehmen heran. Die generative Fertigung ist für eine derartige Organisation der Wertschöpfungskette besonders geeignet, da zur Produktion im Extremfall nur das entsprechende Datenfile benötigt wird und dieses nahezu kostenfrei elektronisch zu lokalen „Production Providern" versandt werden kann. Damit lassen sich neue Konzepte der verteilten Produktion mit entsprechender Reduktion der Logistik- und Infrastrukturkosten realisieren.

Dass ein derartiger Ansatz nicht in den Bereich Science-Fiction fällt, sondern durchaus auch heute schon Realität ist, beweist das im 7. EU-Rahmenprogramm (Factory of the Future) geförderte Projekt *Photopolymer-based Customized Additive Manufacturing Technologies* (PHOCAM), welches u. a. die Entwicklung einer Internet-basierten Produktionsplattform für generative Fertigungstechnologien verfolgt. Eine Hauptmotivation für die Entwicklung einer derartigen Plattform war es, Unternehmen, welche sich für den Einsatz generativen Fertigungstechnologien interessieren, Einstiegserleichterungen zur Verfügung zu stellen. So können Unternehmen zum Beispiel Erstbemusterungsteile und Kleinserien auf Basis variabler Kosten generativ fertigen, ohne große Einstiegsinvestition in die Technologie vornehmen zu müssen. Gleichzeitig bietet die Plattform Unternehmen, welche überschüssige generative Fertigungskapazitäten besitzen, die Möglichkeit, diese am Markt zu verkaufen und damit die Auslastung der Anlagen zu erhöhen, möglicherweise auch in den Bereich der generativen Lohnfertigung einzusteigen.

14.4 Fallbeispiel Fourth Party Production Provider: PHOCAM-platform

Die im Projekt PHOCAM (http://www.phocam.eu) entwickelte Plattform hat die Funktion eines „Service-Providers" für Kunden und Produzenten generativ gefertigter Produkte. Abbildung 14.6 stellt schematisch die PHOCAM-Plattform mit den Interaktionen zwischen den relevanten „Stakeholdern": den Kunden (System Lieferanten oder End User), den Herstellern und der Plattform dar. Die PHOCAM-Plattform selbst hat keine eigenen Produktionsanlagen und ist daher kein typischer Produktionsdienstleister, sondern stellt die Kontaktstelle für Kunden und unterschiedlichen Herstellern mit generativen Fertigungsanlagen dar (4th Party Production Provider).

Die Aufgabe des "4th Party Production Providers" ist die Koordination der optimalen Produktion von Teilen/Modulen/Produkten basierend auf den Anforderungen individueller Kunden und deren spezifischen Wünschen. Bei der Auswahl der mehr oder weniger anonymen Produzenten (daher der Begriff „Production Cloud") stehen Preis, Qualität und Lieferzeit als Auswahlkriterien im Fokus der Betrachtung.

Abbildung 14.6 Schematische Darstellung der PHOCAM-Plattform (eigene Darstellung)

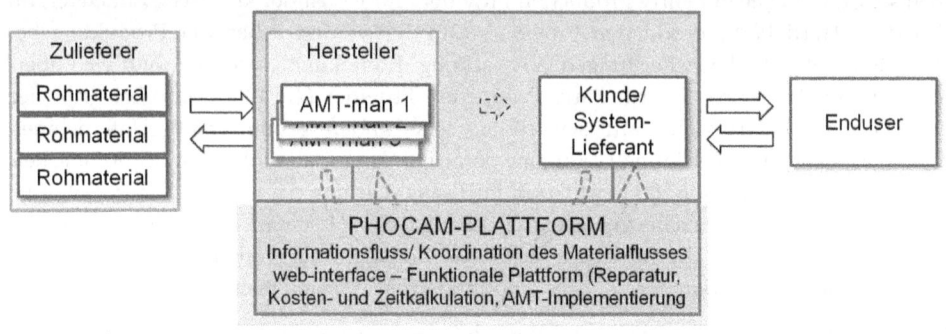

Mögliche Organisationsmodelle

Es ergeben sich drei mögliche organisatorische Modelle für die Beziehung zwischen Kunden und Herstellern, welche zur besseren Unterscheidung mit Namen versehen wurden:

Abbildung 14.7 Organisatorische Modelle Broker – Agent – Dealer (eigene Darstellung)

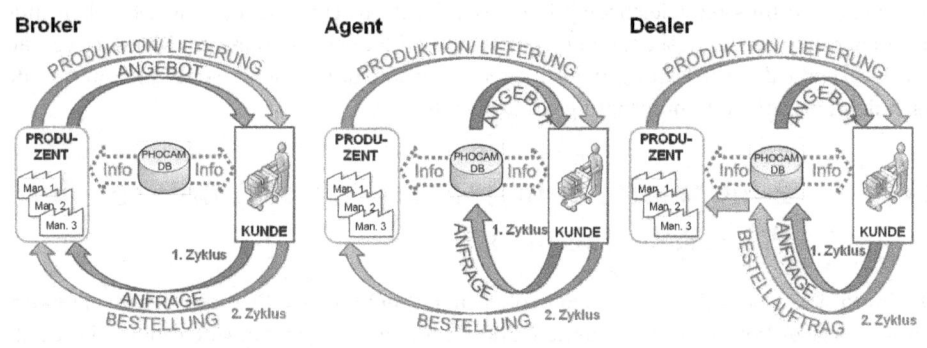

- **Broker**: Der Kunde identifiziert den Hersteller über die Online-Plattform. Es kommt zu einem direkten Kontakt zwischen dem Kunden und dem Hersteller. Die Plattform übernimmt die Funktion der Vermittlung von Kontakten.

- **Agent**: Der Kunde wickelt das Geschäft über die Plattform ab. Die Plattform hat eine Auswahl unterschiedlicher Hersteller. Je nach Ausgestaltung der Vertragssituation kann das Problem der Gewährleistungspflicht für den Plattform-Betreiber entstehen. Die Plattformfunktion kann vom reinen Vermittler bis zum Händler reichen und die Hersteller können dem Kunden gegenüber bekannt sein oder anonym bleiben. Ähnlichkeiten ergeben sich zu bekannten Reiseportalen im Internet, wie zum Beispiel Expedia/checkfelix-(Hersteller sind bekannt) oder Holiday Autos (Hersteller anonym))

- **Händler (Dealer)**: Der Kunde kauft direkt über die Plattform, welche als Händler auftritt. Es entsteht ein direktes Vertragsverhältnis zwischen Kunde und Plattform. Damit entstehen direkte Garantie-/Gewährleistungsansprüche an die Plattform. Die Hersteller bleiben anonym und die Plattform übernimmt das Branding.

Für die Entwicklung eines Demonstrators entschied sich das PHOCAM- Konsortium, mit dem „Broker"-Modell zu starten und dieses schrittweise um Funktionen zu erweitern.

Funktion der Plattform

Die wesentlichste Aufgabe der Plattform ist, die Einstiegshürde für die Anwendung der generativen Fertigung in der industriellen (Klein-) Serienfertigung zu senken und den Markt für die neue Fertigungstechnologie und allen damit verbundenen Potenzialen und Möglichkeiten zu öffnen. Dadurch entsteht ein „Production Network" bzw. eine „Production Cloud"(bei Anonymität der Produzenten) unter Einbindung der neuen Informations- und Kommunikationstechnologien (Internet Interface – Echtzeitinteraktion). Das „Broker"-Modell versucht dabei, die für den Anwender der Plattform relevanten Daten zur Verfügung zu stellen und nicht-produktionsrelevante Barrieren zu minimieren (bspw. das Vertrauensverhältnis zwischen den „Stakeholdern" und der Plattform, rechtliche oder garantiebezogene Fragestellungen etc.).

Abbildung 14.8 Schematische Darstellung der Plattform-Funktion (eigene Darstellung)

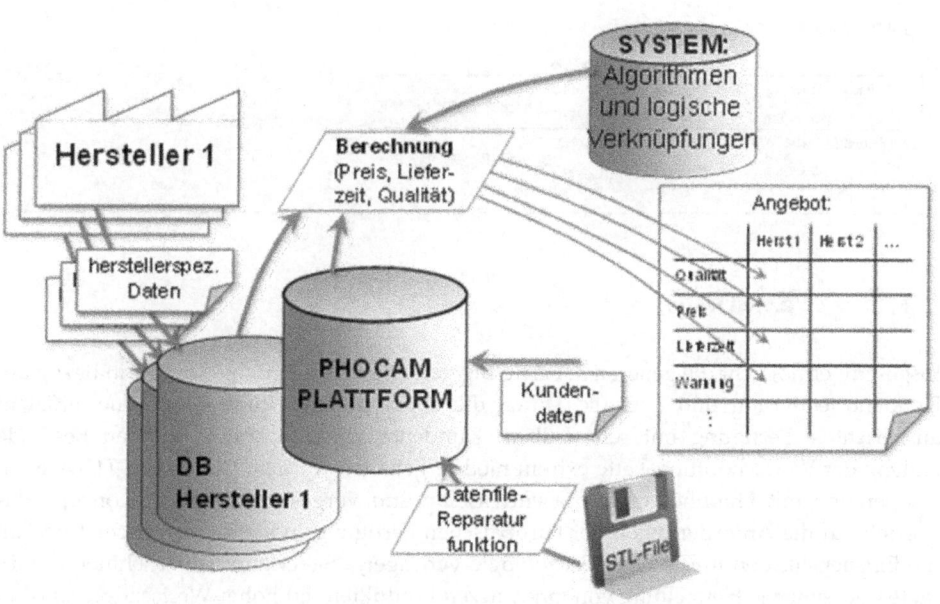

Die Plattform bietet ein Service für die Kunden, um entsprechende Produzenten im Feld der generativen Fertiger zu finden, welche Teile in der benötigten Zeit, Qualität und Preis produzieren können (siehe Abbildung 14.8). Über die reine Vermittlung hinausgehend sind Zusatzfunktionen wie bspw. eine Datenfile-Reparaturfunktion oder einheitliche Qualitätsstandards für Kunden und Hersteller implementiert. Damit kann eine vergleichbare Basis der berechneten Daten über alle Produzenten sichergestellt werden. Eine Erleichterung für die Auswahl des geeigneten Produzenten bietet das entwickelte und in Abbildung 14.9 dargestellte Online-Interface, welches anforderungsbasiert alle potenziellen Hersteller mit den kalkulierten Kosten sowie der Lieferzeit auflistet.

Abbildung 14.9 Auswahl des geeigneten Produzenten – Online-Interface
(Quelle: Rekola (Deskartes), Demonstrator Online-Interface Projekt „PHOCAM")

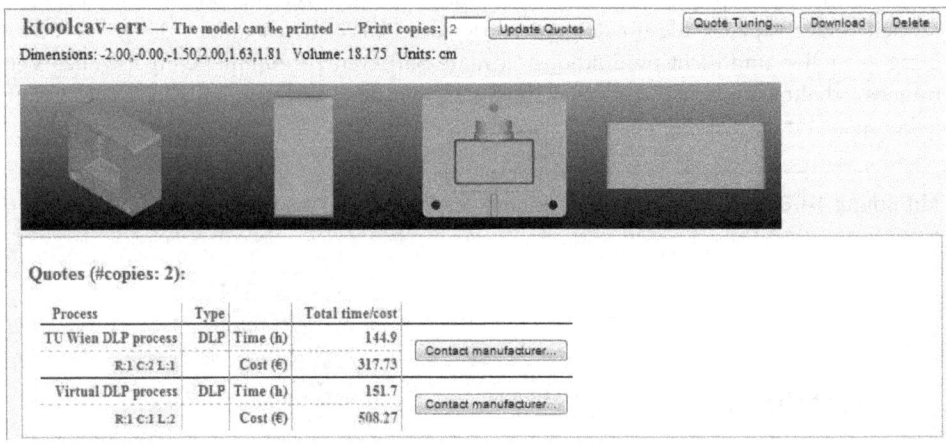

14.5 Résumé

Insgesamt ermöglicht die generative Fertigung ganz neue strategische Ansätze in Bezug auf Kundenorientierung und Logistik. Durch die auftrags- bzw. kundenbezogene, effizient ausgerichtete Fertigung mit sehr frühem Kundenentkopplungspunkt können Bestände entlang der Wertschöpfungskette extrem niedrig gehalten werden. Das an der TU-Wien in Kooperation mit Fraunhofer Austria entwickelte und vorgestellte Plattformkonzept, das speziell auf die Anforderungen der europäischen Fertigungsindustrie ausgerichtet ist, soll die Einstiegshürden in die neue Technologie verringern. Sie erlaubt Unternehmen die direkte und einfache Herstellung von innovativen Produkten mit hoher Wertschöpfung (Präzisionsteilen für Textilmaschinen, Mikro-Bauteile für Computer-Tomographie-Geräte, Formen für Gasturbinenschaufeln etc.) und die Erfüllung hoher Qualitätsanforderungen.

Durch die Interaktion mit mehreren potenziellen Herstellern, ausgehend von einer Kundenanfrage, wird die Produktion (von Produkten mehrerer Kunden) selbstregulierend über mehrere Produzenten verteilt (Produktionsglättungseffekt – die Auswahl eines Angebotes erfolgt nach Kosten, Liefertermin und/oder erforderlicher bzw. möglicher Qualität). Der Einsatz der sehr flexiblen generativen Fertigungstechnologie in Kombination mit der Implementierung einer Produktionsplattform stellt eine für Kunden extrem flexible, effiziente sowie robuste Fertigungsmöglichkeit dar.

Dadurch wird die generative Fertigung ein strategischer Faktor für Innovation im produzierenden Sektor und substanziell zur Erhaltung der Wettbewerbsfähigkeit produzierender Unternehmen in Europa und deren Standortsicherung beitragen.

Literatur

Gausemeier, J.; Echterhoff, N.; Wall, M. (2012): Thinking ahead the Future of Additive Manufacturing – Scenario-based Matching of Technology Push and Market Pull, Paderborn

Gebhardt, A. (2007): Generative Fertigungsverfahren, Rapid Prototyping – Rapid Tooling Rapid Manufacturing, 3. Auflage, Carl Hanser Verlag, München

Gibson, I.; Rosen, D. W.; Stucker, B. (2010), Additive Manufacturing Technologies – Rapid Prototyping to Direct Digital Manufacturing, Springer, New York

Schulte, C. (2009): Logistik – Wege zur Optimierung der Supply Chain, 5. Auflage, Verlag Vahlen, München

Zäh, M. (2006): Wirtschaftliche Fertigung mit Rapid Technologien, Carl Hanser Verlag, München Wien

Internetquellen

www.festo.at; www.ipa.fraunhofer.de; bionischer Handling-Assistent (gesehen am 21.01.2013)

www.lithoz.com; Fertigung keramischer Bauteile mittels LCM –lithograpy based ceramic manufacturing (gesehen am 24.01.2013)

www.phocam.eu; offizielle Homepage des FP7-Forschungsprojektes PHOCAM (gesehen am 24.01.2013)

Curriculum Vitae – Werdegang der Autoren

Die Herausgeber

FH-Prof. Ing. Mag. Dr. Peter Granig

FH Professor für Betriebswirtschaft und Innovationsmanagement an der FH Kärnten, Gesundheitsökonom, Initiator und wissenschaftlicher Leiter des Innovationskongresses

Peter Granig, Dr. rer. soc. oec.; geb. 1969; Seit 2005 Professor für Betriebswirtschaft und Innovationsmanagement an der Fachhochschule Kärnten; Studium der Betriebswirtschaftslehre und Gruppendynamik an der Alpe Adria Universität in Klagenfurt, sowie Management und Marketing an der University of N. Iowa (USA) von 1995-2000; (Mag. rer. soc.oec. zum Thema Aufbau und Führung eines innovativen Unternehmens); Doktoratsstudium am Institut für Controlling und strategische Unternehmensführung an der Alpe Adria Universität Klagenfurt, (Dr. rer. soc. oec. zum Thema Bewertung und Steuerung von Innovationen durch Einsatz einer risikoaggregierten Simulation); Dr. Granig hat über 20 Jahre Erfahrungen im Bereich Innovationsmanagement in nationalen und internationalen Unternehmen gesammelt. Seine aktuellen Forschungsschwerpunkte: Strategisches Innovationsmanagement, Geschäftsmodellinnovationen und Business Developement.

FH-Prof. DI Dr. Erich Hartlieb

FH Professor für Innovations- und Technologiemanagement an der FH Kärnten, Studiengangsleiter Wirtschaftsingenieurwesen, Wissenschaftlicher Beirat des Innovationskongresses

Dr. Erich Hartlieb, geb. 1969, ist seit 2009 Professor für Innovations- und Technologiemanagement an der FH Kärnten. Nach der HTL für Maschinenbau in Klagenfurt hat er das Studium Wirtschaftsingenieurwesen für Maschinenbau an der TU Graz absolviert und war von 1997–2001 Universitätsassistent am Institut für Industriebetriebslehre und Innovationsforschung der TU Graz. Seine Dissertation hat er zum Thema Wissensmanagement verfasst, von 2001–2009 war er als selbstständiger Strategie- und Innovationsberater tätig. Er ist Gründungsmitglied und Beirat des Wissensmanagement Forum Graz und Vorstandsmitglied im Forum KVP & Innovation des ÖPZ. Seine aktuellen Forschungsschwerpunkte sind das Strategische Innovationsmanagement, Business Development sowie Technologiemanagement. Er hat bereits zahlreiche Fachpublikationen und Vorträge zu den Themen Innovations- und Technologiemanagement herausgegeben und abgehalten.

DI Dr. Hans Lercher

Geschäftsführender Gesellschafter der IMG Innovation-Management-Group GmbH und Studiengangsleiter des berufsbegleitenden FH-Studiums Innovationsmanagement (Bachelor und Master) an der Fachhochschule CAMPUS 02 in Graz

DI Dr. Hans Lercher ist Geschäftsführender Gesellschafter der IMG Innovation-Management-Group und Studiengangsleiter des seit 9/2005 angebotenen berufsbegleitenden FH-Studiums Innovationsmanagement an der Fachhochschule CAMPUS 02 in Graz. Er berät zahlreiche österreichische und internationale Unternehmen in unterschiedlichsten Branchen zu verschiedenen Themenstellungen im Bereich Innovations- und F&E-Management und arbeitet international mit diversen Forschungsinstitutionen zusammen. Er lehrt u. a. Kreativitätstechniken und Innovations- und Technologiemanagement in zahlreichen Studien- und Fortbildungsprogrammen in Österreich und Deutschland.

Die Autorinnen und Autoren

Dr. Peter Affenzeller

Partner der ICG Integrated Consulting Group Innovation

Peter Affenzeller studierte Wirtschaftsingenieurwesen – Maschinenbau an der TU Graz. Er war Universitätsassistent am Institut für Betriebswirtschaftslehre und Betriebssoziologie der TU Graz mit den Schwerpunkten technologieorientiertes Marketing und Controlling. Danach war er acht Jahre als Projektleiter für eine internationale Unternehmensberatung in der Automobilindustrie in Europa und Asien tätig. Seine Beratungsschwerpunkte sind Geschäftsmodell- und Preisinnovationen, die Markteinführung/Vermarktung von Innovationen und Design, Steuerung und Management von Innovations- und Entwicklungsprojekten.

FH-Prof. DI (FH) DI Helmut Aschbacher, MBA CMC

FH-Prof. und F&E Koordinator der Studienrichtung IT und Wirtschaftsinformatik an der FH CAMPUS02; Mitgründer des „Instituts für Dienstleistungsentwicklung und Angewandte Systemforschung" (IDEAS); Mitinitiator und Mitentwickler des „ServTec Austria Fachforums für innovative Dienstleistungen und neue Technologien"

Helmut Aschbacher, DI (FH) DI Ing. MBA, FH *CAMPUS* 02 Studienrichtung IT und Wirtschaftsinformatik. Ausbildung: Studium IT & IT Marketing an der FH *CAMPUS* 02, Studium Telematik an der TU Graz und Studium MBA am Joseph Schumpeter Institut/Wels. Beruflicher Werdegang: Selbstständiger IT Dienstleister mit IT Projekte für WIFI Stmk, WK Stmk., Autocluster Styria u. a. von 1997-2001; IT und Software Projektmanager für die Telematica GmbH/Voitsberg von 2001-2006, derzeit Mitarbeiter der Studienrichtung IT & Wirtschaftsinformatik an der FH *CAMPUS* 02 mit folgenden Schwerpunkten: Koordination der angewandten Forschung und Entwicklung im Bereich Service Engineering und Koordinator des Fachbereichs Interdisziplinäre Grundlagen, Sprachen und Soft Skills. Im Zusammenhang mit der Forschung im Bereich Service Engineering folgte die Mitentwicklung des „ServTec Austria Fachforums für innovative Dienstleistungen und neue Technologien" im Jahr 2011 und Mitgründung des „Instituts für Dienstleistungsentwicklung und Angewandte Systemforschung" (IDEAS) im Jahr 2011.

Dr. Eva Bucherer

Innovation Manager, Daimler Financial Services, Stuttgart

Eva Bucherer ist im Innovationsmanagement bei Daimler Financial Services in Stuttgart tätig. Nach ihrem Studium der Informationswissenschaft an der Hochschule der Medien in Stuttgart und einem Master an der Universität Koblenz promovierte sie zum Thema Geschäftsmodellinnovation am Institut für Medien und Kommunikationsmanagement an der Universität St. Gallen in der Schweiz. Gleichzeitig war sie bei SAP Research Schweiz beschäftigt. Ihr Forschungsvorhaben konzentrierte sich auf den Innovationsprozess von Geschäftsmodellen, seine Verankerung und Verantwortlichkeiten und schloss zahlreiche Workshops mit verschiedenen Unternehmen ein. Im Anschluss an ihre Promotion war sie im Bereich der strategischen Unternehmensberatung tätig.

Dr. Uli Eisert

Research Manager, New Assets & Business Model Innovation, SAP Next Business and Technology, Zürich/St. Gallen

Uli Eisert leitet das Schweizer Forschungsteam, das sich in enger Zusammenarbeit mit der Universität St. Gallen seit mehreren Jahren auf den Geschäftsmodellinnovationsbereich konzentriert. Er arbeitet seit 1995 für SAP in verschiedenen Rollen im Beratungs- und Solution Management-Bereich. 2006 wechselte er in den Forschungsbereich und baute die Schweizer Research Labs maßgeblich mit auf. Er promovierte an der Universität St. Gallen im Bereich Betriebswirtschaft mit einer Arbeit zu radikalen Produktinnovationen. Er ist außerdem Maschinenbau- und Wirtschaftsingenieur.

Fabian Engelhardt, MA

Unternehmensberater für mittelständische Unternehmen in den Bereichen Innovationsmanagement und Organisationsentwicklung

Studium der Betriebswirtschaftslehre mit den Schwerpunkten Organisationsentwicklung und Marketing an der Hochschule für angewandte Wissenschaften Würzburg-Schweinfurt. Anschließendes Studium des Innovationsmanagements an der Hochschule für angewandte Wissenschaften Würzburg-Schweinfurt und Tätigkeit als Hilfswissenschaftlicher Mitarbeiter im Rahmen des Masterprogramms der Hochschule. Seit 2012 selbstständige Tätigkeit als Unternehmensberater für mittelständische Unternehmen u. a. in den Bereichen: Innovationsmanagement, Organisationsentwicklung und Teamentwicklung.

Prof. Dr. Jörg Freiling

Inhaber des Lehrstuhls für Mittelstand, Existenzgründung und Entrepreneurship (LEMEX) an der Universität Bremen sowie Prodekan des dortigen Fachbereichs Wirtschaftswissenschaft

Prof. Dr. Jörg Freiling ist seit 2001 Inhaber des Lehrstuhls für Mittelstand, Existenzgründung und Entrepreneurship (LEMEX) im Fachbereich 7 der Universität Bremen. Seit 2006 arbeitet Jörg Freiling im Sonderforschungsbereich „Staatlichkeit im Wandel" und leitet dort zusammen mit dem Juristen Gralf Calliess das Teilprojekt A4: Die Verfassung des globalen Handels. Daneben erforscht er zurzeit die Ursachen und Verläufe unternehmerischen Scheiterns (insbesondere von Jungbetrieben). Seit 2009 ist er Mitglied des Dekanats des Fachbereichs 7 (Wirtschaftswissenschaft), und zwar zunächst als Studiendekan (bis 2011), danach als Prodekan. Gast- und Vertragsprofessuren nahm Jörg Freiling an der Freien Universität Bozen, an der Staatsuniversität St. Petersburg sowie an der Universität Innsbruck wahr. Seine Forschungsschwerpunkte sind: Gründungsmanagement, der Einfluss unternehmerischen Verhaltens auf den Erfolg, die Hintergründe unternehmerischen Scheiterns, Wissens- und Kompetenzmanagement, Durchsetzung innovativer Geschäftsmodelle, Generierung von Realoptionen, Internationalisierung von Mittelstandsbetrieben sowie Governance transnationaler Unternehmen. Am Standort Bremen veranstaltet Jörg Freiling seitens der Universität Bremen zusammen mit der Jacobs University und der Handelskammer Bremen alljährlich die Bremer Unternehmertage. Er ist zudem Mitglied des Vorstands des Business Angel-Netzwerks Weser-Ems-Bremen sowie Mitglied des wissenschaftlichen Beirats der IMP (Innovative Management Partner). Jörg Freiling hat rund 20 Bücher verfasst bzw. herausgegeben und insgesamt über 200 Schriften veröffentlicht. Seine Beiträge wurden unter anderem in folgenden Zeitschriften veröffentlicht: Organization Studies, Service Industries Journal, International Journal of Engineering and Industrial Management, International Journal of Technology Intelligence and Planning, International Journal of Entrepreneurship Education, Management Revue, German Law Journal, Managementforschung.

Dr. Stephan Friedrich von den Eichen

Managing Partner & Geschäftsführer Innovative Management Partner (IMP) GmbH

Dr. Stephan Friedrich von den Eichen hat Wirtschaftsingenieurwesen und Betriebswirtschaftslehre an den Universitäten Karlsruhe und Mannheim studiert; Doktorat im Bereich strategische Unternehmensführung; Forschungsaufenthalte an den Universitäten St. Gallen, Innsbruck und an der University of California, Berkeley. 18 Jahre Managementberatung; u.a. Partner und Leiter des Geschäftsbereichs „Strategy & Organization" bei Arthur D. Little sowie Partner und Mitglied der Geschäftsleitung am Malik Management Zentrum, St.

Gallen; Lehrbeauftragter an der Universität Bremen und im Executive Master of Business Innovation an der European Business School, Oestrich-Winkel. Autor von zahlreichen Buch- und Aufsatzpublikationen; Vortragender auf Konferenzen und Firmenanlässen. Als Managing Partner der Managementberatung IMP (Innovative Management Partner) mit Sitz in München, Innsbruck, Zürich, St. Gallen, Bratislava und Williamsburg (USA) begleitet er heute Führungskräfte und führende Unternehmen bei der Strategieformulierung, dem Abgleich zwischen Strategie und Innovation, dem Aufbau von wirksamen Innovationssystemen und der Mobilisierung von Organisationen im Sinne der Innovation.

Prof. Dr. Johann Füller

CEO HYVE AG & Professor am Lehrstuhl für Innovation und Entrepreneurship am Department of Strategic Management, Marketing and Tourism der Universität Innsbruck

Dr. Johann Füller berät als Gründer und Vorstand der Münchener Innovationsagentur HYVE seit mehr als zwölf Jahren namhafte internationale Unternehmen bei der Entwicklung kundenzentrierter Innovationen. Er promovierte im Fach Marketing zum Thema "Community Based Innovations – Virtual Integration of Online Consumer Groups into New Product Development" bei Prof. Hans Mühlbacher, LFU Innsbruck und Prof. Eric von Hippel, MIT. Der diplomierte Maschinenbauingenieur und Wirtschaftsingenieur komplettierte seinen Werdegang mit einem Master in International Business sowie dem Euro-Certificate for Engineers. Studienaufenthalte führten ihn nach USA, Frankreich und Spanien. Seit seiner Promotion lehrt er am Institut für Strategisches Management, Marketing und Tourismus an der Universität Innsbruck; seit 2012 als Universitätsprofessor am neu gegründeten Lehrstuhl Innovation und Entrepreneurship der Universität Innsbruck. Johann Füller erforscht das innovative Kundenverhalten in Online Communities sowie die Nutzung von Online Communities für die Produktentwicklung und ist Fellow am NASA Tournament Lab-Research an der Harvard University. Er hält regelmäßig und weltweit Vorträge und Vorlesungen zu den Themen Open Innovation, Online Communities, Innovationsmanagement, User Generated Content, Online Branding, Crowdsourcing, Co-Creation, Creative Consumer Behavior und virtuelle Kundenintegration in die Produktentwicklung. Begleitend zur Forschungstätigkeit veröffentlicht Füller Artikel und Beiträge in verschiedenen Zeitschriften, darunter der Harvard Businessmanager, das Journal of Product Innovation Management, das Journal of Business Research, das Journal of Travel Research und Technovation.

Prof. Dr. Oliver Gassmann

Professor für Innovationsmanagement, Vorsitzender der Direktion am Institut für Technologiemanagement, Universität St. Gallen, Präsident der HSG Forschungskommission, Hauptreferent in mehreren Executive MBA-Programmen

Oliver Gassmann ist Professor für Technologie- und Innovationsmanagement an der Universität St. Gallen und Vorsitzender der Direktion des Instituts für Technologiemanagement. Er ist ein Experte des Denk- und Werkplatzes Schweiz und berät zahlreiche europäische Unternehmen in Innovationsstrategie. Er ist Präsident der HSG Forschungskommission und Hauptreferent in mehreren Executive MBA Programmen, Mitglied in mehreren wirtschaftlichen und akademischen Boards, Autor und Herausgeber von zwölf Büchern und über 200 internationalen Fachbeiträgen im Technologie- und Innovationsmanagement. Zuvor leitete er die Forschung & Vorentwicklung bei Schindler. 2009 wurde er von der International Association for Management of Technology (IAMOT) unter die Top 50 Forschenden der Welt gewählt.

Dr. Dietfried Globocnik

Plattform für Innovationsmanagement, Strategyn iip innovation in progress GmbH, Karl-Franzens-Universität

Dietfried Globocnik ist Projektleiter von innovate! austria. der Plattform für Innovationsmanagement und Projectmanager bei der Top Management Beratung Strategyn iip innovation in progress GmbH. Daneben ist er als Forscher und Lehrbeauftragter an der Karl-Franzens-Universität im Fachbereich Innovations- und Technologiemanagament tätig. Zuvor arbeitete er als wissenschaftlicher Mitarbeiter am Institut für Marketing und am Institut für Organisation und Human Resources sowie als Organisationsentwickler. Er hat einen Abschluss in Betriebswirtschaft und ein Doktorat in den Wirtschafts- und Sozialwissenschaften. Seine Arbeits- und Forschungsschwerpunkte umfassen Innovationsmarketing, Initiativenmanagement, die Organisation hochgradiger Innovationen und Erfolgsfaktoren des Exports. Seine Arbeiten wurden auf internationalen Konferenzen, in referenzierten Fachzeitschriften und Herausgeberwerken publiziert.

Prof. Dr.-Ing Gerhard Hube

Professor für strategisches Innovationsmanagement, Leiter des Masterstudiengangs „Innovation im Mittelstand", Hochschule Würzburg-Schweinfurt

Studium des Wirtschaftsingenieurwesens mit Schwerpunkt Maschinenbau an der Technischen Hochschule Kaiserslautern mit Auslandsaufenthalten in Spanien und China. Nach Abschluss 1995 Produktmanager & Consultant in einem IT-Startup-Unternehmen, dort anschließend Bereichsleiter für das Customer Care Center in Deutschland, Österreich und der Schweiz. Ab 2000 Senior-Scientist & Consultant bei Fraunhofer IAO in Stuttgart mit dem Schwerpunkt in Verbundforschungsprojekten zu Zukunftstechnologien und wissensintensiven Arbeitsprozessen im internationalen Kontext. Promotion 2005 zu Wissensarbeit und Innovationsmanagement. Ab 2006 als Abteilungsleiter „Market-Intelligence & Future-Technology" bei Freudenberg Dichtungs- und Schwingungstechnik verantwortlich für die Konzeption und Implementierung des strategischen Innovationsmanagement in Europa. Seit April 2010 ist er Professor für „Strategisches Innovationsmanagement" und leitet den Masterstudiengang „Innovation im Mittelstand". Herr Dr. Hube wurde 2003 mit dem Fraunhofer IAO Innovationspreis ausgezeichnet und erhielt 2005 den Förderpreis des Vereins zur Förderung produktionstechnischer Forschung für seine Dissertation. Herr Prof. Hube ist Mitglied des Technologie- und Forschungsausschusses der IHK Würzburg-Schweinfurt Mainfranken.

STB Ing. Mag. Thomas Jost

Vorstand der Liaunig Industrieholding

Seit dem Jahr 2000 ist Thomas Jost in einem der Liaunig Industriegruppe zugehörigen Unternehmen tätig: Begonnen bei der Waagner-Biro Holding, dann Geschäftsführer bei der Ing. Batik GmbH, danach kaufmännischer Leiter der Waagner-Biro Austria Stage Systems AG, dort dann Vorstand, von 2005 bis Juni 2012 Geschäftsführer der Wild Holding GmbH in Kärnten. Von dort kehrte Thomas Jost nun nach Wien als Interimsvorstand der Waagner-Biro AG und neuer Vorstand der Liaunig Industrieholding zurück. Thomas Jost, Jahrgang 1971, absolvierte die HTL Mödling (Abteilung für Elektrotechnik), das Studium der Rechtswissenschaften an der Universität Wien, seine Prüfung zum Steuerberater legte Thomas Jost im Jahr 2000 ab.

Mag.(FH) Mag. Dr. mont. Ernst Kreuzer, MSc

FH-Prof. und Leiter der Studienrichtung IT & Wirtschaftsinformatik an der FH CAMPUS02, Initiator des „ServTec Austria Fachforum für innovative Dienstleistungen und neue Technologien"

Ernst Kreuzer, Mag. (FH) Mag. Dr. mont, MSc, FH CAMPUS 02 Studienrichtung IT und Wirtschaftsinformatik. Ernst Kreuzer hat an der Montanuniversität dissertiert und an der Fachhochschule CAMPUS 02 sowie der Donauuniversität Krems berufsbegleitend Marketing und Prozessmanagement studiert. Er ist seit 2006 FH-Professor und Leiter der Studienrichtung IT & Wirtschaftsinformatik, wo er die Forschungsgruppe zum Thema Service Engineering gegründet und aufgebaut hat.

Er ist Autor von zahlreichen Fachpublikationen im Bereich Service Engineering, Marketing und Qualitätsmanagement und war in verschiedenen Funktionen für die Entwicklung, Beantragung und/oder Leitung von mehreren größeren Drittmittelprojekten an der Montanuniversität Leoben, der FH Joanneum und der FH CAMPUS 02 verantwortlich. Ernst Kreuzer hat als Projektentwickler, Projektleiter, Vortragender oder Berater in Forschungs- oder Weiterbildungsprojekten mit namhaften Unternehmen mitgewirkt, u.a. für die Siemens oder die Wienerberger AG. Er ist zusätzlich Vorstandsmitglied der außeruniversitären Forschungseinrichtung IDEAS (Institut für Dienstleistungsentwicklung und Angewandte Systemforschung).

Dr. Christoph Leitl

Präsident Wirtschaftskammer Österreich

Christoph Leitl ist Präsident der Wirtschaftskammer Österreich, außerdem Präsident des österreichischen Wirtschaftsbundes und Ehrenpräsident von Eurochambres sowie Vorsitzender der Global Chamber Platform. Nach der Promotion zum Doktor der Sozial- und Wirtschaftswissenschaften startete Christoph Leitl seine politische Karriere als Gründungsobmann der Europajugend Linz. Christoph Leitl war Abgeordneter zum oberösterreichischen Landtag, darauffolgend Mitglied der oberösterreichischen Landesregierung und Landeshauptmann-Stellvertreter in Oberösterreich. Seit 2000 ist Christoph Leitl Präsident des Österreichischen Wirtschaftsforschungsinstitutes. Christoph Leitl ist Gastprofessor an der Wirtschaftsuniversität Wien, Department für Welthandel. Im Rahmen seiner Vortragstätigkeit an namhaften Universitäten wie der Princeton University, dem MIT, der University of Capetown oder der Harvard University sucht Christoph Leitl gerne den Kontakt mit Studentinnen und Studenten.

Univ.-Prof. Dr. Kurt Matzler

Professor für Strategisches Management an der Universität Innsbruck

Dr. Kurt Matzler ist Professor für Strategisches Management an der Universität Innsbruck und wissenschaftlicher Leiter des Executive MBA-Programmes am MCI in Innsbruck. Seine Forschungsschwerpunkte liegen in den Bereichen Strategie und Innovation, Co-Creation und Business Model Innovation; Gastprofessuren bzw. Forschungsaufenthalte an der Wharton School, University of Pennsylvania, Fairfield University Connecticut, Southeast Missouri State University, Bocconi Universität Mailand. Er ist Autor bzw. Herausgeber von mehr als 20 Büchern und Verfasser von über 200 wissenschaftlichen Aufsätzen, unter anderem in Zeitschriften wie Strategic Management Journal, MIS Quarterly, Journal of Product Innovation Management, MIT Sloan Management Review, California Management Review, Information Systems Journal, Technovation, Creativity and Innovation Management, Journal of Economic Psychology, Marketing Letters, Industrial Marketing Management usw. 2009 wurde er vom deutschen Handelsblatt unter die Top 20 Nachwuchswissenschaftler der Betriebswirtschaft im deutschsprachigen Raum gereiht. 2010 erhielt er den Emerald Citation of Excellence Award für eine Arbeit über Avatar-Based Innovation und 2012 den Best Paper Award der Zeitschrift „Creativity & Innovation Management". Als Partner der Managementberatung IMP (Innovative Management Partner) mit Sitz in München, Innsbruck, Zürich, St. Gallen, Bratislava und Williamsburg (USA) ist Kurt Matzler eng mit der Praxis verbunden.

Dr. Walter Mayrhofer

Leiter Forschung Fraunhofer Austria, Produktion und Logistik

Seit 2007 Leiter Forschung des Geschäftsbereichs Logistik und Produktion von Fraunhofer Austria und des Bereichs Betriebstechnik des Instituts für Managementwissenschaften der TU Wien. Leitung und Durchführung nationaler und internationaler Forschungs-, Entwicklungs- und Industrieprojekte in den Bereichen Produktion, Logistik, Prozessplanung-, Qualitäts- und Projektmanagement. Unterrichtstätigkeit an der TU Wien, Karl-Franzens Universität Graz und der Donau Universität Krems. Zuvor Forschungskoordinator des Departments für Wissens- und Kommunikationsmanagement der Donau-Universität Krems und Lehrgangsleiter für den Universitätslehrgang Qualitätsmanagement und Universitätsassistent am Institut für Betriebswissenschaften, Arbeitswissenschaft und Betriebswirtschaftslehre der TU Wien. Studien an der TU Wien, der University of Colorado at Boulder, USA sowie der Donau Universität Krems.

Univ.-Prof. Mag. Dr. Werner Mussnig

Alpswind GmbH, Geschäftsführer

Werner Mussnig wurde 1965 in Mühldorf im Mölltal geboren und besuchte von 1971 bis 1975 die ortsansässige Volksschule. Nach Besuch des musisch pädagogischen Gymnasiums in Spittal wechselte er 1979 in die Bundeshandelsakademie Spittal an der Drau. Als besonders guten Schüler hat er sich nicht in Erinnerung. Nach der Matura im Jahre 1984 studierte er zunächst in Wien und Klagenfurt Betriebswirtschaftslehre. Nach dem Studium der allgemeinen Betriebswirtschaftslehre absolvierte er das Doktoratsstudium für Wirtschafts- und Sozialwissenschaften an der Alpen Adria Universität Klagenfurt. Beide Studien konnte er mit Auszeichnung abschließen. Ende der neunziger Jahre verfasste er seine Habilitationsschrift zum Thema: „Ein integriertes Konzept für ein zeitgemäßes Erfolgsmanagement", die ihm im Herbst 2000 von einer internationalen Kommission abgenommen wurde. Werner Mussnig ist Geschäftsführer der Alpswind GmbH.

DI Dr. Manfred Peritsch

Geschäftsführender Gesellschafter der IMG Innovation Management Group GmbH

DI Dr. Manfred Peritsch ist Mitbegründer und geschäftsführender Gesellschafter der IMG Innovation Management Group GmbH. Seine Beratungsschwerpunkte für österreichische und internationale Technologieunternehmen sind die Entwicklung von agilen Innovationsstrategien und Initiativen zur Steigerung der Innovationsleistung. Ein weiterer Schwerpunkt seiner Tätigkeit liegt in der Technologie- und Innovationspolitikberatung. Manfred Peritsch ist Vortragender in zahlreichen Studien- und Fortbildungsprogrammen zum Thema Innovationsmanagement.

DI Stefan Posch

Geschäftsführender Gesellschafter der ICG Integrated Consulting Group Innovation GmbH

Dipl.-Ing. Stefan Posch, geb. 1964, war nach seinem Studium Elektronik und Nachrichtentechnik an der TU Graz als Hardwareentwicklungsleiter bei Atronic Systems in Graz tätig. Von 1998 bis 2004 bei Philips Semiconductors, zuletzt als Director Produktmanagement; von 2004 bis 2008 Managing Partner einer Innovationsberatungsgruppe; 2008 Gründung von Innovation-Coaching; seit 2010 geschäftsführender Gesellschafter der ICG Integrated Consulting Group Innovation. Dipl.-Ing. Posch besitzt langjährige Erfahrung im Projekt- und Produktmanagement sowohl im Hochtechnologiesektor als auch in der Steuerung von

Innovationsprozessen komplexer Produkte in der Halbleiterindustrie. Er entwickelt strukturierte Prozesse mit einer ausgewogenen Kombination von Kundeneinbindung, Kreativitätstechniken und erprobten Tools wie zum Beispiel das QFD. 2002 wurde ihm der Innovationspreis von Philips Semiconductors verliehen. Seit vielen Jahren baut er seine Innovationsmethodik erfolgreich auf dem Fundament der TRIZ Denkschule auf. In seiner Arbeit betreut er überwiegend Firmen mit starkem Technologiebezug, mit dem Anspruch eine nachhaltige Stärkung ihrer Innovationskraft zu unterstützen.

DI (FH) Andreas Rehklau, MBA

Leiter des Bereichs innoHelp im innolab der Studienrichtung Innovationsmanagement an der Fachhochschule CAMPUS 02 in Graz

DI (FH) Andreas Rehklau, MBA, ist seit vielen Jahren als Innovationsberater und -treiber für internationale Unternehmen unterschiedlichster Branchen tätig – bei der Produkt- und Prozessentwicklung und der Innovation von Unternehmensbereichen. Er war als wissenschaftlicher Mitarbeiter und Lektor an der Hochschule Coburg bei Prof. Dr. Linde tätig und hat umfangreiche Erfahrungen mit der WOIS – Widerspruchsorientierte Innovationsstrategie. Derzeit ist er Leiter des Bereichs innoHelp im innolab der FH *CAMPUS* 02, einer Anlaufstelle für Menschen mit Ideen in Graz und lehrt daneben am Studiengang Innovationsmanagement.

Ing. Mario Rodler

Leiter des Qualitätsmanagements der WILD GmbH und WILD Elektronik und Kunststoff GmbH & Co KG

Ing. Mario Rodler, geb. 1982, ist seit 2011 Qualitätsmanager der WILD GmbH und WILD Elektronik und Kunststoff GmbH & Co KG. Er besuchte die HTL für Maschinenbau in Klagenfurt und studiert derzeit Wirtschaft berufsbegleitend an der FH Kärnten. Bei WILD ist er seit 2002, wo er zu Beginn im Bereich der Medizintechnik und des After Sales Services beschäftigt war. Von 2006-2008 war er verantwortlicher Projektleiter im Geschäftsbereich der Medizintechnik und Teamleiter der Operationsmikroskopie-Montage. In den Jahren 2008-2011 war er die technische Assistenz der Geschäftsführung, Leiter der Organisationsentwicklung und Prozessmanagement sowie Verantwortlicher für Sonderprojekte.

Univ.-Prof. Dr. Søren Salomo

DTU Management Engineering, Technical University of Denmark; Plattform für Innovationsmanagement

Søren Salomo ist Professor für Innovationsmanagement und Head of Department von DTU Management Engineering an der Technical University of Denmark in Kopenhagen. Bei der Plattform für Innovationsmanagement fungiert er als wissenschaftlicher Leiter der Benchmarkstudie innovate! austria. Er promovierte an der Betriebswirtschaftlichen Fakultät der Christian-Albrecht-Universität zu Kiel und habilitierte sich an der TU Berlin, Institut für Technologie- und Innovationsmanagement. Sein Forschungsschwerpunkt liegt speziell in den Prozessen und organisationalen Rahmenbedingungen für das Hervorbringen hochgradiger Innovationen. Seine Arbeiten wurden in referenzierten Fachzeitschriften wie Entrepreneurship: Theory and Practice, Research Policy, Journal of Engineering and Technology Management, Creativity and Innovation Management, und Journal of Product Innovation Management publiziert.

Mag.[a] (FH) Ursula Schüssling

Tätig bei Greiner Technology & Innovation, Strategische Geschäftsfeldentwicklung

Mag.a (FH) Ursula Schüssling, Greiner Technology & Innovation, tätig im Bereich Strategische Geschäftsfeldentwicklung, verantwortlich für Innovation und Patentorganisation als Stabstelle für Greiner Holding AG. Studium „Betriebswirtschaft und Informationsmanagement" an der FH Salzburg sowie „Entrepreneurship & Innovation" als Postgraduate MBA an der TU Wien/WU Wien. Beruflicher Werdegang: Pflichtpraktikum E-Werk Wels 2003: Informations- und Organisationsabteilung – Evaluierung und Erstellung einer Wissensbilanz; Smurfit Kappa Interwell von 2004-2006: Assistenz der Finanzleitung – Integrationsverantwortliche für Sarbanes Oxley Act und Management Informationssystem; Greiner PURtec von 2007-20010: Projektmanagement IT/Organisation – SAP Einführung, Systemoptimierung, ab 2008 zusätzlich Organisationsentwicklung/HR; Seit 2011 Greiner Technology & Innovation; nebenberufliche Lehrbeauftragte an der FH Wels

DI Arko Steinwender

Wissenschaftlicher Mitarbeiter TU Wien und Fraunhofer Austria

Seit 2007 als Assistent am Institut für Managementwissenschaften an der Technischen Universität Wien sowie bei der Fraunhofer Austria GmbH, Geschäftsbereich Produktions- und Logistikmanagement, tätig. Arko Steinwender beschäftigt sich aktuell in Forschungs- und Industrieprojekten schwerpunktmäßig mit den Themen Technologiemanagement, Qualitäts- und Supply-Chain-Management sowie Produktionsoptimierung, Fabrik- und Layoutplanung. Einen aktuellen Hauptschwerpunkt stellt das von der EU geförderte FP7-Projekt „PHOCAM" dar. Betreuung und Abhaltung von Lehrveranstaltungen an der TU Wien im Themenbereich Qualitätsmanagement, Qualitätsmanagement in der Produktentwicklung sowie Fabrikplanung ab. Mitglied im Forum Qualitätswissenschaften.

Jack Trout

President Trout & Partners

Jack Trout ist Präsident von Trout & Partners, dem weltweit führenden Berater für Strategische Positionierung, mit Büros in 30 Ländern, www.troutandpartners.com.

Univ.-Prof. DI Dr. Stefan Vorbach

Universitätsprofessor, Leiter des Instituts für Unternehmungsführung und Organisation an der Technischen Universität Graz

Stefan Vorbach (geb. 1968) studierte Wirtschaftsingenieurwesen Maschinenbau mit dem Schwerpunkt Produktionswirtschaft an der Technischen Universität Graz und Umweltschutztechnik an der Technischen Universität in München. Er promovierte 1999 an der Technischen Universität Graz und habilitierte sich 2005 an der Karl-Franzens-Universität Graz im Fach Betriebswirtschaftslehre. Seit 1.11.2010 ist Herr Vorbach Vorstand des Instituts für Unternehmungsführung und Organisation an der Technischen Universität Graz. Er unterrichtet seit über 15 Jahren in den Fächern Innovations- und Technologiemanagement, Forschung und Entwicklung und Umwelt- und Nachhaltigkeitsmanagement an der Technischen Universität Graz, der Universität Graz und der Montanuniversität Leoben. Neben der Betreuung einer Vielzahl an wissenschaftlichen Arbeiten ist er auch für die Durchführung zahlreicher Industrie- und Forschungsprojekte auf dem Gebiet der Führung und Organisation, des Innovations- und Technologiemanagements und des Nachhaltigkeitsmanagements verantwortlich. Viele Vorträge für Wissenschaft und Praxis und zahlreiche Veröffentlichungen runden sein Schaffen ab.

Mag. Lorenz Wied, MBA

Partner Trout & Partners

Univ. Lektor, Mag. Lorenz Wied, MBA, ist Berater für Positionierung und Differenzierung im deutschsprachigen Raum und Partner von Trout & Partners, dem weltweit führenden Beraternetzwerk für Positionierung. www.wied.at. Er lehrt an der Johannes Kepler Universität in Linz, der Donau Universität in Krems, der PEF Privatuniversität und an der Fachhochschule Salzburg strategisches Marketing und Positionierung.